高职高专“十三五”规划教材

高等数学

张　远　郭晓海　主　编
敖特根　刘　铮　副主编

化学工业出版社
·北京·

本书是根据教育部“高职高专教育专业人才培养目标及规格”和“高职高专教育基础课程教学基本要求”编写，内容包括函数与极限、导数与微分、导数的应用、不定积分、定积分及其应用、二元函数微分学、微分方程初步、线性代数初步，并且为提高学生学习兴趣加入数学发展历史内容，书中在每章、节后都配有一定数量的习题、复习题，供教师和学生选用，并附有部分习题和复习题参考答案.

本书可作为高等职业院校、高等专科学校、成人高校等院校的高等数学教材，也可供相关人员学习参考.

图书在版编目（CIP）数据

高等数学/张远，郭晓海主编. —北京：化学工业出版社，2018.8（2022.3重印）

高职高专“十三五”规划教材

ISBN 978-7-122-32422-1

Ⅰ.①高… Ⅱ.①张…②郭… Ⅲ.①高等数学-高等职业教育-教材 Ⅳ.①O13

中国版本图书馆CIP数据核字（2018）第129899号

责任编辑：韩庆利 马 波　　装帧设计：刘丽华

责任校对：王素芹

出版发行：化学工业出版社（北京市东城区青年湖南街13号 邮政编码100011）

印 刷：北京京华铭诚工贸有限公司

装 订：三河市振勇印装有限公司

787mm×1092mm 1/16 印张14 字数298千字 2022年3月北京第1版第5次印刷

购书咨询：010-64518888　　售后服务：010-64518899

网 址：http://www.cip.com.cn

凡购买本书，如有缺损质量问题，本社销售中心负责调换。

定 价：32.00元

前言

本书编写以教育部“高职高专教育专业人才培养目标及规格”和“高职高专教育基础课程教学基本要求”为依据，充分考虑到高职院校学生的实际情况，注意高等数学与初等数学的衔接，遵循“以应用为目的，必需、够用为度”的教学原则，适度淡化了深奥的数学理论，尽可能从学生熟悉的问题入手，通过图、表直观地讲解概念和公式. 本书层次分明、深入浅出，力求使基础概念、基本定理直观化、具体化，以便于学生理解.

本书在编写过程中加入数学发展历史内容，希望能起到提高学生学习兴趣的作用. 同时，为了提高学生应用数学知识解决实际问题的意识和能力，加强了数学知识在工程技术方面的具体应用，力图体现高职教育实践性、应用性的特点. 本书编写中力求结构紧凑，语言简练，对必要的基本理论、基本方法和基本技能的阐述深入浅出、通俗易懂，便于教与学. 在每章、节后都配有一定数量的习题、复习题，供教师和学生选用，并附有部分习题参考答案. 另外，为了适应部分学生“专升本”继续深造的需求及高等数学选修课教材的需求，教材分为必修和选修两个模块. 其中必修模块包括函数与极限、导数与微分、导数的应用、不定积分、定积分及其应用五个章节，选修模块包括二元函数微分学、微分方程初步、线性代数初步三个章节.

本书绪论、第七章、第八章由张远编写，第一章、第六章由刘铮编写，第二章、第三章由敖特根编写，第四章、第五章由郭晓海编写 . 全书的编写大纲、体系结构、统稿由张远承担. 王玉红、李民芬、张超参加了部分习题与复习题参考答案的编写 .

由于编者水平有限，不妥之处在所难免，敬请广大读者批评指正.

编者

目录

数学迷人的发展历程

第一节　世界数学的三个发展时期

各位同学，欢迎来到数学的海洋！

在人类的知识宝库中有三大类科学，即自然科学、社会科学、认识和思维的科学. 自然科学又分为数学、物理学、化学、天文学、地理学、生物学、工程学、农学、医学等学科. 数学是自然科学的一种，是其他科学的基础和工具. 在世界上的几百卷百科全书中，它通常都是处于第一卷的地位.

从本质上看，数学是研究现实世界的数量关系与空间形式的科学. 或简单讲，数学是研究数与形的科学. 对这里的数与形应作广义的理解，它们随着数学的发展，而不断取得新的内容，不断扩大着内涵.

数学来源于人类的生产实践活动，即来源于原始人捕获猎物和分配猎物、丈量土地和测量容积、计算时间和制造器皿等实践，并随着人类社会生产力的发展而发展. 对于非数学专业的人们来讲，可以从三个大的发展时期来大致了解数学的发展.

一、初等数学时期

初等数学时期是指从原始人时代到 17 世纪中叶，这期间数学研究的主要对象是常数、常量和不变的图形.

在这一时期，数学经过漫长时间的萌芽阶段，在生产的基础上积累了丰富的有关数和形的感性知识. 到了公元前 6 世纪，希腊几何学的出现成为第一个转折点，数学从此由具体的、实验的阶段，过渡到抽象的、理论的阶段，开始创立初等数学. 此后又经过不断地发展和交流，最后形成了几何、算术、代数、三角等独立学科. 这一时期的成果可以用“初等数学”（即常量数学）来概括，它大致相当于现在中小学数学课的主要内容.

随着生产实践的需要，公元前 3000 年左右，在四大文明古国——巴比伦、埃及、中国、印度出现了萌芽数学.

现在对于古巴比伦数学的了解主要是根据巴比伦泥版，这些泥版是在胶泥还软的时候刻上字，然后晒干制成的（早期是一种断面呈三角形的“笔”在泥版上按不同方向刻出楔形刻痕，叫楔形文字）.

已经发现的泥版上面载有数字表（约 200 件）和一批数学问题（约 100 件），大致可以分为三组. 第一组大约创制于公元前 2100 年，第二组大约从公元前 1792 年到公元前 1600 年，第三组大约从公元前 600 年到公元 300 年.

这些数学泥版表明，巴比伦自公元前 2000 年左右即开始使用 60 进位制的记数法进行较复杂的计算了，并出现了 60 进位的分数，用与整数同样的法则进行计算；已经有了关于倒数、乘法、平方、立方、平方根、立方根的数表；借助于倒数表，除法常转化为乘法进行计算. 公元前 300 年左右，已得到 60 进位的达 17 位的大数；一些应用问题的解法，表明已具有解一次、二次（个别甚至有三次、四次）数字方程的经验公式；会计算简单直边形的面积和简单立体的体积，并且可能知道勾股定理的一般形式. 巴比伦人对于天文、历法很有研究，因而算术和代数比较发达. 巴比伦数学具有算术和代数的特征，几何只是表达代数问题的一种方法. 这时还没有产生数学的理论.

对埃及古代数学的了解，主要是根据两卷纸草书. 纸草是尼罗河下游的一种植物，把它的茎制成薄片压平后，用“墨水”写上文字（最早的是象形文字）. 同时把许多张纸草纸粘在一起连成长幅，卷在杆干上，形成卷轴. 已经发现的一卷约写于公元前 1850 年，包含 25 个问题（叫“莫斯科纸草文书”，现存莫斯科）；另一卷约写于公元前 1650 年，包含 85 个问题（叫“莱因德纸草文书”，是英国人莱因德于 1858 年发现的）.

从这两卷文献中可以看到，古埃及是采用 10 进位制的记数法，但不是位值制，而是所谓的“累积法”. 正整数运算基于加法，乘法是通过屡次相加的方法运算的. 除了几个特殊分数之外，所有分数均极化为分子是一的“单位分数”之和，分数的运算独特而又复杂. 许多问题是求解未知数，而且多数是相当于现在一元一次方程的应用题. 利用了三边比为 3∶4∶5 的三角形测量直角.

埃及人的数学兴趣是测量土地，几何问题多是讲度量法的，涉及田地的面积、谷仓的容积和有关金字塔的简易计算法. 但是由于这些计算法是为了解决尼罗河泛滥后土地测量和谷物分配、容量计算等日常生活中必须解决的课题而设想出来的，因此并没有出现对公式、定理、证明加以理论推导的倾向. 埃及数学的一个主要用途是天文研究，也在研究天文中得到了发展.

中国古代数学将在后面作专门介绍. 印度在 7 世纪以前缺乏可靠的数学史料，在此略去不论. 总的说来，萌芽阶段是数学发展过程的渐变阶段，积累了最初的、零碎的数学知识.

15 世纪开始了欧洲的文艺复兴，数学活动集中在算术、代数和三角方面. 缪勒的名著《三角全书》是欧洲人对平面和球面三角学所作的独立于天文学的第一个系统的阐述.

16 世纪最壮观的数学成就是塔塔利亚、卡尔达诺、拜别利等发现三次和四次方程的代数解法，接受了负数并使用了虚数. 16 世纪最伟大的数学家是韦达，他写了许多关于三角学、代数学和几何学的著作，其中最著名的《分析方法入门》改进了符号，使代数学大为改观；斯蒂文创设了小数；雷提库斯是把三角函数定义为直角三角形的边与边之比的第一个人，他还雇用了一批计算人员，花费 12 年时间编制了两个著名的、至今尚有用的三角函数表. 其中一个是间隔为 10″、10 位的 6 种三角函数表，另一个是间隔为 10″、15 位的正弦函数表，并附有第一、第二和第三差.

由于文艺复兴引起的对教育的兴趣和商业活动的增加，一批普及的算术读本开始出现. 到 16 世纪末，这样的书不下三百种. “+”、“-”、“=” 等符号开始出现.

17 世纪初，对数的发明是初等数学的一大成就. 1614 年，耐普尔首创了对数，1624 年布里格斯引入了相当于现在的常用对数，计算方法因而向前推进了一大步.

初等数学时期也可以按主要学科的形成和发展分为三个阶段：萌芽阶段，公元前 6 世纪以前；几何优先阶段，公元前 5 世纪到公元 2 世纪；代数优先阶段，3 世纪到 17 世纪前期. 至此，初等数学的主体部分——算术、代数与几何已经全部形成，并且发展成熟.

二、变量数学时期

变量数学时期从 17 世纪中叶到 19 世纪 20 年代，这一时期数学研究的主要内容是数量的变化及几何变换. 这一时期的主要成果是解析几何、微积分、高等代数等学科，它们构成了现代大学数学课程（非数学专业）的主要内容.

16、17 世纪，欧洲封建社会开始解体，代之而起的是资本主义社会. 由于资本主义工场手工业的繁荣和向机器生产的过渡，以及航海、军事等的发展，促使技术科学和数学急速向前发展. 原来的初等数学已经不能满足实践的需要，在数学研究中自然而然地就引入了变量与函数的概念，从此数学进入了变量数学时期. 它以笛卡儿的解析几何的建立为起点（1637 年），接着是微积分的兴起.

在数学史上，引人注目的 17 世纪是一个开创性的世纪. 这个世纪中发生了对于数学具有重大意义的三件大事.

首先是伽利略实验数学方法的出现，它表明了数学与自然科学的一种崭新的结合. 其特点是在所研究的现象中，找出一些可以度量的因素，并把数学方法应用到这些量的变化规律中去. 具体可归结为：(1) 从所要研究的现象中，选择出若干个可以用数量表示出来的特点；(2) 提出一个假设，它包含所观察各量之间的数学关系式；(3) 从这个假设推导出某些能够实际验证的结果；(4) 进行实验观测－改变条件－再观测，并把观察结果尽可能地用数值表示出来；(5) 以实验结果来肯定或否定所提的假设；(6) 以肯定的假设为起点，提出新假设，再度使新假设接受检验.

伽利略的实验数学为科学研究开创了一种全新的局面. 在它的影响下，17 世纪以后的许多物理学家同时又是数学家，而许多数学家也在物理学的发展中做出了重要的贡献.

第二件大事是笛卡儿的重要著作《方法谈》及其附录《几何学》于 1637 年发

表. 它引入了运动着的一点的坐标的概念，引入了变量和函数的概念. 由于有了坐标，平面曲线与二元方程之间建立起了联系，由此产生了一门用代数方法研究几何学的新学科——解析几何学. 这是数学的一个转折点，也是变量数学发展的第一个决定性步骤.

在近代史上，笛卡儿以资产阶级早期哲学家闻名于世，被誉为第一流的物理学家、近代生物学的奠基人和近代数学的开创者. 他 1596 年 3 月 21 日生于法国图朗，成年后的经历大致可分两个阶段. 第一阶段从 1616 年大学毕业至 1628 年去荷兰之前，为学习和探索时期. 第二阶段从 1628 年到 1649 年，为新思想的发挥和总结时期，大部分时间是在荷兰度过的，这期间他完成了自己的所有著作. 1650 年 2 月 11 日，他病逝于瑞典.

第三件大事是微积分学的建立，最重要的工作是由牛顿和莱布尼兹各自独立完成的. 他们认识到微分和积分实际上是一对逆运算，从而给出了微积分学基本定理，即牛顿-莱布尼兹公式. 到 1700 年，现在大学里学习的大部分微积分内容已经建立起来. 第一本微积分课本出版于 1696 年，是洛比达写的.

但是在其后的相当一段时间里，微积分的基础还是不清楚的，并且很少被人注意，因为早期的研究者都被此学科的显著的可应用性所吸引了.

除了这三件大事外，还有笛沙格在 1639 年发表的一书中，进行了射影几何的早期工作；帕斯卡于 1649 年制成了计算器；惠更斯于 1657 年发表提出了概率论这一学科中的第一篇论文.

17 世纪的数学，发生了许多深刻的、明显的变革. 在数学的活动范围方面，数学教育扩大了，从事数学工作的人迅速增加，数学著作在较广的范围内得到传播，而且建立了各种学会. 在数学的传统方面，从形的研究转向了数的研究，代数占据了主导地位. 在数学发展的趋势方面，开始了科学数学化的过程. 最早出现的是力学的数学化，它以 1687 年牛顿写的《自然哲学的数学原理》为代表，从三大定律出发，用数学的逻辑推理将力学定律逐个地、必然地引申出来.

1705 年纽可门制成了第一台可供实用的蒸汽机；1768 年瓦特制成了近代蒸汽机. 由此引起了英国的工业革命，以后遍及全欧，生产力迅速提高，从而促进了科学的繁荣. 法国掀起的启蒙运动，人们的思想得到进一步解放，为数学的发展创造了良好条件.

18 世纪数学的各个学科，如三角学、解析几何学、微积分学、数论、方程论、概率论、微分方程和分析力学得到快速发展. 同时还开创了若干新的领域，如保险统计科学、高等函数（指微分方程所定义的函数）、偏微分方程、微分几何等.

这一时期主要的数学家有伯努利家族的几位成员、隶莫弗尔、泰勒、麦克劳林、欧拉、克雷罗、达朗贝尔、兰伯特、拉格朗日和蒙日等. 他们中大多数的数学成就，就来自微积分在力学和天文学领域的应用. 但是，达朗贝尔关于分析的基础不可取的认识，兰伯待在平行公设方面的工作、拉格朗日在位微积分严谨化上做的努力以及卡诺的哲学思想向人们发出预告：几何学和代数学的解放即将来临，现在是深入考虑数学的基础的时候了. 此外，开始出现专业化的数学家，像蒙日在几何学中那样.

18 世纪的数学表现出几个特点：(1) 以微积分为基础，发展出宽广的数学领域，成为后来数学发展中的一个主流；(2) 数学方法完成了从几何方法向解析方法的转变；(3) 数学发展的动力除了来自物质生产之外，还来自物理学；(4) 已经明确地把数学分为纯粹数学和应用数学.

19 世纪 20 年代出现了一个伟大的数学成就，它就是把微积分的理论基础牢固地建立在极限的概念上. 柯西于 1821 年在《分析教程》一书中，发展了可接受的极限理论，然后极其严格地定义了函数的连续性、导数和积分，强调了研究级数收敛性的必要，给出了正项级数的根式判别法和积分判别法. 柯西的著作震动了当时的数学界，他的严谨推理激发了其他数学家努力摆脱形式运算和单凭直观的分析. 今天的初等微积分课本中写得比较认真的内容，实质上是柯西的这些定义.

19 世纪前期出版的重要数学著作还有高斯的《算术研究》(1801 年，数论)；蒙日的《分析在几何学上的应用》(1809 年，微分几何)；拉普拉斯的《分析概率论》(1812 年)，书中引入了著名的拉普拉斯变换；彭赛莱的《论图形的射影性质》(1822 年)；斯坦纳的《几何形的相互依赖性的系统发展》(1832 年) 等. 以高斯为代表的数论的新开拓，以彭赛莱、斯坦纳为代表的射影几何的复兴，都是引人瞩目的.

三、现代数学时期

现代数学时期是指由 19 世纪 20 年代至今，这一时期数学主要研究的是最一般的数量关系和空间形式，数和量仅仅是它的极特殊的情形，通常的一维、二维、三维空间的几何形象也仅仅是特殊情形. 抽象代数、拓扑学、泛函分析是整个现代数学科学的主体部分. 它们是大学数学专业的课程，非数学专业也要具备其中某些知识. 变量数学时期新兴起的许多学科，蓬勃地向前发展，内容和方法不断地充实、扩大和深入.

18、19 世纪之交，数学已经达到丰沛茂密的境地，似乎数学的宝藏已经挖掘殆尽，再没有多大的发展余地了. 然而，这只是暴风雨前夕的宁静. 19 世纪 20 年代，数学革命的狂飙终于来临了，数学开始了一连串本质的变化，从此数学又迈入了一个新的时期——现代数学时期.

19 世纪前半叶，数学上出现两项革命性的发现——非欧几何与不可交换代数.

大约在 1826 年，人们发现了与通常的欧几里得几何不同的、但也是正确的几何——非欧几何. 这是由罗巴契夫斯基和里耶首先提出的. 非欧几何的出现，改变了人们认为欧氏几何唯一地存在是天经地义的观点. 它的革命思想不仅为新几何学开辟了道路，而且是 20 世纪相对论产生的前奏和准备.

后来证明，非欧几何所导致的思想解放对现代数学和现代科学有着极为重要的意义，因为人类终于开始突破感官的局限而深入到自然的更深刻的本质. 从这个意义上说，为确立和发展非欧几何贡献了一生的罗巴契夫斯基不愧为现代科学的先驱者.

1854 年，黎曼推广了空间的概念，开创了几何学一片更广阔的领域——黎曼几何学. 非欧几何学的发现还促进了公理方法的深入探讨，研究可以作为基础的概念和原则，分析公理的完全性、相容性和独立性等问题. 1899 年，希尔伯特对此作了重大贡献.

在 1843 年，哈密顿发现了一种乘法交换律不成立的代数——四元数代数. 不可交换代数的出现，改变了人们认为存在与一般的算术代数不同的代数是不可思议的观点. 它的革命思想打开了近代代数的大门.

另外，由于一元方程根式求解条件的探究，引进了群的概念. 19 世纪20～30 年代，阿贝尔和伽罗华开创了近世代数学的研究. 近代代数是相对古典代数来说的，古典代数的内容是以讨论方程的解法为中心的. 群论之后，多种代数系统（环、域、格、布尔代数、线性空间等）被建立. 这时，代数学的研究对象扩大为向量、矩阵，等等，并渐渐转向代数系统结构本身的研究.

上述两大事件和它们引起的发展，被称为几何学的解放和代数学的解放.

19 世纪还发生了第三个有深远意义的数学事件：分析的算术化. 1874 年威尔斯特拉斯提出了一个引人注目的例子，要求人们对分析基础作更深刻的理解. 他提出了被称为“分析的算术化”的著名设想，实数系本身最先应该严格化，然后分析的所有概念应该由此数系导出. 他和后继者们使这个设想基本上得以实现，使今天的全部分析可以从表明实数系特征的一个公设集中逻辑地推导出来.

现代数学家们的研究，远远超出了把实数系作为分析基础的设想. 欧几里得几何通过其分析的解释，也可以放在实数系中；如果欧氏几何是相容的，则几何的多数分支是相容的. 实数系（或某部分）可以用来解群代数的众多分支；可使大量的代数相容性依赖于实数系的相容性. 事实上，可以说：如果实数系是相容的，则现存的全部数学也是相容的.

19 世纪后期，由于狄德金、康托和皮亚诺的工作，这些数学基础已经建立在更简单、更基础的自然数系之上. 即他们证明了实数系（由此导出多种数学）能从确立自然数系的公设集中导出. 20 世纪初期，证明了自然数可用集合论概念来定义，因而各种数学能以集合论为基础来讲述.

拓扑学开始是几何学的一个分支，但是直到 20 世纪的第二个 1/4 世纪，它才得到了推广. 拓扑学可以粗略地定义为对于连续性的数学研究. 科学家们认识到：任何事物的集合，不管是点的集合、数的集合、代数实体的集合、函数的集合或非数学对象的集合，都能在某种意义上构成拓扑空间. 拓扑学的概念和理论，已经成功地应用于电磁学和物理学的研究.

20 世纪有许多数学著作曾致力于仔细考查数学的逻辑基础和结构，这反过来导致公理学的产生，即对于公设集合及其性质的研究. 许多数学概念经受了重大的变革和推广，并且像集合论、近世代数学和拓扑学这样深奥的基础学科也得到广泛发展．一般（或抽象）集合论导致的一些意义深远而困扰人们的悖论，迫切需要得到处理．逻辑本身作为在数学上以承认的前提去得出结论的工具，被认真地检查，从而产生了数理逻辑．逻辑与哲学的多种关系，导致数学哲学的各种不同学派的出现．

20 世纪 40～50 年代，世界科学史上发生了三件惊天动地的大事，即原子能的利用、电子计算机的发明和空间技术的兴起．此外还出现了许多新的情况，促使数学发生急剧的变化．这些情况是：现代科学技术研究的对象，日益超出人类的感官范围以外，向高温、高压、高速、高强度、远距离、自动化发展．以长度单位为例，小到 1 尘（毫微微米，即 10^{-15} 米），大到 100 万秒差距（325.8 万光年）．这些测量和研究都不能依赖于感官的直接经验，越来越多地要依靠理论计算的指导．其次是科学实验的规模空前扩大，一个大型的实验，要耗费大量的人力和物力．为了减少浪费和避免盲目性，迫切需要精确的理论分析和设计．再次是现代科学技术日益趋向定量化，各个科学技术领域，都需要使用数学工具．数学几乎渗透到所有的科学部门中去，从而形成了许多边缘数学学科，例如生物数学、生物统计学、数理生物学、数理语言学等等．

上述情况使得数学发展呈现出一些比较明显的特点，可以简单地归纳为三个方面：计算机科学的形成，应用数学出现众多的新分支，纯粹数学有若干重大的突破．

1945 年，第一台电子计算机诞生以后，由于电子计算机应用广泛、影响巨大，围绕它很自然要形成一门庞大的科学．粗略地说，计算机科学是对计算机体系、软件和某些特殊应用进行探索和理论研究的一门科学．计算数学可以归入计算机科学之中，但它也可以算是一门应用数学．

计算机的设计与制造的大部分工作，通常是计算机工程或电子工程的事．软件是指解题的程序、程序语言、编制程序的方法等．研究软件需要使用数理逻辑、代数、数理语言学、组合理论、图论、计算方法等很多的数学工具．目前电子计算机的应用已达数千种，还有不断增加的趋势．但只有某些特殊应用才归入计算机科学之中，例如机器翻译、人工智能、机器证明、图形识别、图像处理等．

应用数学和纯粹数学（或基础理论）从来就没有严格的界限．大体上说，纯粹数学是数学的这一部分，它暂时不考虑对其他知识领域或生产实践上的直接应用，它间接地推动有关学科的发展或者在若干年后才发现其直接应用；而应用数学，可以说是纯粹数学与科学技术之间的桥梁．

20 世纪 40 年代以后，涌现出了大量新的应用数学科目，内容的丰富、应用的广泛、名目的繁多都是史无前例的．例如对策论、规划论、排队论、最优化方法、运筹学、信息论、控制论、系统分析、可靠性理论等．这些分支所研究的范围和互相间的关系很难划清，也有的因为用了很多概率统计的工具，又可以看作概率统计的新应用或新分支，还有的可以归入计算机科学之中等等．

20世纪40年代以后，基础理论也有了飞速的发展，出现许多突破性的工作，解决了一些带根本性质的问题. 在这过程中引入了新的概念、新的方法，推动了整个数学前进. 例如，希尔伯特1990年在国际数学家大会上提出的尚待解决的23个问题中，有些问题得到了解决. 20世纪60年代以来，还出现了如非标准分析、模糊数学、突变理论等新兴的数学分支. 此外，近几十年来经典数学也获得了巨大进展，如概率论、数理统计、解析数论、微分几何、代数几何、微分方程、因数论、泛函分析、数理逻辑等等.

当代数学的研究成果，有了几乎爆炸性的增长. 刊载数学论文的杂志，在17世纪末以前，只有17种（最初的出于1665年）；18世纪有210种；19世纪有950种. 20世纪的统计数字更为增长. 在20世纪初，每年发表的数学论文不过1000篇；到1960年，美国《数学评论》发表的论文摘要是7824篇，到1973年为20410篇，1979年已达52812篇，文献呈指数式增长之势. 数学的三大特点——高度抽象性、应用广泛性、体系严谨性，更加明显地表露出来.

今天，差不多每个国家都有自己的数学学会，而且许多国家还有致力于各种水平的数学教育的团体. 它们已经成为推动数学发展的有力因素之一. 目前数学还有加速发展的趋势，这是过去任何一个时期所不能比拟的.

现代数学虽然呈现出多姿多彩的局面，但是它的主要特点可以概括如下：(1) 数学的对象、内容在深度和广度上都有了很大的发展，分析学、代数学、几何学的思想、理论和方法都发生了惊人的变化，数学的不断分化，不断综合的趋势都在加强. (2) 电子计算机进入数学领域，产生巨大而深远的影响. (3) 数学渗透到几乎所有的科学领域，并且起着越来越大的作用，纯粹数学不断向纵深发展，数理逻辑和数学基础已经成为整个数学大厦基础.

以上简要地介绍了数学在古代、近代、现代三个大的发展时期的情况. 如果把数学研究比喻为研究“飞”，那么第一个时期主要研究飞鸟的几张相片（静止、常量）；第二个时期主要研究飞鸟的几部电影（运动、变量）；第三个时期主要研究飞鸟、飞机、飞船等等的所具有的一般性质（抽象、集合）.

这是一个由简单到复杂、由具体到抽象、由低级向高级、由特殊到一般的发展过程. 如果从几何学的范畴来看，那么欧氏几何学、解析几何学和非欧几何学就可以作为数学三大发展时期的有代表性的成果；而欧几里得、笛卡儿和罗巴契夫斯基更是可以作为各时期的代表人物.

第二节　辉煌的中国数学

中国数学发展的历史表明，我国历代的数学家不仅在算术与代数的许多方面有着杰出的成就，而且大多能与实际需要相结合；对于后来传入的西洋数学，也基本上能结合本国实际情况进行研究，并取得了一些创造性的成果. 因此，中国数学在世界数学发展过程中占有重要的地位，风格独特，影响深远. 这里所论的中国数学是指中国的传统数学，我国现代数学家在数学方面的成就与贡献应该划归世界数学的范围内.

一、数学史最长的国家

中国数学发达的历史至少有四千多年，这是其他任何国家所不能比拟的. 世界上其他文明古国的数学史，印度达3500年至4000年左右；希腊的从公元前六世纪到公元四世纪，达一千年；阿拉伯的数学仅限于8至13世纪，有500多年；欧洲国家的在10世纪以后才开始；日本的则迟至17世纪以后. 所以我国是世界上数学历史最长的国家. 下面分三个时期对我国的数学史作一个简介.

1. 形成时期（公元755年以前的约3000多年）

它又可以分为两个阶段：萌芽阶段和形成阶段，数学从零星知识成为科学体系.

萌芽阶段（公元前221年秦统一以前）

从古代传说、古书记载和考古发现中可以推断，我们的祖先从上古的未开化时代开始，经过许多世代，积累了长期的实际经验，数量概念和几何概念才得到了发展.《易经》（约公元前一千）中《系辞传》上说："上古结绳而治，后世圣人易之以书契". 结绳和书契（刻木或刻竹）是非文字记载的两种主要记数（或记事）方法.

这个"上古"早到什么时候，众说不一. 现在看来，在新石器时代早期已普遍结绳记数，稍后便出现了书契. 在西安半坡遗址中，发现多种类型的陶器及大量陶片. 研究表明，约6000年前的半坡人已具有了圆、球、圆柱、圆台、同心圆等几何观念. 陶片上已有了相当于5、6、7、8、10、20的数字刻划符号.

20世纪70年代，我国在陕西临潼姜寨遗址中发现了大量陶片，上面有更多的数字刻划符号，有一些和半坡陶片上的符号一致，但多出了表示1和30的刻划符号. 该遗址与半坡遗址几乎是同时代的. 研究表明，大约在6000年前，原始社会的中国人至少已经掌握了30以内的自然数，而且显然是一个10进制系统. 可见在我国，数目字的出现比甲骨文要早2600年，比"黄帝时代"也要早1300年左右.

伴随着原始公社的解体，私有制和货物交换已经产生.《易经·系辞传》说："包牺氏没，神农氏作. ……日中为市，致天下之民，聚天下之货，交易而退，各得其所". 为了货物交换的顺利进行，人们逐渐有了统一的记数方法和简单的计算技能.

人们为了使制成的物品有规则的形状，圆的圆、方的方、平的平、直的直，创造了规、矩、准、绳.《尸子》（约公元前四世纪）说"古者，倕为规、矩、准、绳，使天下访焉"（古代传说，倕是约4500年前黄帝或唐尧时候的能工巧匠）. 在汉武帝梁祠的浮雕像中，有伏羲手执矩，女娲手执规的造像. 看来，在我国古代规矩的发明和使用较早，但早到什么时候，目前还没有证据可以做出结论. 这对于后来的几何学的产生和发展，有很重要的意义.

由于私有制的发展，阶级的产生，奴隶社会出现了. 夏代（约公元前 21 世纪初～约公元前 12 世纪初）是私有制确立和巩固的时期，产生了农业和手工业的分工，出现了从事各种手工业（如陶器、青铜器、车辆等等）生产的氏族. 手工制造、农田水利、制订历法都需要数学知识和计算技能，人们关于几何形体和数量的认识必然有所提高.

到了商代（又称殷代，约公元前 17 世纪～约前 11 世纪），奴隶主的国家正式确立，开始了比较发达的殷商文化. 殷人用 10 干和 12 支组成甲子、乙丑等 60 个日名用来纪日. 为了适应农业生产，殷人又有一定的历日制度. 出于货物交换的发达，殷代已有用多量的贝壳来交换物品的习惯，这种贝壳就带有一些货币的味道. 1899 年在河南安阳发掘出来的殷墟龟甲和兽骨上所刻的象形文字（甲骨文）中（公元前 14 世纪），自然数的记法已经毫无例外地用着 10 进位制，最大的数字是 3 万.

公元前 11 世纪末，周人灭殷（商）后，在原有氏族制度的基础上建立一个文明国家——周（约公元前 11 世纪～公元前 256 年），奴隶制经济获得进一步的发展. 在政治经济上有实力的氏族贵族组织成了强大的政治集团，其中有所谓“士”的阶层是受过礼、乐、射、御、书、数六艺训练的人. “数”作为六艺之一，开始形成一个学科. 用算筹来记数和四则运算，很可能在西周（约公元前 11 世纪～公元前 771 年）时期已经开始了.

东周时期开始利用铁器，生产力逐渐提高，生产方式有所改变. 从春秋以来，奴隶制的农村公社逐渐瓦解. 由于各国畴人的努力，天文、历法工作有了显著成就. 战国时期，奴隶制度逐渐破坏，封建制度逐渐建立起来. 算筹是我国古代人用的计算工具. “筹”就是一般粗细，一般长短的小竹棍，用算筹进行计算叫做筹算. 到春秋战国时期，人们已经能熟练地进行筹算.

《墨经》（约公元前 400 年）中的点、线、面、方、圆等几何概念，为理论数学树立了良好开端. 战国时齐国人撰写的《考工记》（约公元前 300 年）记有尺寸的分数比例、角度大小的区分、标准容器的计算等. 在古书《荀子》、《管子》中有关于“九九”乘法口诀的记载.《春秋》一书记录看“初税亩”，这说明在此以前已有测量田亩面积和计算的方法.《庄子・天下篇》称“一尺之棰，日取其半，万世不竭”，说明已有了极限观念.《史记》记载了齐威王与田忌赛马的故事，可作为对策论在中国的最早例证.

形成阶段

从公元前 221 年至公元 755 年（即从秦始皇二十六年至唐玄宗天宝十四年），以《九章算术》为中心的中国传统数学体系形成，这期间的著名数学家有刘徽、祖冲之、祖暅等. 主要的数学成就可以概括在“算经十书”中，主要内容有：分数的应用、整数勾股形的计算、正负数运算、开平方约零术、解联立方程组、几何图形的面积、体积的计算以及数学制度的确立等等.

《周髀》是一部汉代人撰写的古人讨论“盖天说”的书，是我国最古老的天文学著作."髀"的原意是股或股骨，这里意指长8尺用来测量太阳影子的表.这本书的内容记述了周代的问题，所以叫做《周髀》，它的成书时间大约在公元前100年（或稍晚一些）.其中第一章叙述了西周开国时候，周公同一个名叫商高的数学家的一段问答.商高在答话中提到了"勾三、股四、弦五"（即商高定理）.关于《周髀》有两点值得注意：一是用文字表示的复杂的分数计算；二是关于勾股定理和用勾股定理测量的记载，这些在世界上都是比较早的.

《汉书艺文志》著录的杜忠的《算术》、许商的《算术》两部数学书，早已失传.现在有传本的、最古老的中国数学经典著作之一是《九章算术》，共九卷.一般认为它是东汉初年（1世纪）编纂成的.书中总结了周朝以来的研究成果，收集了246个应用问题和解题方法.

《九章算术》的出现标志着中国数学体系开始形成.魏末晋初刘徽撰《九章算术注》十卷（3世纪），现在有传本.他还著《海岛算经》（又叫《重差术》），书中运用几何知识测量远处目标的高、远、深、广，刘徽的数学理论具有世界意义.

《周髀》和《九章算术》是中国数学的第一批奇葩.南北朝时祖冲之（5世纪）曾注《九章》，造缀述数十篇.他与儿子祖暅合撰《缀术》六卷（已佚），在数学方面有辉煌成就.

西晋以后、隋以前（4世纪初到7世纪初）的算术书，现在有传本的，如《孙子算经》（包括算筹计算法则，计算题举例）、《张邱建算经》（包括等差级数、二次方程、不定方程等问题的解法）、《五曹算经》（叙述田亩面积、军队给养、粟米互换、租税、体积、交易等计算方法）等，都是北方人的著作.它们收集了当时人民生活中所遇到的数学问题，总结了当时的数学成果，虽属浅近易晓，但对数学教育的普及和后来的数学发展，起了很大的作用.

在《孙子算经》中有一个千古名题，卷下"物不知数"问："今有物，不知其数.三、三数之剩二；五、五数之剩三；七、七数之剩二.问物几何?"答曰："二十三"，这是一个一次同余式组问题.书中给出了这一问题的解法（"术曰"）：

$$N=70\times2+21\times3+15\times2-105\times2=23$$

后人为它编了一个口诀："三人同行七十稀，五树梅花二十一，七子团圆正半月，减百零五便得知".解的这种构设性使之容易推广到更一股的情形，即孙子的解法实际上可概括为"剩余定理".

1852年英国传教士伟烈亚力著文介绍孙子剩余定理，引起了欧洲学者的重视.在西方数学史著作中，一直把孙子的剩余定理称为"中国剩余定理".

《张邱建算经》提出了另一个数学史上的名题，通常称为"百鸡问题".卷下第三十八题"今有鸡翁一值钱五；鸡母一值钱三；鸡雏三值钱一.凡百钱买百鸡，问鸡翁母雏各几何?"这是一个不定方程问题，有三组答案.书中说："鸡翁每增四、鸡母每减七，鸡雏每益三，即得".

虽然不定方程在《九章算术》中已有记载，但是一题数答却始自《张邱建算经》，这一影响一直持续到19世纪．“百鸡问题”曾传入印度，出现在摩珂吡罗（9世纪）和巴斯卡拉（12世纪）的著作中．

在隋朝，刘焯结合天文学的发展，创立了等间距二次内插法计算日、月的位置．王孝通结合土木工程的发展，建立了三、四次方程，并给出了求其正根的解法．刘焯的《皇极历》（600年）和王孝通的《缉古算术》（又叫《缉古算经》）是数学发展中的两个重大成就．

唐朝继承了隋朝的科举制度，在唐初的科举制度里，特设“明算”科，举行数学考试．国子监里也设立“算学”，教学生学习数学．李淳风等人选定数学课本时，认为《周髀》是一个最宝贵的数学遗产，将它作为“十部算经”的第一种书，并给它一个《周髀算经》的名称，第二部算经便是《九章算术》．其他八部算经是：《海岛算经》（公元3世纪，刘徽著）；《孙子算经》（约公元4～5世纪）；《夏侯阳算经》（公元5世纪，夏侯阳著，用乘除快算方法解日常生活中的应用题）；《张邱建算经》（公元5世纪，张邱建著）；《缀术》（公元5世纪，祖冲之著）；《五曹算经》、《五经算经》（公元6世纪，均为甄鸾著）；《缉古算经》（公元7世纪，王孝通著）．李淳风等人奉皇帝令于656年完成校注和编定“算经十书”．后来《缀术》失传，用2世纪徐岳著、6世纪甄鸾注的《数术记遗》代替．

在这个时期，中国数学在许多方面居于世界最前列．例如《九章算术》“方程”章中用到正数和负数，这是人类文明中最早出现的负量概念，比印度早700多年；关于多元联立一次方程的解法，已经类似于西方19世纪初期的方法了．在圆周率的计算方面，刘徽和祖冲之的工作是很突出的．祖冲之的计算得出$3.1415926<\pi<3.1415927$，使我国在这方面领先了1000年．祖暅关于两个几何体的体积相等的“祖暅原理”，比意大利卡瓦列利的相同原理早1200年．《孙子算经》中的“物不知数”的解法更比西方早1300年．

2. 高潮时期

从756年至1600年（即从唐肃宗至德元年到明神宗万历二十八年），计844年，中国数学的发展主流是计算技术的改进和宋元时期代数学的高度发展．主要数学家有贾宪、秦九韶、李治、杨辉、郭守敬、朱世杰等．在这个时期，中国数学达到高潮，开辟了比过去广阔得多的领域，在方程论、初等数论、纵横图说、孤矢割圆术、级数论、面积体积计算、球面三角等方面均有硕果．解高次数字方程求根的近似值的方法，是最有代表性的中国数学贡献．

唐朝中叶的安史之乱虽然不久就被平定，但它对于唐朝的政治、经济、文化发生了巨大的影响，封建土地占有形式发生变化，手工业和商业获得一定程度的发展．工商业的发展促进了数学知识和计算技能的普及，劳动人民简化了筹算乘除的演算手续，减轻了数字计算的工作，现在有传本的《韩延算术》就是其中的一部．

北宋初100多年，农业生产力有了显著的提高，工商业有了显著的发展．当时的三大发明（火药、指南针、活字印刷术）就是在这种经济高涨的情形下，人民发挥巨大创造力的成果. 原始火箭在宋代出现，到了元代已使用在军事上. 由于生产和科学技术的发展，要求数学提供更为精确简便的计算方法，中国数学达到了同时代世界的最高水平.

11 世纪以后，古典的和新著的数学书的印刷本在全国各地流通，促进了数学教育的普及和数学研究的进展. 最早的教学书籍的版本出现在 1084 年（元丰七年），秘书省校刻算经，中国印刷术有助于中国数学在末代第二次开花.

宋代大科学家沈括著《梦溪笔谈》(11 世纪)，创“会圆术”(最早的由弦到矢的长度求弧长的近似计算公式）和“隙积木”(一种级数求和法).

高次幂的概念虽然抽象，但它是有现实意义的. 11 世纪中，贾宪撰《黄帝九章算法细草》. 杨辉的《详解九章算法》(1262 年）讲到“贾宪三角”(“开方作法本源图”). 它是二项展开式系数表，比“帕斯卡三角”早四百多年. 利用“贾宪三角”，贾宪开创任何高次幂的“增乘开方法”. 13 世纪中期，数学家们又用这个方法求任何数字高次方程的正根，很多有实际意义的应用问题就得到了解答.

根据实际问题中的已给条件，建立代数方程是一件困难的事情. 北方的数学家们在 13 世纪发明了一个建立方程的新方法（后人称它为“天元术”)，对任何代数问题都可以迎刃而解. 进一步的发展是联立多元高次方程的解法（后人称它为“四元术”)，当时用天元术成四元术解答应用问题的书很多，但现在有传本的只有李冶与朱世杰的著作.

李冶在 1248 年完成《测圆海镜》十二卷，涉及代数、几何等多方面. 他的《益古演段》总结了当时数学发展的一些新成就. 朱世杰的《算学启蒙》三卷（1299 年)、《四元玉鉴》三卷（1303 年)，对于高阶等差级数和“招差术”都有独到的研究，他的高阶等差级数求和法比西方早 370 多年. 这一时期中国数学家在代数学方面取得了辉煌的成就，比欧洲人的代数学超前了几个世纪.

天文学的不断发展对数学提出了更高的要求，也促进了数学的发展. 宋代最著名的是数学家秦九韶的《数书九章》十八卷（1247 年)，总结了天文学家推算“上元积年”的经验. 他的“正负开方术”解决了数字高次方程的求正根法，比西方早五百多年. 他的“大衍求一术”解决解不定方程的问题，使一次同余式问题解法成为系统化的数学理论——“中国剩余定理”，比西方早五百多年.

元代郭守敬与王恂、许衡等人编制了《授时历》(1280 年)，应用“招差术”发明三次函数的内插法. 朱世杰又用“招差术”解决了高阶等差级数的求和问题. 这正是数学发展必须理论联系实际的一个很好的证明.

从唐中叶到元末，600 年中的实用算术，在改进数字计算方面有着显著的成就. 在这个时期里，发展了 10 进小数概念，产生位值制数码，归除歌诀逐渐完备，发明了比算筹更便利的计算工具——珠算盘. 明初到万历初年是明朝强大和稳固的时代，商业算术由于客观上的需要得到很大发展. 具有代表性意义的是吴敬得《九章算法比类大全》，于 1450 年出版，在数字计算方面总结了宋元算术的成就.

16 世纪中，有很多的商业算术书提倡用珠算盘计算. 1592 年，程大位撰《直指算法统宗》十七卷，集珠算之大成. 此书流传最广，影响极大. 到 1698 年又缩编为《算法纂要》四卷，珠算术从此在全国范围内广泛传播. 珠算盘代替了筹算，直到现在还是数字计算的有效工具.

3. 融合时期

从 1600 年至 1889 年（即从明万历二十八年至清光绪十五年），中国数学发展的主流是西洋数学的输入、古代数学的复兴与中西数学的融会贯通.

明代中叶以后，农业生产发展极慢，而手工业生产则发展较快. 在江南地区的纺织业中，开始出现一些带有资本主义性质的生产关系的萌芽. 王艮、李贽发表了一些民主性的理论，同唯心主义的道学进行了针锋相对的斗争. 李时珍、徐光启、宋应星等人的科学著作反映了朴素的唯物主义思想.

16 世纪末，西方天主教教士开始到中国进行活动，最早到中国内地的是意大利人利玛窦. 他为了便于传教，学习了中国语言文字，参考儒家经籍，结交官僚地主阶级人士，宣扬西洋科学文化. 几经周折后，于 1600 年见到万历皇帝，得到国家供养，被批准自由传教.

利玛窦是德国数学大师克拉维特的弟子，带来了克拉维特所撰的几种数学讲义. 他与徐光启合译了《几何原本》前六卷（1607 年），与李之藻合编了《同文算指》. 在中国数学发展史上，这是西方数学传入中国时期的开始. 回顾隋唐时期和元代，中国的数学水平比较高，而当时从印度或阿拉伯输入的数学水平比较低，因此没有受到重视. 但是明末输入的西洋科学一般地说确有“他山之石可以攻玉”的好处，当时的中国学者就乐于接受了.

1634 年，罗雅谷、邓玉函、汤若望等西洋人译成天文学参考书籍 137 卷，总名《崇帧历书》，其中有球面三角法、西洋筹算、比例规等数学书 20 卷. 清代顺治中，波兰教士穆尼阁又介绍用对数解球面三角形的方法，薛风祚编中文译本《历学会通》.

在清代思想统治极其严厉的环境下，有些地主阶级知识分子对传入的西洋数学颇感兴趣，研究有心得而著书传世的不少. 梅文鼎以毕生精力专攻天文学和数学，他将西洋输入的新法尽量消化彻底理会，所撰书籍务在显明，不辞劳拙，使读者不待详求而义可晓，对清代中期数学研究的高潮有积极影响.

清康熙帝玄烨爱好科学研究. 他于 1689 年特召法国教士张诚、白晋等进宫，传授西洋数学. 张诚、白晋等将法文的几何学、代数学和算术译成中文. 1712 年康熙帝命梅瑴成、陈厚耀、何国宗、明安图等为《律历渊源》汇编官，1721 年完成《历象考成》42 卷，《律吕正义》5 卷，《数理精蕴》53 卷，共 100 卷.《数理精蕴》对后一时期的数学发展有更大影响.

1723 年（雍正元年），清王朝认为西洋人来中国传教对封建统治不利，除在钦天监供职的外，传教的西方人都被驱逐到澳门，不许进入内地. 从此以后 100 余年中，西方数学的传入暂告停止.

1773年（乾隆三十八年），开始编辑《四库全书》．“算经十书”和宋元数学书有了很多的翻刻本，引起了研究古典数学的高潮．汪莱、李锐等钻研宋元数学家的高次方程解法，从而在方程论方面取得进展．李洪、沈钦裴、罗士琳等整理古典数学书，特别对《九章算术》、《海岛算经》、《缉古算术》、《四元玉鉴》四书，作出了注疏和解题详草．另一方面，明安图、董佑诚、项名达等先后相继深入研究三角函数和反三角函数的幂级数展开式而获得成就．戴熙、李善兰等又在对数函数、指数函数的幂级数方面作出贡献．

鸦片战争失败后，清朝统治阶级被迫放弃百余年以来的闭关政策．从此以后100年间，欧美殖民国家肆行经济掠夺和文化侵略，中国社会逐步论为半封建半殖民地社会．1850年以后，西洋资本主义国家的近代数学教科书被介绍进来了．李善兰与英人伟烈亚力合译《几何原本》后九卷、《代数学》、《代微积拾级》等书．华蘅芳与英人付兰雅合译《代数术》、《微积溯源》、《三角数理》、《决疑数学》等书．此后，中国古代的天元术和前一时期内的幂级数研究便无进一步发展的余地，传统数学的研究工作停滞不前．除了一些研究数学史的学者之外，中国古代数学便再也无人问津，中国数学走上了世界化的道路．

作为具有鲜明特色的中国数学，可以把《畴人传》的编撰看作最后一幕．1799年，阮元、李锐等完成《畴人传》49卷，记录自黄帝至明清的中国数学家270多人；1840年罗士琳《续畴人传》6卷；1886年诸可宝《畴人传三编》7卷；1898年黄钟骏《畴人传四编》11卷，使得畴人传总计达70卷，60余万字，记录中国的数学家约400人，附录西洋人52人．

中国数学有悠悠4000多年的历史；约400位知名数学家；2500种左右数学著作（包括失传的在内），流传下来的差不多有2100种．此外，在天文历法等方面的典籍中，也包含着某些高水平的数学成果．这是中华民族对人类的伟大贡献之一，值得我们炎黄子孙引以为荣．

二、数学传统最悠久的国家

中国数学一开始便注重实际应用，在实践中逐步完善和发展，形成了一套完全是自己独创的方式和方法．形数结合，以算为主，使用算器，建立一套算法体系是中国数学的显著特色；“寓理于算”和理论的高度精练，是中国数学理论的重要特征．10进位位值制、甲子纪年法、规矩作图等有强大的生命力，经历三四千年沿用至今，充分说明了中国是数学传统最悠久的国家．

在中国数学的形成时期的第二阶段，中国与印度有着文化交流，中国古代的算术和代数学对印度数学有很大的影响．后者也偏重于量与数的计算方法，通过阿拉伯传到欧洲后，放出异常的光彩．西洋数学史家一般认为近代数学的产生应归功于印度数学的贡献，实际上中国古代数学的功绩是不可磨灭的．

在原始社会后期，我们的祖先就已经建立了10进制，至迟到春秋战国之际，在计算中又普遍使用了算筹．在数学上，仅就发明完善的10进位位值制这一记数法来说，中国对人类文化已经做出了非常重大的贡献，可以与“四大发明”相媲

美. 马克思称10进位位值记数法为“最妙的发明之一”，李约瑟在《中国科学技术史》中说：“奇怪的是，忠实于表意原则而不使用字母的文化，反而发展了现代人类普遍使用的10进位的最早形式，如果没有这种10进位制，就几乎不可能出现我们现在这个统一化的世界了”.

有史可考的确凿证据是，公元前14世纪的殷代甲骨文卜辞中的很多记数的文字. 大于10的自然数都用10进位制，没有例外. 殷人像后世人一样，用一、二、三、四、五、六、七、八、九、十、百、千、万13个单字记10万以内的任何自然数. 例如记2656作“二千六百五十六”，只是记数文字的形体和后世的文字有所不同. 也用合文，但字形同甲骨文不一样.

用算筹来记数和作四则运算，很可能在西周时期（公元前11世纪到公元前8世纪）已经开始了. 由于社会生产力的不断提高，劳动人民创造了便于计算的工具. 算筹是为了进行繁杂的数字计算工作而创造出来的，它不可能是原始公社时期里（例如传说中的黄帝时代）的产物.

算筹一般是由竹制成的签子. 秦以前算筹的粗细、长短因史科缺乏，现在无法考证. 公元1世纪时，汉代的算筹长合13.8厘米，径合0.69厘米；公元7世纪时，隋代的算筹长约合8.85厘米，广约合0.59厘米. 可见计算用的算筹渐渐改得短小，运用起来比较方便.

古代算筹的功用大致和后世的算盘珠相仿. 5以下的数目，用几根筹表示几；6、7、8、9四个数目，用一根筹放在上面表示五，余下来的数，每一根筹表示一. 表示数目的算筹有纵横两种方式，表示一个多位数就像现在用数码记数一样，把各位的数目从左到右横列，但各位数目的等式须要纵横相间. 个位数用纵式表示，十位数用横式表示，百位、万位用纵式，千位、十万位用横式. 算筹记数的纵横相间制传到宋元时期没有改变.

算筹记数确实能够实行位值制记数法，为加、减、乘、除等的运算建立起良好的条件. 优越的10进位位值制记数法和当时较为先进的筹算制，使中国数学在计算方面取得了一系列辉煌的成就：公元前3世纪～公元3世纪（秦汉时）的分数四则运算，比例算法，开平方与开立方，盈不足术，“方程”解法，正负数运算法则；5世纪的孙子剩余定理，祖冲之圆周率的测算；7世纪的3次方程数值解法，7～8世纪的内插法；11～14世纪的高次方程数值解法，贾宪三角，高次方程组的解法，大衍求一术，高阶等差级数求和；13世纪以后的珠算，等等.

中国古代数学称为“算术”，其原始意义是运用算筹的技术. 这个名称恰当地概括了中国数学的传统. 筹算不只限于简单的数值计算，后来方程所列筹式描述了比例问题和线性问题；天元、四元所列筹式刻画了高次方程问题. 等式本身就具有代数符号的性质.

对于中国数学中的程序化计算，最近越来越多地引起了国内外有关专家的兴趣和注意. 有人形象地把算筹比喻为计算机的硬件，而表示算法的“术文”则是软件. 可见中国数学传统活力源远流长.

三、数学教育开始最早的国家

我国从原始公社制末期到奴隶制社会初期，已经逐步建立起专门的教育机构——学校. 据古籍记载：唐虞以前的五帝时代已有大学，名叫“成均”；虞舜时代的学校已有大学、小学之分，名叫“上库”“下库”；奴隶制社会夏朝的学校称为“东序”、“西序”. 据古籍记载和殷墟甲骨文考证，商朝已有较完备的学校教育，学校叫“右学”、“左学”，但学校教育的内容仍与当时的政治、军事、宗教等活动结合在一起，一般文化教育只有初步分化出来的趋势.

根据古籍记载和铭器全文参证，到西周时期学校教育已集虞、夏、商三代之大成，形成比较完善的教育制度. 学校大致可分为“国学”与“乡学”两种系统，学制小学约为 7 年，大学约为 9 年，两类学校的教师和教学科目按规定有些不同. 西周学校的特点是政教一体，官师合一，学在官府. 因为唯官有书、唯官有器，所以就官而学. 教育以“明人伦”为其核心，包括德、行、艺、仪四个方面，而以五礼、六乐、五射、五御、六书、九数（“九数”即方田、粟米、衰分、少广、商功、均输、盈不足、方程、勾股）六艺为基本内容.

由此可见，西周已注重数学教育，数学已成为“国子”的必修课程之一. 相传周公制礼（相当于现在的宪法）《周官、保氏（负责教育的官员）》上说：“救国子以六艺，一曰礼，二曰乐，三曰射，四曰御，五曰书，六曰数”. 可见我国数学教育至少开始于 3000 多年以前. 在世界上，我国是数学教育开始最早的国家，有可能媲美的也许只有古埃及和巴比伦.

到了隋唐王朝，数学教育又有了新的进步.《隋书、百官志》记载：“国子寺祭酒（国立大学校长）……统国子、太学、四门、书（学）、算学，各置博士、助教、学生等员”.“算学”相当于现在大学中的数学系，这个学系的成员是博士 2 人，助教 2 人，学生 80 人.

唐初国子监内没有设立“算学”，656 年（显庆元年）始添设算学馆，这样国子监内就有了国子、太学、四门、律学、书学、算学六个学馆. 唐《六典》卷二十一记载“算学博士掌教文武官八品以下及庶人子之为生者. 二分其经以为之业，习九章、海岛、孙子、五曹、张邱建、夏侯阳、周髀、五经算十有五人，习缀术、缉古十有五人，其记遗、三等数亦兼习之. 孙子、五曹共限一年业成，九章、海岛共三年，张邱建、夏侯阳各一年，周髀、五经算共一年，缀术四年，缉古三年”. 658 年废去算术馆，博士以下人员并入太史局. 662 年又在国子监内添设“算学”，但学生名额由 30 人减为 10 人.

李淳风明天文、历算、阴阳之学，是唐高宗朝官太史令，受诏与国子监算学博士梁述、太学助教王真儒等校注和编定《周髀》、《九章》等十部算经，定出学习年限，安排每月考试. 书成，高宗令国学行用. 这是 656 年以前的事，现在有传本的算经十书每卷的第 1 页上都题：“唐朝议大夫、行太史令，上轻车都尉臣李淳风等奉效法释”. 李淳风还撰写过《九章算经要诀》一卷.

据史书载，日本在公元 701～703 年开始确立了类似我国的数学教育制度. 朝鲜在公元 918～1392 年（王氏高丽王朝）也仿照我国设立学校的算学馆，采用唐、宋编定的《算经十书》作教材，连教授和考试的方法也相同.

隋唐王朝于国子监中设立“算学”，是五世纪以后数学获得高度发展的反映.但是在专制政权之下，数学教学是不被重视的. 国子博士的官阶是正五品上，算学博士的官阶是从九品下（官阶中最低的一级）. 算学学生学习“十部算经”年数过多，教学效率不高. 明其科及第的出身既然很差，应试的人就不多. 大概到晚唐时期，明算科考试早已停止了.

我国古代不少数学家对数学教育做出了贡献. 宋元时代的朱世杰堪称中世纪世界最伟大的数学家. 他曾周游五湖四海 20 多年，长期靠教授数学为业. 祖颐为他的著作写序说：“周流四方，复游广陵（扬州），踵门而学者云集”. 可见他教授数学时的情景，真是盛况空前. 他的《算学启蒙》（1299 年）和《四元玉鉴》（1303 年）是我国古代数学发展史的重要里程碑. 他把天元术推广发展为四元术，并提出消元解法，比国外约领先 500 年. 在高次数字方程上的辉煌成就，一直被称为最有代表性的中国数学贡献.

1487 年开始，明、清推行八股文科举考试制度，这对数学教育起了很坏的作用，也是使中国本土数学走向低潮的重要原因之一. 1850 年以后，西洋资本主义国家的近代数学教科书被介绍进来了，中国的数学教育逐渐走上了世界化的道路.

总而言之，中国数学在数学教育方面开始很早，而且独具特色. 第一个特色是数学教育始终置于政府的控制之下，远在周代，数学就作为“六艺”之一，列入贵族子弟教育的内容. 唐代中期以后，“十部算经”由国家颁布用于国子监，并作为科举考试所依据的经典. 数学典籍的编纂、增修和注释一般是在政府官员的主持下进行的. 这种实施数学教育的做法，在世界史上是少见的，这无疑对社会进步和科学技术发展都产生了积极的影响. 第二个特色是带有技术教育的性质，官办数学教育的目的是为政府培养专业计算人员.

中国古代的数学著作大多数是为了指导实践，必然考虑到如何便于教给人们掌握，较为注重由浅入深，举一反三，都可以作为数学教材. 例如，刘徽注《九章算术》流传开后，两晋南北朝数学有了明显的进步. 当然，在封建专制制度之下，数学教育的效率并不高，甚至到后来竟然被废除了，这些历史的经验教训都值得我们研究、借鉴.

第三节　永载史册的数学家

纵观几千年的数学发展史，人们眼前展现了一幅壮观的景象：在科学世界里，一条长河从涓涓细流的源头开始，不断会聚各路支流，越来越浩浩荡荡，终成今日汹涌澎湃之势.

是什么力量在推动数学长河奔腾向前呢？我们认为，数学的推动与数学家们的努力密不可分.

一、中国的数学家们

我国的《畴人传》包括400多位天文、数学家的传记，其中占篇幅最多的是僧一行，他是唐代最著名的数学家、天文学家. 僧是和尚、一行是法号，原名张遂，天赋聪敏、潜心窥测，717年他来到京城长安，为唐玄宗顾问. 他把数学与天文学结合起来，创造了世界上最早的不等间距二次内插法公式；他组织并领导的在全国12个点对北极高度和日影长短的测量，是世界上第一次对子午线的实测；他对历法科学作出了重要的贡献，推算出“开元大衍历”，后世有人称赞它“历千古而无差”. 可惜他的著作后来全部散失了.

我国数学家中在世界上声名最高的，是南北朝的祖冲之（429～500年）. 他是世界上最早计算圆周率π精确到6位小数的人，并且保持了这项世界纪录将近1100年. 他从小喜欢钻研天文、数学，博览群书，重视实践，经常提出大胆的想法，再通过实践来检验这些想法是否正确. 祖冲之和他的儿子合撰的数学专著《缀术》，核定为唐朝学校的教材. 中世纪时，日本、朝鲜的学校也采用它作为课本，可惜这部书后来失传了. 为纪念祖冲之在圆周率及其他方面的贡献，莫斯科大学建立了他的塑像，与世界其他著名科学家的塑像一起受到人们的敬仰. 前苏联科学家还把月球上的一个环形山命名为祖冲之环形山，真可谓名扬九天.

宋元时代的朱世杰被誉为“中世纪世界最伟大的数学家”. 他曾四处流浪，周游湖海20多年，长期靠教授数学来维持生活，“踵门而学者云集”. 他的名著《算学启蒙》三卷（1299年）和《四元宝鉴》三卷（1303年）是我国数学发展的重要里程碑. 前者创立了代数加法和乘法的正负法则；后者把天元术推广为“四元术”（四元高次联立方程解决），而欧洲到1775年才提出同样的解法.《四元宝鉴》开头所载“古法七乘方图”与“杨辉三角”具有同等重要的世界意义. 朱世杰对高阶等差级数求和问题进行了讨论，得出了高次差的内插公式（四次“招差术”），这实质上已相当于1676～1678年间牛顿的一段内插公式.

在中国数学史上，著述最多的数学家是梅文鼎（1683～1721年）. 梅文鼎，字定九，号勿庵，安徽宣城人. 他自动喜爱天文学、数学. 自29岁起，数十年学问与年俱进，是十七八世纪之交中国最伟大的数学家. 他在历学方面，深究中国古代70余家历法，而后与西历会通；在数学方面，先习筹算、笔算、三角、对数，而后发挥少广、方程及勾股诸术，集其大成，自成一家.

梅文鼎的著述，据他所著的《勿庵历算书目》所载，共88种，达二百余卷，其中已刊者33种计70卷. 在这些历算书中，数学著作占了三分之二，包括了初等数学的各个分支. 他的孙子梅瑴成，自幼跟他受到良好的数学教育，1712年23岁时入宫学习数学和天文，次年任蒙养斋汇编官，主编《数理精蕴》.

1761年，梅瑴成把其祖父的著作编成《梅氏丛书辑要》，共收33种计60卷，附梅瑴成自己所著二卷，其中数学书40卷. 像这样祖孙三代大有作为的数学家之家，在世界数学史上也是罕见的. 可以与之媲美的只有是差不多同时代的瑞士伯努利家族.

李善兰（1811 年 1 月 22 日～1882 年 12 月 9 日），原名李心兰，字竟芳，号秋纫，别号壬叔. 浙江海宁人，中国清代数学家、天文学家、力学家、植物学家. 创立了二次平方根的幂级数展开式，各种三角函数，反三角函数和对数函数的幂级数展开式，这是李善兰也是 19 世纪中国数学界最重大的成就.

李善兰自幼喜好数学，后以诸生应试杭州，得元代著名数学家李冶撰《测圆海镜》，据以钻研，造诣日深. 道光年间，陆续撰成《四元解》、《麟德术解》、《弧矢启秘》、《方圆阐幽》及《对数探源》等，声名大起. 咸丰年初，旅居上海，1852～1859 年在上海墨海书馆与英国汉学家伟烈亚力合译欧几里得《几何原本》后 9 卷，完成明末徐光启、利玛窦未竟之业. 又与伟烈亚力、艾约瑟等合译《代微积拾级》、《重学》、《谈天》等多种西方数学及自然科学书籍.

咸丰同治之际，先后入江苏巡抚徐有壬、两江总督曾国藩幕，以精于数学，深得倚重. 同治七年（1868），经巡抚郭嵩昭举荐，入京任同文馆算学总教习，历授户部郎中、总理衙门章京等职，加官三品衔.

他以《测圆海镜》为基本教材，培养人才甚多. 他学通古今，融中西数学于一堂. 1860 年起参与洋务运动中的科技活动. 1868 年起任北京同文馆天文算学总教习，直至逝世.

主要著作都汇集在《则古昔斋算学》内，13 种 24 卷，其中对尖锥求积术的探讨，已初具积分思想，对三角函数与对数的幂级数展开式、高阶等差级数求和等题解的研究，皆达到中国传统数学的很高水平. 继梅文鼎之后，成为清代数学史上的又一杰出代表. 他一生翻译西方科技书籍甚多，将近代科学最主要的几门知识从天文学到植物细胞学的最新成果介绍传入中国，对促进近代科学的发展作出卓越贡献.

华蘅芳（1833～1902 年），字若汀，中国清末数学家、翻译家和教育家. 江苏无锡县荡口镇人. 出生于世宦门第，少年时酷爱数学，遍览当时的各种数学书籍. 青年时游学上海，与著名数学家李善兰交往，李氏向他推荐西方的代数学和微积分. 1861 年为曾国藩擢用，和同乡好友徐寿（字雪村）一同到安庆的军械所，绘制机械图并造出中国最早的轮船“黄鹄”号. 他曾三次被奏保举，受到洋务派器重，一生与洋务运动关系密切，成为这个时期有代表性的科学家之一.

1867 年，华蘅芳、徐寿开始与外国人合译西方近代科技书籍. 翌年制造局内设翻译馆. 从此，华蘅芳把主要精力用于译书，同时进行数学等方面的研究. 1876 年格致书院成立后，他前往执教 10 余年，并参加院务管理工作. 1887 年他到李鸿章创办的天津武备学堂担任教习. 1892 年到武昌的两湖书院、自强学堂讲授数学. 1896 年回到江南制造局的工艺学堂，任数学教习. 1898 年回到家乡，在无锡竢实学堂任教. 1902 年逝世. 他毕生致力于研究、著述、译书、授徒，工作勤奋，敝衣粗食，淡泊名利，不涉宦途，在科技方面做了大量的工作.

华罗庚（1910 年 11 月 12 日～1985 年 6 月 12 日），国际数学大师，中国科学院院士，是中国解析数论、矩阵几何学、典型群、自安函数论等多方面研究的创始人和开拓者. 他为中国数学的发展作出了无与伦比的贡献，被誉为“中国现代数学之父”，“被列为芝加哥科学技术博物馆中当今世界 88 位数学伟人之一. 美国著名数学史家贝特曼著文称：华罗庚是中国的爱因斯坦，够成为全世界所有著名科学院院士”.

华罗庚先生早年的研究领域是解析数论，他在解析数论方面的成就尤其广为人知，国际颇具盛名的“中国解析数论学派”即华罗庚开创的学派，该学派对于质数分布问题与哥德巴赫猜想做出了许多重大贡献. 他在多复变函数论、矩阵几何学方面的卓越贡献，更是影响到了世界数学的发展. 也有国际上有名的“典型群中国学派”，华罗庚先生在多复变函数论，典型群方面的研究领先西方数学界 10 多年，这些研究成果被著名的华裔数学家丘成桐高度称赞. 华罗庚先生是难以比拟的天才.

华罗庚一生为我们留下了十部巨著：《堆垒素数论》、《指数和的估价及其在数论中的应用》、《多复变函数论中的典型域的调和分析》、《数论导引》、《典型群》（与万哲先合著）、《从单位圆谈起》、《数论在近似分析中的应用》（与王元合著）、《二阶两个自变数两个未知函数的常系数线性偏微分方程组》（与他人合著）、《优选学》及《计划经济范围最优化的数学理论》，其中八部为国外翻译出版，已列入 20 世纪数学的经典著作之列. 此外，还有学术论文 150 余篇，科普作品《优选法评话及其补充》、《统筹法评话及补充》等，辑为《华罗庚科普著作选集》.

陈景润（1933 年 5 月～1996 年 3 月）是中国现代数学家. 1933 年 5 月 22 日生于福建省福州市. 1953 年毕业于厦门大学数学系. 由于他对塔里问题的一个结果作了改进，受到华罗庚的重视，被调到中国科学院数学研究所工作，先任实习研究员、助理研究员，再越级提升为研究员，并当选为中国科学院数学物理学部委员. 陈景润是世界著名解析数论学家之一，他在 20 世纪 50 年代即对高斯圆内格点问题、球内格点问题、塔里问题与华林问题的以往结果，作出了重要改进. 20 世纪 60 年代后，他又对筛法及其有关重要问题，进行广泛深入的研究.

1966 年屈居于六平方米小屋的陈景润，借一盏昏暗的煤油灯，伏在床板上，用一支笔，耗去了几麻袋的草稿纸，居然攻克了世界著名数学难题“哥德巴赫猜想”中的（1＋2），创造了距摘取这颗数论皇冠上的明珠（1＋1）只是一步之遥的辉煌. 他证明了“每个大偶数都是一个素数及一个不超过两个素数的乘积之和”，使他在哥德巴赫猜想的研究上居世界领先地位. 这一结果国际上誉为“陈氏定理”，受到广泛征引. 这项工作还使他与王元、潘承洞在 1978 年共同获得中国自然科学奖一等奖. 他研究哥德巴赫猜想和其他数论问题的成就，至今，仍然在世界上遥遥领先. 世界级的数学大师、美国学者阿·威尔曾这样称赞他：陈景润的每一项工作，都好像是在喜马拉雅山山巅上行走.

陈景润于 1978 年和 1982 年两次收到国际数学家大会请他作 45 分钟报告的邀请. 这是中国人的自豪和骄傲. 他所取得的成绩，他所赢得的殊荣，为千千万万的知识分子树起了一面旗帜，辉映三山五岳，召唤着亿万的青少年奋发向前.

二、外国的数学家们

上古时代欧洲最有创建的科学家是阿基米德（前 287～前 212 年），古希腊哲学家、数学家、物理学家、科学家.

在公元前 287 年，阿基米德出生在古希腊西西里岛东南端的叙拉古城. 在当时古希腊的辉煌文化已经逐渐衰退，经济、文化中心逐渐转移到埃及的亚历山大城；但是另一方面，意大利半岛上新兴的罗马帝国，也正不断地扩张势力；北非也有新的国家迦太基兴起. 阿基米德就是生长在这种新旧势力交替的时代，而叙拉古城也就成为许多势力的角力场所.

阿基米德的父亲是天文学家和数学家，所以他从小受家庭影响，十分喜爱数学. 大概在他九岁时，父亲送他到埃及的亚历山大城念书，亚历山大城是当时西方世界的知识、文化中心，学者云集，举凡文学、数学、天文学、医学的研究都很发达，阿基米德在这里跟随许多著名的数学家学习，包括有名的几何学大师——欧几里得，因此奠定了他日后从事科学研究的基础.

在经过许多年的求学历程后，阿基米德回到故乡——叙拉古. 据说叙拉古的国王——海维隆二世与阿基米德的父亲是朋友，也有另一种说法是：国王与他们是亲戚关系. 总之，回国后的阿基米德很受国王的礼遇，经常出入宫廷，并常与国王、大臣们闲话家常或是畅谈国事. 阿基米德在这种优裕的环境下，作了好几十年的研究工作，并在数学、力学、机械方面取得了许多重要的发现与成就，成为上古时代欧洲最有创建的科学家.

阿基米德到过亚历山卓，据说他住在亚历山卓时期发明了阿基米德式螺旋抽水机，今天在埃及仍旧使用着. 第二次布匿战争时期，罗马大军围攻叙拉古，最后阿基米德不幸死在罗马士兵之手.

欧几里得是古希腊最负盛名、最有影响的数学家之一，他也是亚历山大里亚学派的成员. 欧几里得，意思是“好的名誉”. 今日关于欧几里得的生平，我们知道得很少，而大部分关于欧几里得的资料都是来自普洛克努斯及帕普斯的评论. 欧几里得生前活跃于亚历山大图书馆，而且很有可能曾在柏拉图学院学习. 直到现在，我们都无法得知欧几里得的生卒日期、地点和细节. 直到现在，我们还没有找到任何欧几里得在世时期所画的画像，所以现存的欧几里得画像都是出于画家的想像.

欧几里得写过一本书，书名为《几何原本》（Elements）共有 13 卷. 这一著作对于几何学、数学和科学的未来发展，对于西方人的整个思维方法都有极大的影响.《几何原本》的主要对象是几何学，但它还处理了数论、无理数理论等其他课题，例如著名的欧几里得引理和求最大公因子的欧几里得算法. 欧几里得使用了公理化的方法. 公理（Axioms）就是确定的、不需证明的基本命题，一切定理都由此演绎而出. 在这种演绎推理中，每个证明必须以公理为前提，或者以被证明了的定理为前提. 这一方法后来成了建立任何知识体系的典范，在差不多二千年间，被奉为必须遵守的严密思维的范例.《几何原本》是古希腊数学发展的顶峰. 欧几里得将公元前七世纪以来希腊几何积累起来的丰富成果，整理在严密的逻辑系统之中，使几何学成为一门独立的、演绎的科学.

世界数学史上最多产的数学家是瑞士的欧拉（1707～1783 年）. 他一生中，共发表 530 本（篇）书（论文），死后 47 年中，又陆续出版了他留下的许多书稿，从而发表他的著作达到 886 本（篇）之多. 欧拉的一生几乎全部从事数学研究，涉及的范围很广. 1735 年，他不幸瞎了一只眼睛；1766 年，另一只眼睛也瞎了，但这些都没有阻碍他的钻研和创作. 双目失明的欧拉，让别人笔录下他的研究成果，借这一种稀有的记忆力，顽强而艰苦地奋斗着. 他能在最嘈杂的扰乱中，精力高度集中地进行创造性的工作.

使人感到惊讶和钦佩的，不仅是欧拉的著作是如此之多，而是他的文字通俗易懂、使用的符号先进新颖. 下述记号的正规化，都应该归功于欧拉：$f(x)$ 表示函数；e 表示自然对数的底；a、b、c 表示$\triangle ABC$ 的三条边；$\sum$表示求和；i 表示虚单位……

还有最著名的欧拉公式，这个关系式联系着数学中最重要的五个数 e、π、i、1、0，是数学中最美妙的公式. 很多数学家都怀着尊敬的心情赞美欧拉："读读欧拉，他是我们一切人的名师"（拉普拉斯），"对欧拉工作的研究将仍旧是对于数学的不同范围的最好的学校，并且没有任何别的可以替代它"（高斯）. 瑞士自然科学学会从 1907 年开始出版《欧拉全集》，用了四十年才出齐 73 本.

名列第二位的多产数学家，不是法国的柯西，就是英国的凯雷. 但要认真地确定谁该享有这份荣誉，恐怕要计算出版物的页数. 例如柯西的全集，除几本书外，包括 789 篇论文，其中有些是巨著，计有 24 本大四开本.

世界上第一位女数学家是希腊的希帕提亚（310～415 年），她是数学家泰奥思的女儿，写过关于阿波罗尼和丢番图的评注本. 而世界上最伟大的女数学家是德国的诺特（1882～1935 年），她生于犹太家庭，父亲也是著名的数学家. 1900 年，她进入爱尔兰根大学，在近千名学生中只有两名女性. 在戈丹的指导下，诺特完成了博士论文《三元双二次型不变量的完全系》. 1916 年，诺特来到哥廷根. 那时希尔伯特正从事广义相对论的研究，诺特在这方面做了出色的工作，被后人称之为物理学中的诺特定理.

解析几何之父勒内·笛卡儿（Rene Descartes，1596～1650 年），著名的法国哲学家、科学家和数学家. 他对现代数学的发展做出了重要的贡献，因将几何坐标体系公式化而被认为是解析几何之父. 他还是西方现代哲学思想的奠基人，是近代唯物论的开拓者，提出了"普遍怀疑"的主张. 他的哲学思想深深影响了之后的几代欧洲人，开拓了所谓"欧陆理性主义"哲学.

笛卡儿最杰出的成就是在数学发展上创立了解析几何学. 在笛卡儿时代，代数还是一个比较新的学科，几何学的思维还在数学家的头脑中占有统治地位. 笛卡儿致力于代数和几何联系起来的研究，于 1637 年，在创立了坐标系后，成功地创立了解析几何学. 他的这一成就为微积分的创立奠定了基础. 解析几何直到现在仍是重要的数学方法之一. 此外，现在使用的许多数学符号都是笛卡儿最先使用的，这包括了已知数 a，b，c 以及未知数 x，y，z 等，还有指数的表示方法. 他还发现了凸多面体边、顶点、面之间的关系，后人称为欧拉-笛卡儿公式. 还有微积分中常见的笛卡儿叶形线也是他发现的.

数学符号之父戈特弗里德·威廉·莱布尼茨（1646～1716 年），德国最重要的自然科学家、数学家、物理学家、历史学家和哲学家，一位举世罕见的科学天才，和牛顿（1643 年 1 月 4 日～1727 年 3 月 31 日）同为微积分的创建人. 他的研究成果还遍及力学、逻辑学、化学、地理学、解剖学、动物学、植物学、气体学、航海学、地质学、语言学、法学、哲学、历史、外交等 40 多个范畴，被誉为 17 世纪的亚里士多德. “世界上没有两片完全相同的树叶”就是出自他之口，他还是最早研究中国文化和中国哲学的德国人，对丰富人类的科学知识宝库做出了不可磨灭的贡献. 然而，由于他和牛顿先后独立发明了微积分，并精心设计了非常巧妙简洁的微积分符号，从而使他以伟大数学家的称号闻名于世.

约翰·冯·诺依曼（1903～1957 年），美籍匈牙利人，数学家，他开创了现代计算机理论，其体系结构沿用至今. 父亲是一个银行家，家境富裕，十分注意对孩子的教育. 冯·诺依曼从小聪颖过人，兴趣广泛，读书过目不忘. 据说他 6 岁时就能用古希腊语同父亲闲谈，一生掌握了七种语言. 最擅德语，可在他用德语思考种种设想时，又能以阅读的速度译成英语. 他对读过的书籍和论文，能很快一句不差地将内容复述出来，而且若干年之后，仍可如此. 1911～1921 年，冯·诺依曼在布达佩斯的卢瑟伦中学读书期间，就崭露头角而深受老师的器重. 在费克特老师的个别指导下并合作发表了第一篇数学论文，此时冯·诺依曼还不到 18 岁. 1921～1923 年在苏黎世大学学习. 很快又在 1926 年以优异的成绩获得了布达佩斯大学数学博士学位，此时冯·诺依曼年仅 22 岁. 1927～1929 年冯·诺依曼相继在柏林大学和汉堡大学担任数学讲师. 1930 年接受了普林斯顿大学客座教授的职位，西渡美国. 1931 年他成为美国普林斯顿大学的第一批终身教授，那时，他还不到 30 岁. 1933 年转到该校的高级研究所，成为最初六位教授之一，并在那里工作了一生. 冯·诺依曼是普林斯顿大学、宾夕法尼亚大学、哈佛大学、伊斯坦堡大学、马里兰大学、哥伦比亚大学和慕尼黑高等技术学院等校的荣誉博士. 他是美国国家科学院、秘鲁国立自然科学院和意大利国立林且学院等院的院士. 1954 年他任美国原子能委员会委员；1951～1953 年任美国数学会主席.

冯·诺依曼对人类的最大贡献是对计算机科学、计算机技术、数值分析和经济学中的博弈论的开拓性工作. 另外，冯·诺依曼 20 世纪 40 年代出版的著作《博弈论和经济行为》，使他在经济学和决策科学领域竖起了一块丰碑. 他被经济学家公认为博弈论之父. 当时年轻的约翰·纳什在普林斯顿求学期间开始研究发展这一领域，并在 1994 年凭借对博弈论的突出贡献获得了诺贝尔经济学奖.

“史可为鉴”，“它山之石，可以攻玉”. 愿古今中外数学家们在推动数学前进中焕发出来的精神力量，化作青年朋友们的宝贵财富，为中华在各个领域的新崛起而奋斗！

第一章 函数与极限

初等数学的研究对象基本上是不变的量，而高等数学的研究对象则是变动的量，函数关系是变量之间的依赖关系，极限方法是研究变量的一种基本方法. 本章将介绍函数、极限和它们的一些性质.

第一节　函数及其性质

一、函数

1. 函数的定义

定义　设在某个变化过程中有两个变量 x 和 y，变量 y 随着 x 的变化而变化，当 x 在一个非空数集 D 上任取一值时，y 依照某一对应规则 f 总有一个确定的数值与之对应，则称**变量 y 是变量 x 的函数**. 记为

$$y=f(x),\ x\in D$$

D 称为函数的定义域，与 x 对应的 y 称为函数值，记为 $f(x)$，即 $y=f(x)$，函数值 $f(x)$ 的全体所构成的集合称为函数的值域，记作 M.

习惯上，把 x 称为自变量，y 称为因变量.

同一问题中不同的函数，应该用不同的记号，如 $f(x)$、$g(x)$、$F(x)$、$G(x)$ 等等.

需要注意的是，函数的定义中有两个要素，即定义域 D 与对应规则 f. 只有当两个函数的定义域和对应规则完全相同时，它们才是同一个函数. 此外，如果出现对于变量 x，有几个 y 值与之对应的情形，根据函数定义，y 不是 x 的函数，但为了方便，我们约定把这种情况称为 y 是 x 的多值函数. 对于多值函数通常是限制其 y 的变化范围使之成为单值，再进行研究. 例如，反三角函数 $y=\arcsin x$ 是多值函数，当 y 限制在 $-\frac{\pi}{2}\leqslant y\leqslant\frac{\pi}{2}$ 时，就是单值函数了，记为 $y=\arcsin x$.

表示函数的主要方法有三种：表格法、图形法、解析法（公式法）.

下面举几个函数及求解相关问题的例子.

【例 1】　设 $f(x+3)=\dfrac{x+1}{x+2}$，求 $f(x)$.

解：令 $x+3=t$，则 $x=t-3$

$$f(t)=\frac{(t-3)+1}{(t-3)+2}=\frac{t-2}{t-1}$$

即
$$f(t)=\frac{t-2}{t-1}$$

所以
$$f(x)=\frac{x-2}{x-1}$$

【例 2】 求函数 $f(x)=\sqrt{4-x^2}+\lg(x-1)$ 的定义域.

解：要使函数有意义，必须使$\begin{cases}4-x^2\geqslant 0\\ x-1>0\end{cases}$.

解得：$-2\leqslant x\leqslant 2$ 且 $x>1$

所以函数的定义域为$\{x\mid 1<x\leqslant 2\}$. 用区间可表示为 $(1, 2]$.

2. 反函数

设给定 y 是 x 的函数，如果对其值域 R 中的任一值 y，都可通过关系式在其定义域 D 中确定唯一的一个 x 与之对应，则得到一个定义在 R 上的以 y 为自变量，x 为因变量的函数，我们称其为 $y=f(x)$ 的反函数，记为 $x=f^{-1}(y)$.

习惯上自变量用 x 表示，因变量用 y 表示，因此，在 $x=f^{-1}(y)$ 中将 x 与 y 互换后记为 $y=f^{-1}(x)$，称 $y=f(x)$ 和 $y=f^{-1}(x)$ 互为反函数，其图像在同一条直角坐标系内关于直线 $y=x$ 对称.

求反函数的步骤一般是：先从 $y=f(x)$ 中解出 x，得 $x=f^{-1}(y)$，再将 x，y 分别换为 y，x. 即 $y=f^{-1}(y)$ 就是 $y=f(x)$ 的反函数.

【例 3】 求 $y=2x-5$ 的反函数.

解：解出 x，得

$$x=\frac{1}{2}(y+5)$$

将 x、y 分别换成 y、x，得

$$y=\frac{1}{2}(x+5)$$

所以，$y=2x-5$ 的反函数为 $y=\frac{1}{2}(x+5)$.

还有许多反函数的例子，如 $y=\log_a x$ 与 $y=a^x$ 互为反函数；$y=\arcsin x$ 与 $y=\sin x$ 互为反函数，等等.

3. 复合函数

定义 设 $y=f(u)$，$u=\phi(x)$，函数 $u=\phi(x)$ 的值域的全部或一部分包含在函数 $y=f(u)$ 的定义域内，则对 $u=\phi(x)$ 定义域内的 x，有 $y=f[\phi(x)]$，此函数称函数 $y=f(u)$，$u=\varphi(x)$ 的复合函数，其中 u 称为中间变量.

例如，$y=\sin u$ 和 $u=x^2+1$ 可构成复合函数 $y=\sin(x^2+1)$.

【例 4】 $y=a^{\arctan x}$是由哪些基本初等函数复合而成的？

解： 令 $u=\arctan x$，则 $y=a^u$，而 $u=\arctan x$

所以 $y=a^{\arctan x}$ 是由 $y=a^u$ 与 $u=\arctan x$ 复合而成的.

【例 5】 $y=\sqrt{\log_a\left(\frac{1}{x}\right)}$ 是由哪些基本初等函数复合而成的？

解： 它可以看做由 $y=\sqrt{u}$，$u=\log_a v$，$v=\frac{1}{x}$ 三个基本初等函数复合而成的.

4. 函数的基本性质

(1) 函数的有界性

设函数 $y=f(x)$ 的定义域为 D，数集 $I\subset D$，如果存在一个正数 M，使得在 I 上的函数值 $f(x)$ 都满足

$$|f(x)|\leqslant M$$

则称函数 $y=f(x)$ 在 I 上有界，亦称 $f(x)$ 在 I 上是有界函数，如果不存在这样的正数 M，则称函数 $y=f(x)$ 在 I 上无界，亦称 $f(x)$ 在 I 上是无界函数.

例如函数 $y=\sin x$ 在区间 $(-\infty,+\infty)$ 内有 $|\sin x|\leqslant 1$，所以函数 $y=\sin x$ 在 $(-\infty,+\infty)$ 内是有界的.

注意，有可能出现以下的情况：函数在其定义域上的某一部分是有界的，而在另一部分是无界的，因此，说一个函数是有界的或无界的，必须指出其相应的范围. 如函数 $y=\tan x$ 在 $\left[-\frac{\pi}{4},\frac{\pi}{4}\right]$ 上是有界的，而在 $\left(-\frac{\pi}{2},\frac{\pi}{2}\right)$ 内是无界的，而笼统说函数 $y=\tan x$ 是有界函数或无界函数都是不确切的.

(2) 函数的单调性

设函数 $y=f(x)$ 在 (a,b) 内有定义，任取两点 $x_1, x_2\in(a,b)$，当 $x_1<x_2$ 时，如果有 $f(x_1)<f(x_2)$，则称函数 $y=f(x)$ 在 (a,b) 内单调增加；当 $x_1<x_2$ 时，如果有 $f(x_1)>f(x_2)$，则称函数 $y=f(x)$ 在 (a,b) 内单调减少（图 1.1、图 1.2）.

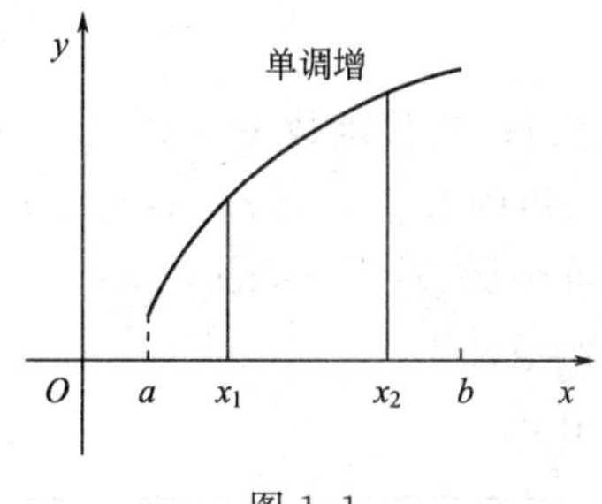

图 1.1

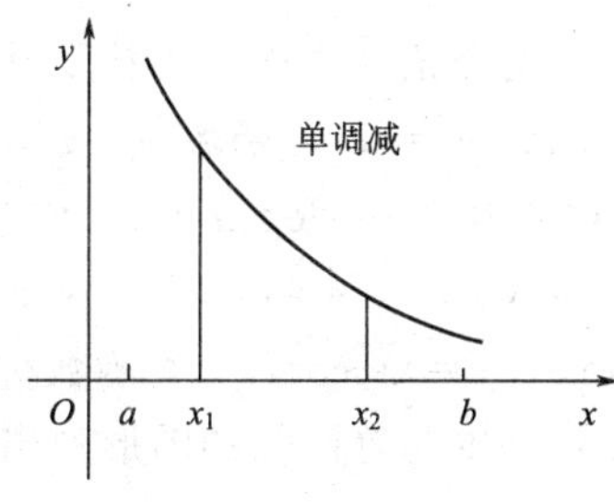

图 1.2

例如，$y=x^2$ 在 $(0,+\infty)$ 内单调增加，而在 $(-\infty,0)$ 内单调减少，又如 $y=\tan x$ 在 $\left(-\frac{\pi}{2},\frac{\pi}{2}\right)$ 内单调增加.

同样要注意，会有下列情况出现：一个函数在某一区间是单调增加的，而在另一个区间是单调减少的，因此，说一个函数是单调的，必须相对区间而言.

(3) 函数的奇偶性

设函数 $y=f(x)$ 的定义域 D 关于原点对称，如果对于任何 $x\in D$，有$f(-x)=f(x)$，则称函数 $y=f(x)$ 在 D 上是偶函数；如果有 $f(-x)=-f(x)$，则称函数 $y=f(x)$在 D 上是奇函数. 既不是奇函数，也不是偶函数的函数称为非奇非偶函数. $f(x)=0$，$x\in R$，这个函数既是奇函数，又是偶函数.

显然，偶函数的图形关于 y 轴对称（图 1.3），奇函数图形关于原点对称（图 1.4).

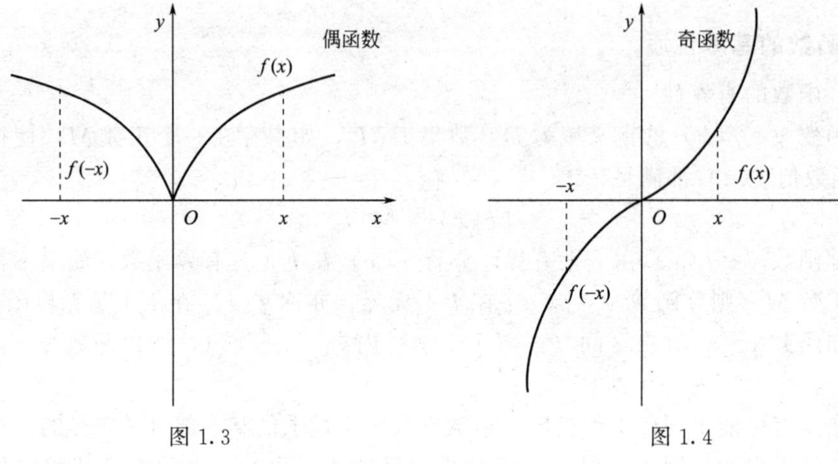

图 1.3　　图 1.4

（4） 函数的周期性

设函数 $y=f(x)$ 在 D 上有定义，如果存在一个正数 l，对于任何 $x\in D$，有 $(x\pm l)\in D$，且 $f(x+l)=f(x)$，则称函数 $y=f(x)$ 是周期函数，l 称为 $f(x)$ 的周期，通常所说的周期，是指最小正周期.

例如，$y=\cos x$ 的周期是 2π，$y=\cos\dfrac{1}{2}x$ 的周期是 4π.

二、初等函数

这里主要介绍基本初等函数及其图形 .

常量函数 $y=c$；幂函数 $y=x^{\alpha}$（α 为任何实数）；指数函数 $y=a^{x}$（$a>0$，且 $a\neq 1$）；对数函数 $y=\log_a x$（$a>0$，且 $a\neq 1$）；三角函数 $y=\sin x$，$y=\cos x$，$y=\tan x$，$y=\cot x$，$y=\sec x$，$y=\csc x$ 以及反三角函数 $y=\arcsin x$，$y=\arccos x$，$y=\arctan x$，$y=\text{arccot}\,x$ 六类函数称为基本初等函数.

下面把基本初等函数的图形列出来，以便查用 .

函数	图形	定义域	值域	主要性质
常量函数 $y=c$	y　c>0　O　x　c<0	$(-\infty,+\infty)$	$\{c\}$	它是偶函数非单调函数

续表

函数	图形	定义域	值域	主要性质
幂函数 $y=x^a$（a 是常数）	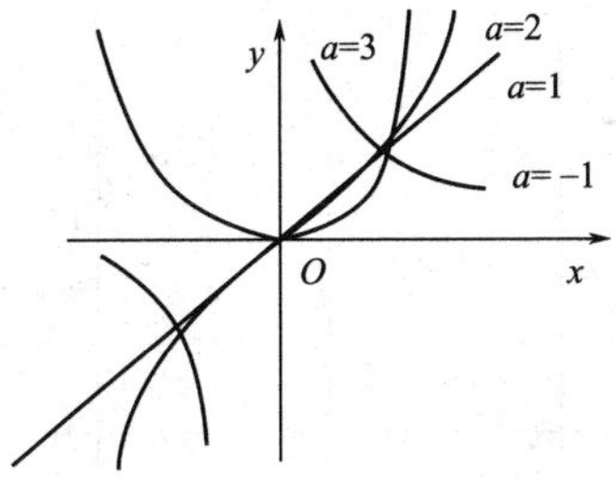	随 a 不同而不同，但不论 a 取什么值，$y=x^a$ 在 $(0,+\infty)$ 内总有定义	随 a 不同而不同	若 $a>0$，$y=x^a$ 在 $[0,+\infty)$ 内单调增加，若 $a<0$，$y=x^a$ 在 $(0,+\infty)$ 内单调减少
指数函数 $y=a^x$（a 是常数，$a>0$，$a\neq1$）	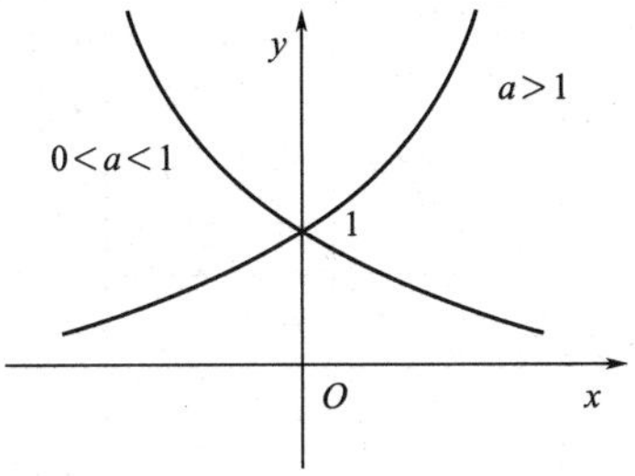	$(-\infty,+\infty)$	$(0,+\infty)$	$a^0=1$ 若 $a>1$，$y=a^x$ 在 $(-\infty,+\infty)$ 单调增加；若 $0<a<1$，$y=a^x$ 在 $(-\infty,+\infty)$ 单调减少 直线 $y=0$ 为函数图形的水平渐近线
对数函数 $y=\log_a x$（a 是常数，$a>0$，且 $a\neq1$）	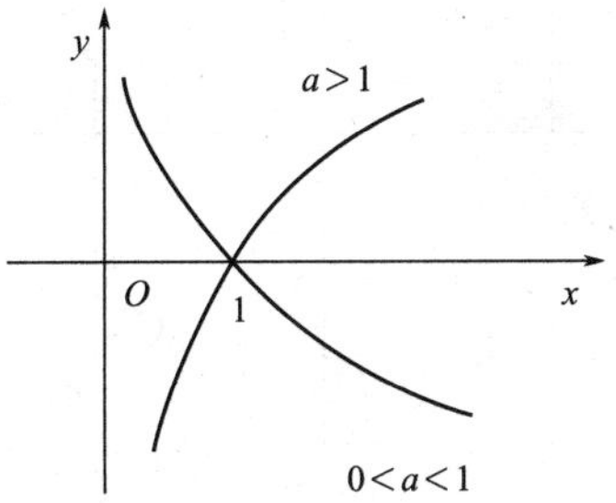	$(0,+\infty)$	$(-\infty,+\infty)$	若 $a>1$，在 $(0,+\infty)$ 上 $y=\log_a x$ 单调递增 若 $0<a<1$，在 $(0,+\infty)$ 上 $y=\log_a x$ 单调递减
正弦函数 $y=\sin x$	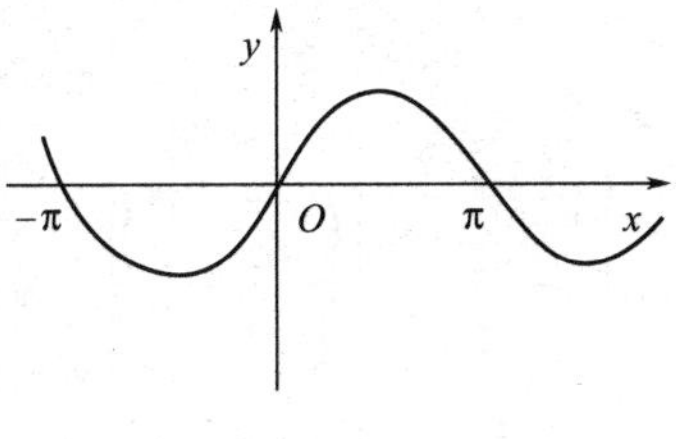	$(-\infty,+\infty)$	$[-1,1]$	以 2π 为最小正周期的周期函数，在 $\left[2k\pi-\frac{\pi}{2},2k\pi+\frac{\pi}{2}\right]$ 上单调增加，在 $\left[2k\pi+\frac{\pi}{2},2k\pi+\frac{3\pi}{2}\right]$ 上单调减少，最小奇函数
余弦函数 $y=\cos x$	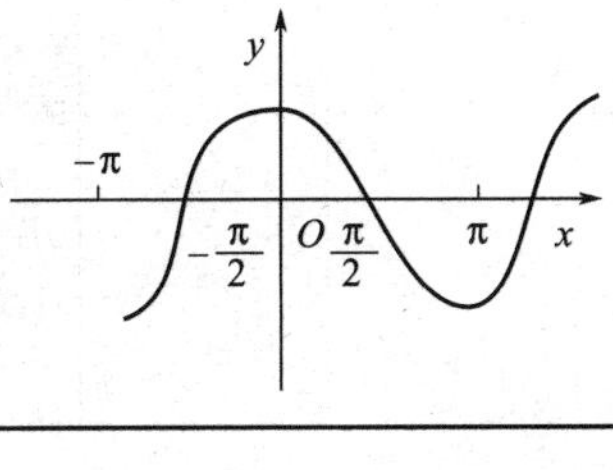	$(-\infty,+\infty)$	$[-1,1]$	以 2π 为最小正周期的周期函数，在 $[2k\pi-\pi,2k\pi]$ 上单调增加，在 $[2k\pi,2k\pi+\pi]$ 上单调减少，偶函数

续表

函数	图形	定义域	值域	主要性质
正切函数 $y=\tan x$	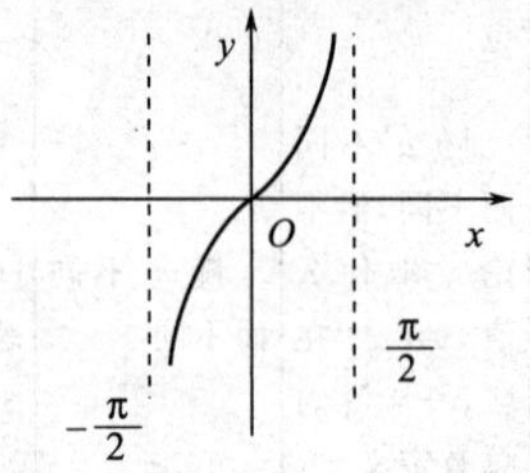	$x \neq k\pi+\frac{\pi}{2}$ $(k \in Z)$	$(-\infty, +\infty)$	以 π 为最小正周期的周期函数，在 $\left(k\pi-\frac{\pi}{2}, k\pi+\frac{\pi}{2}\right)$ 上单调增加，奇函数
余切函数 $y=\cot x$	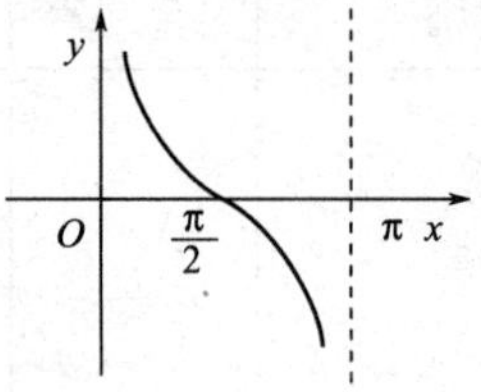	$x \neq kx$ $(k \notin Z)$	$(-\infty, +\infty)$	以 π 为周期的周期函数，在 $(k\pi,\ k\pi+\pi)$ 上单调减少，奇函数
反正弦函数 $y=\arcsin x$	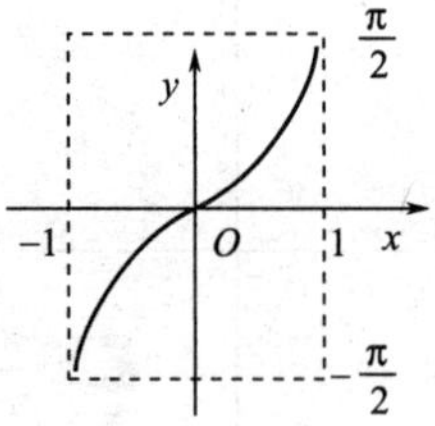	$[-1, +1]$	$\left[-\frac{\pi}{2}, \frac{\pi}{2}\right]$	在 $[-1, +1]$ 单调增加，奇函数
反余弦函数 $y=\arccos x$	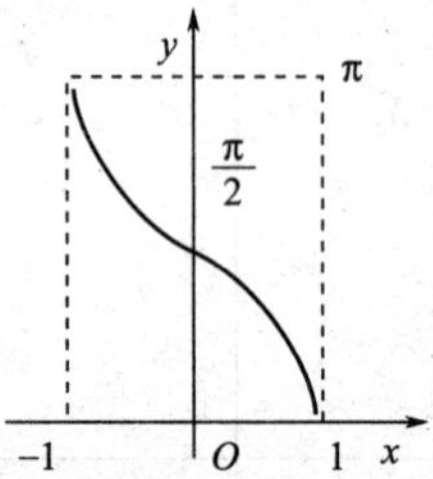	$[-1, +1]$	$[0, \pi]$	在 $[-1, +1]$ 单调减少
反正切函数 $y=\arctan x$	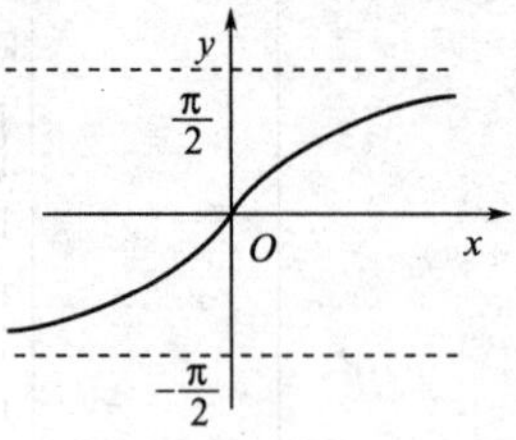	$(-\infty, +\infty)$	$\left(-\frac{\pi}{2}, \frac{\pi}{2}\right)$	在 $(-\infty, +\infty)$ 单调增加，奇函数 直线 $y=-\frac{\pi}{2}$ 及 $y=\frac{\pi}{2}$ 为函数图形的水平渐近线
反余切函数 $y=\text{arccot}\, x$	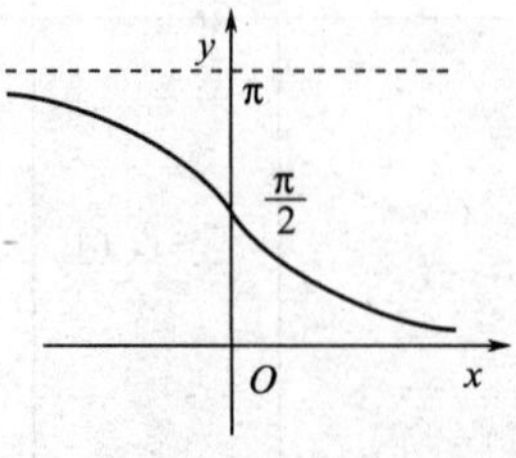	$(-\infty, +\infty)$	$(0, \pi)$	在 $(-\infty, +\infty)$ 单调减少 直线 $y=0$ 及 $y=\pi$ 为函数图形的水平渐近线

由常数和基本初等函数经过有限次四则运算和有限次函数复合步骤所构成并可用一个式子表示的函数，称为初等函数.

习题 1.1

1. 求下列函数的自然定义域.

(1) $f(x)=\sqrt{x+1}$ (2) $y=\dfrac{1}{x-1}+\sqrt{x+2}$

(3) $y=\dfrac{1}{x^2-3x+2}$ (4) $y=\dfrac{1}{\lg(3x-2)}$

(5) $y=\dfrac{1}{\sqrt{25-x^2}}$

2. 下列各题中，函数 $f(x)$ 和 $g(x)$ 是否相同？为什么？

(1) $f(x)=\lg x^2$，$g(x)=2\lg x$

(2) $f(x)=x$，$g(x)=\sqrt{x^2}$

(3) $f(x)=\sqrt[3]{x^4-x^3}$，$g(x)=x\sqrt[3]{x-1}$

3. 指出下列函数是由哪些基本初等函数复合而成的.

(1) $y=\ln\tan x$ (2) $y=\cos^2(1+2x)$

(3) $y=\sqrt{\tan\left(\dfrac{x}{2}+6\right)}$ (4) $y=\lg\left(\sin\dfrac{2}{x}\right)$

(5) $y=e^{\sin(2x+1)}$

4. 试判断下列函数的奇偶性.

(1) $y=\ln(\sqrt{x^2+1}+x)$ (2) $y=\dfrac{a^x-1}{a^x+1}$

(3) $y=\dfrac{1}{2}(10^x+10^{-x})$

5. 下列各函数中哪些是周期函数？对于周期函数，指出其周期.

(1) $y=\cos(x-2)$

(2) $y=\cos 4x$

(3) $y=1+\sin\pi x$

(4) $y=x\cos x$

(5) $y=\sin^2 x$

第二节 函数的极限

一、函数极限的定义

1. 自变量趋于有限值时函数的极限

考虑 x 无限接近 x_0 时，函数 $f(x)$ 无限接近于常数 A 的情形. 例如，当 x 无限接近 1 时，函数 $f(x)=\dfrac{x^2-1}{x-1}$ 就是无限接近 2，对这类极限有如下定义：

定义 1 设函数 $f(x)$ 在点 x_0 的左右近旁内定义（点 x_0 处可无定义），如果当 $x\to x_0$ 时，函数 $f(x)$ 无限接近某个确定的常数 A，那么就称 A 是函数 $f(x)$ 当 $x\to x_0$ 时的极限，记为

$$\lim_{x\to x_0} f(x)=A \text{ 或 } f(x)\to A(x\to x_0)$$

上面举的例子可表示为

$$\lim_{x\to 1}\frac{x^2-1}{x-1}=\lim_{x\to 1}(x+1)=2$$

该函数虽然在 $x=1$ 处没定义，但在该点极限存在.

在 $\lim\limits_{x\to x_0} f(x)=A$ 的定义中，x 趋向于 x_0 的路径有两条：从 x_0 的左侧无限接近于 x_0，记为 $x\to x_0^-$；从 x_0 的右侧无限接近于 x_0，记为 $x\to x_0^+$，当 $x\to x_0^-$ 时，函数 $f(x)$ 以 A 为极限，则称 A 为函数 $f(x)$ 在 x_0 的左极限，记作 $\lim\limits_{x\to x_0^-} f(x)=f(x_0-0)=A$. 当 $x\to x_0^+$ 时，函数 $f(x)$ 以 A 为极限，则称 A 为函数 $f(x)$ 在 x_0 的右极限，记作 $\lim\limits_{x\to x_0^+} f(x)=f(x_0+0)=A$. 左极限与右极限统称为单侧极限.

例如，函数 $f(x)=\sqrt{x}$，当 x 趋向于 0 时，只能考虑 $x\to x_0^+$ 的情形，显然 $\lim\limits_{x\to 0^+}\sqrt{x}=0$. 这就是说该函数 $f(x)=\sqrt{x}$ 在 $x=0$ 点以 0 为右极限.

显然，$\lim\limits_{x\to x_0} f(x)=A$ 成立的充分必要条件是 $\lim\limits_{x\to x_0^-} f(x)=A$ 且 $\lim\limits_{x\to x_0^+} f(x)=A$.

为了更好地理解极限，举一些极限不存在的典型情形：如图 1.5(a) 所示，当 $x\to 0$ 时，左右极限存在但不相等；如图 1.5(b) 所示，当 $x\to 0$ 时，$f(x)$ 的值总在 1 与 -1 之间无穷次振荡；如图 1.5(c) 所示，$x\to 0$ 时，函数 $|f(x)|$ 无限变大.

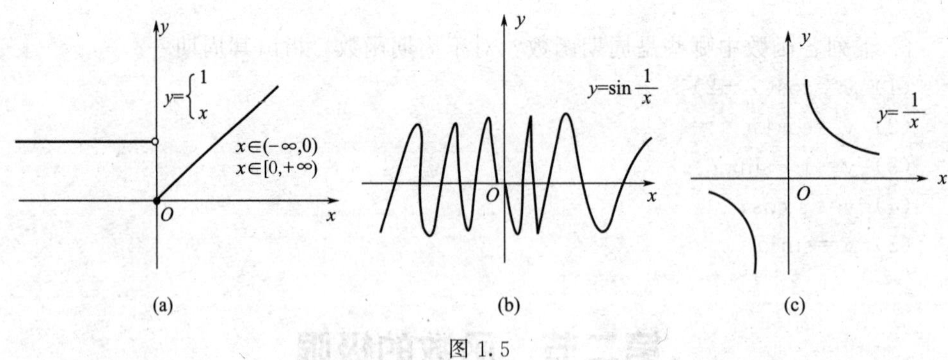

图 1.5

2. 当 $x\to\infty$ 时，函数 $f(x)$ 的极限

先来看个例子，设 $f(x)=1+\dfrac{1}{x}$，容易看出，当 x 无限变大时，$f(x)$ 趋于 1，对于这种极限应该怎样下定义呢？

定义 2 设函数 $y=f(x)$ 当 $|x|>N$ 时有定义，如果当 $x\to\infty$ 时，函数 $f(x)$ 无限的接近于某个确定的常数 A，那么，就称 A 是函数 $f(x)$ 当 $x\to\infty$ 时的极限，记为

$$\lim_{x\to\infty}f(x)=A \text{ 或 } f(x)\to A(x\to\infty)$$

函数极限的几何意义是：当 $|x|>N$ 时，函数 $y=f(x)$ 的图形落在 $y=A+\varepsilon$、$y=A-\varepsilon$ 这两条直线之间（图 1.6）

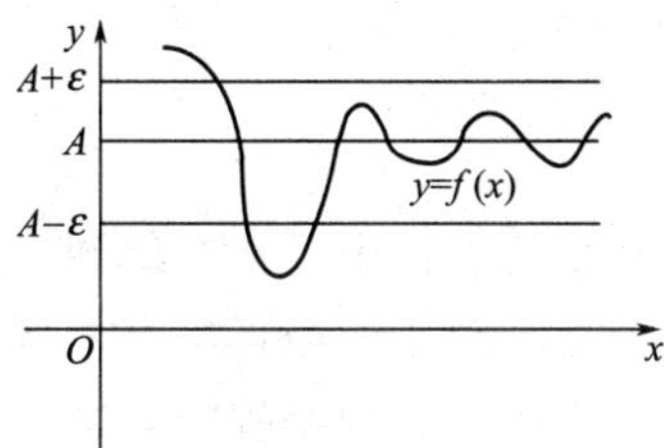

图 1.6

如果 $x>0$ 无限增大，那么就称 x 趋于正无穷大，记为 $x\to+\infty$；如果 $x<0$ 而 $|x|$ 无限增大，那么就称 x 趋于负无穷大，记为 $x\to-\infty$. 所以函数极限又有记号 $\lim\limits_{x\to+\infty}f(x)=A$ 和 $\lim\limits_{x\to-\infty}f(x)=A$.

【例 1】 观察下列函数的图像（见图 1.7～图 1.9），并填空.

（1）$\lim\limits_{x\to-\infty}e^x=(\quad)$ （2）$\lim\limits_{x\to+\infty}e^{-x}=(\quad)$

（3）$\lim\limits_{x\to+\infty}\arctan x=(\quad)$ （4）$\lim\limits_{x\to-\infty}\arctan x=(\quad)$

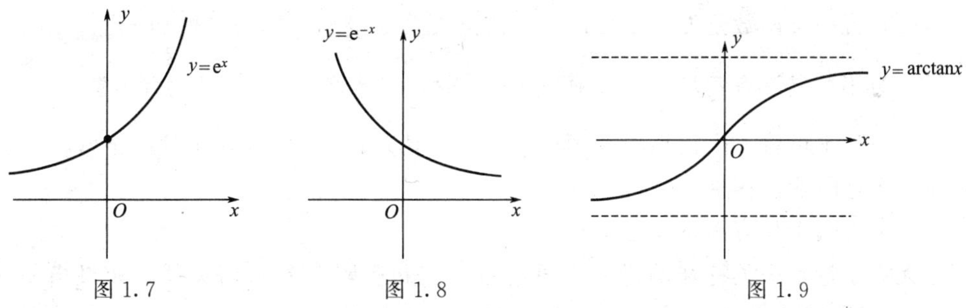

图 1.7 图 1.8 图 1.9

解：从图 1.7～图 1.9 上观察到

（1）$\lim\limits_{x\to-\infty}e^x=0$ （2）$\lim\limits_{x\to+\infty}e^{-x}=0$

（3）$\lim\limits_{x\to+\infty}\arctan x=\dfrac{\pi}{2}$ （4）$\lim\limits_{x\to-\infty}\arctan x=-\dfrac{\pi}{2}$

这里给出一个明显的事实：

$\lim\limits_{x\to\infty}f(x)=A$ 的充分必要条件是 $\lim\limits_{x\to+\infty}f(x)=A$ 且 $\lim\limits_{x\to-\infty}f(x)=A$. 又如，$\lim\limits_{x\to\infty}\dfrac{1}{x}=0$，显然 $\lim\limits_{x\to-\infty}\dfrac{1}{x}=0$ 且 $\lim\limits_{x\to-\infty}\dfrac{1}{x}=0$.

二、函数极限的性质

（1）如果函数 $f(x)$ 在 x 的某个变化过程中有极限，则此极限是唯一的.（函

数极限的唯一性)

(2) 若 $x \to x_0$ 时，函数 $f(x)$ 有极限，则必存在 x_0 的一个邻域（除 x_0 外），在此邻域内函数 $f(x)$ 有界；当 $x \to \infty$ 时，函数 $f(x)$ 有极限（$|x|>N$），则 $f(x)$ 在 $|x|>N$ 时有界.（函数极限的局部有界性）

简言之，有极限的函数在 x_0 的邻域内必有界.

三、无穷大量与无穷小量

1. 无穷小量

在自然现象、生产实际和日常生活中，常会遇到这样一类变量，它们在变化过程中，就其绝对值来说，将会逐渐变小而趋近于零，例如，单摆离开竖直位置摆动时，由于空气阻力与摩擦力的作用，它的振幅随着时间的增加而逐渐减小，并趋近于零；又如函数 $f(x)=\sin x$ 当 $x \to 0$ 时，有 $\sin x \to 0$，这时称 $x \to 0$ 时，函数 $f(x)=\sin x$ 是无穷小量，再如函数 $f(x)=\frac{1}{x}$，当 $x \to \infty$ 时，有 $\frac{1}{x} \to 0$，这时称当 $x \to \infty$ 时，函数 $f(x)=\frac{1}{x}$ 是无穷小量. 由此可见，无穷小量是指以零为极限的函数或变量.

定义 3 如果 x 的某种变化趋向下，函数 $f(x)$ 以零为极限，则称在 x 的这种趋向下，函数 $f(x)$ 是无穷小量. 记为 $\alpha(x)$，$\beta(x)$ …

关于无穷小量的理解要注意：

(1) 说一个函数是无穷小量，必须指出其自变量变化趋向，例如，说 $f(x)=\frac{1}{x}$ 是无穷小量是没有意义的，必须当 $x \to \infty$ 时，函数 $f(x)=\frac{1}{x}$ 是无穷小量.

(2) 切不可将一个很小的常数与无穷小量混为一谈. 因为很小的一个常数不管 x 在什么趋向下，它总不会趋于零.

(3) 常数中只有零是无穷小量.

无穷小量是一类特殊的极限为零的量，它和极限有着密切关系，如果当 $x \to x_0$ 时，函数 $f(x)$ 以 A 为极限：

即
$$\lim_{x \to x_0} f(x)=A$$

则显然有
$$\lim_{x \to x_0}[f(x)-A]=0$$

这表明有极限的变量 $f(x)$，与其极限值 A 之差 $f(x)-A$ 是一个无穷小量；反之，若 $f(x)-A$ 是一个无穷小量，则 $f(x)$ 以 A 为极限. 因此有下列定理.

定理 1 若在 x 某种变化趋向下，函数 $f(x) \to A$，则在 x 的这种趋向下，$f(x)-A$ 是无穷小量，其逆亦真.

如果令，$f(x)-A=\alpha(x)$，则 $f(x)=A+\alpha(x)$，其中 $\alpha(x)$ 是无穷小量，反之，如果 $f(x)=A+\alpha(x)$，其中 $\alpha(x)$ 是无穷小量，则 $f(x)$ 以 A 为极限.

2. 无穷小量的性质

性质 1 有限个无穷小量的代数和是无穷小量.

例如，$x \to 0$ 时，x^2 和 $\sin x$ 都是无穷小量，所以 $x^2 \pm \sin x$ 也是无穷小量.

性质 2 有界函数与无穷小量的乘积是无穷小量.

例如 $x \to \infty$ 时，$\frac{1}{x}$ 是无穷小量，$\sin x$ 是有界函数，所以 $\frac{1}{x} \cdot \sin x$ 是无穷小量.

即
$$\lim_{x \to \infty} \frac{\sin x}{x} = 0$$

性质 3 有限个无穷小量的乘积是无穷小量.

以上给出的三个性质，在极限的运算中非常重要，应用时必须注意"有限个"是不可少的条件，如果是无穷多个，结论未必成立.

3. 无穷大量

定义 4 如果在 x 的某种变化趋向下，函数 $f(x)$ 的绝对值可以任意地大，则称函数 $f(x)$ 是在 x 的这种趋向下的无穷大量，记作 $\lim f(x) = \infty$.

例如，当 $x \to 0$ 时，函数 $f(x) = \frac{1}{x}$ 是无穷大量，即 $\lim\limits_{x \to \infty} \frac{1}{x} = \infty$. 又如当 $x \to \infty$ 时，函数 x^2 是无穷大量，即 $\lim\limits_{x \to \infty} x^2 = \infty$.

关于无穷大量同样要注意：

(1) 无穷大量不是很大的正数，因为很大的一个正数是不变的，不管在 x 的什么趋向下，都不能大于任意大的正数.

(2) 虽然借用了极限记号，但极限等于无穷大并不表示极限存在，而恰恰相反，表示极限不存在.

简略地讲，无穷大量是函数值可以任意变大的函数或变量.

在 x 的某种趋向下，如果函数 $f(x) \to 0$，显然，$\frac{1}{f(x)}(f(x) \neq 0)$ 的绝对值可以任意地大，即 $\lim \frac{1}{f(x)} = \infty$；反之，如果 $f(x) \to \infty$，显然 $\frac{1}{f(x)}$ 趋向于 0，于是得到以下定理.

定理 2 在自变量的某种变化趋向下.

(1) 若 $\lim f(x) = \infty$，则 $\lim \frac{1}{f(x)} = 0$；

(2) 若 $\lim f(x) = 0$ $(f(x) \neq 0)$，则 $\lim \frac{1}{f(x)} = \infty$.

这个定理是说；无穷小量与无穷大量互为倒数.

例如，$\lim\limits_{x \to 0} \sin x = 0$，则 $\lim\limits_{x \to 0} \frac{1}{\sin x} = \infty$；又如，$\lim\limits_{x \to 1}(x-1) = 0$，则 $\lim\limits_{x \to 1} \frac{1}{x-1} = \infty$. 容易看出来 $\lim\limits_{x \to +\infty} e^x = +\infty$，则 $\lim\limits_{x \to +\infty} e^{-x} = 0$.

习题 1.2

1. 根据函数的图像，讨论下列各函数的极限：

(1) $\lim\limits_{x\to 0}\dfrac{1}{1+x}=0$　　(2) $\lim\limits_{x\to +\infty}\left(\dfrac{1}{3}\right)^x$　　(3) $\lim\limits_{x\to -\infty}5^x$

(4) $\lim\limits_{x\to 0}\sin x$　　(5) $\lim\limits_{x\to 0^+}\sqrt{x}$　　(6) $\lim\limits_{x\to 0^+}\lg x$

(7) $\lim\limits_{x\to 3}\dfrac{x^2-4}{x-2}$　　(8) $\lim\limits_{x\to 0^-}3^{\frac{1}{x}}$

2. 作出函数 $f(x)=\begin{cases}x^2 & 0<x\leqslant 3\\ 2x-1 & 3<x<5\end{cases}$ 的图像，并求出当 $x\to 3$ 时 $f(x)$ 的左、右极限.

3. 设 $f(x)=\begin{cases}x+1 & x<0\\ 0 & x=0\\ x & x>0\end{cases}$，求 $\lim\limits_{x\to 0^-}f(x)$，$\lim\limits_{x\to 0^+}f(x)$，并说明 $\lim\limits_{x\to 0}f(x)$ 是否存在.

4. 判断下列命题是否正确.

(1) x^{100000} 是无穷大.

(2) 零是无穷小.

(3) 在自变量的同一变化过程中，两个无穷小的和仍为无穷小.

5. 指出下列函数中，x 怎样变化时是无穷小量，x 怎样变化时是无穷大量.

(1) $y=\ln x$　　(2) $y=\tan x$

(3) $y=e^x$　　(4) $y=\dfrac{1}{x-2}$

第三节　极限的运算

一、极限的运算法则

用极限的定义并结合图形求函数的极限只适用于一些简单的情形，运用极限的运算法则可以求出某些复杂的函数极限问题. 以后还将介绍求极限的其他方法.

定理 1　设 $\lim f(x)=A$，$\lim g(x)=B$，则

(1) $\lim[f(x)\pm g(x)]=\lim f(x)\pm\lim g(x)=A\pm B$

(2) $\lim[f(x)\cdot g(x)]=\lim f(x)\lim g(x)=A\cdot B$

(3) $\lim[Cf(x)]=C\lim f(x)=CA$

(4) $\lim\dfrac{f(x)}{g(x)}=\dfrac{\lim f(x)}{\lim g(x)}=\dfrac{A}{B}(B\neq 0)$

【例 1】　求 $\lim\limits_{x\to 2}(3x^2+x+1)$.

解：由定理 1 (1)

$$\lim_{x\to 2}(3x^2+x+1)=\lim_{x\to 2}3x^2+\lim_{x\to 2}x+\lim_{x\to 2}1=15$$

【例 2】　求 $\lim\limits_{x\to 1}\dfrac{x^2+2x+1}{x^3-x+5}$.

解：由定理 1（4）

$$\lim_{x\to1}\frac{x^2+2x+1}{x^3-x+5}=\frac{\lim\limits_{x\to1}(x^2+2x+1)}{\lim\limits_{x\to1}(x^3-x+5)}=\frac{4}{5}$$

以上两例是极限计算中最简单的，一般称为“代入法”.

【例 3】 求$\lim\limits_{x\to1}\dfrac{x^3-1}{x-1}$.

解：求极限前一般先观察，然后再动手计算，此题的分子、分母都是无穷小量，所以不能直接利用极限运算法则.

因为 $x\to1$，而 $x\neq1$，因而可消去非零公共因子（$x-1$）

$$\lim_{x\to1}\frac{x^2-1}{x-1}=\lim_{x\to1}\frac{(x-1)(x+1)}{x-1}=\lim_{x\to1}(x+1)=2$$

这种消去“零因子”的方法，在计算极限时经常用到.

【例 4】 求 $\lim\limits_{x\to-3}\dfrac{x^2-9}{x^2+8x+15}$.

解：通过观察，可知这是“$\dfrac{0}{0}$”型，设法消去“零因子”——$(x+3)$

$$\lim_{x\to-3}\frac{x^2-9}{x^2+8x+15}=\lim_{x\to-3}\frac{(x+3)(x-3)}{(x+3)(x+5)}=\lim_{x\to-3}\frac{x-3}{x+5}=-3$$

【例 5】 求$\lim\limits_{x\to0}\dfrac{1-\sqrt{1+x^2}}{x^2}$.

解：这是“$\dfrac{0}{0}$”型，将分子有理化

$$\begin{aligned}\lim_{x\to0}\frac{1-\sqrt{1+x^2}}{x^2}&=\lim_{x\to0}\frac{(1-\sqrt{1+x^2})(1+\sqrt{1+x^2})}{x^2(1+\sqrt{1+x^2})}\\&=\lim_{x\to0}\frac{-x^2}{x^2(1+\sqrt{1+x^2})}\\&=\lim_{x\to0}\frac{-1}{1+\sqrt{1+x^2}}\\&=-\frac{1}{2}\end{aligned}$$

对于在求极限时遇到含有根号的形式，常常采用“有理化”法进行计算.

【例 6】 求 $\lim\limits_{x\to\infty}\dfrac{3x^3+x+3}{x^3+1}$.

解：这是“$\dfrac{\infty}{\infty}$”型，分子、分母均为无穷大量时，记作“$\dfrac{\infty}{\infty}$”，这类题不能直接利用极限运算法则.

分子、分母同除以 x^3

则 $$\lim_{x\to\infty}\frac{3x^3+x+3}{x^3+1}=\lim_{x\to\infty}\frac{\dfrac{3x^3+x+3}{x^3}}{\dfrac{x^3+1}{x^3}}=\lim_{x\to\infty}\frac{3+\dfrac{1}{x^2}+\dfrac{3}{x^3}}{1+\dfrac{1}{x^3}}$$

$$=\frac{\lim\limits_{x\to\infty}\left(3+\frac{1}{x^2}+\frac{3}{x^3}\right)}{\lim\limits_{x\to\infty}\left(1+\frac{1}{x^3}\right)}=3$$

【例 7】 求$\lim\limits_{x\to\infty}\frac{3x^2-2x-1}{2x^3-x^2+5}$.

解： 这是“$\frac{\infty}{\infty}$”，用 x^3 除分母和分子

$$\lim_{x\to\infty}\frac{3x^2-2x-1}{2x^3-x^2+5}=\lim_{x\to\infty}\frac{\frac{3}{x}-\frac{2}{x^2}-\frac{1}{x^3}}{2-\frac{1}{x}+\frac{5}{x^3}}=0$$

对于“$\frac{\infty}{\infty}$”型的极限，如果分子、分母均为 x 的多项式，则可用它们中的 x 最高次幂同除分子与分母，我们把这种方法称为“抓大头法”.

以上两例的方法可推广到一般情形，结论可直接应用.

$$\lim_{x\to\infty}\frac{a_0x^m+a_1x^{m-1}+\cdots+a_m}{b_0x^n+b_1x^{n-1}+\cdots+b_n}=\begin{cases}\frac{a_0}{b_0}, & m=n,\quad b_0\neq 0\\ 0 & m<n\\ \infty, & m>n\end{cases}$$

【例 8】 求$\lim\limits_{x\to 1}\left(\frac{1}{x-1}-\frac{2}{x^2-1}\right)$.

解： 这是“$\infty-\infty$”型，不能直接用极限运算法则，一般处理的方法是通分.

$$\lim_{x\to 1}\left(\frac{1}{x-1}-\frac{2}{x^2-1}\right)=\lim_{x\to 1}\frac{x+1-2}{x^2-1}=\lim_{x\to 1}\frac{x-1}{x^2-1}$$

$$=\lim_{x\to 1}\frac{1}{x+1}=\frac{1}{2}$$

【例 9】 求 $\lim\limits_{x\to+\infty}(\sqrt{x^2+3x}-x)$.

解： 这是“$\infty-\infty$”型，分子、分母同乘以（$\sqrt{x^2+3x}+x$）

$$\lim_{x\to+\infty}(\sqrt{x^2+3x}-x)=\lim_{x\to+\infty}\frac{3x}{\sqrt{x^2+3x}+x}$$

$$=\lim_{x\to+\infty}\frac{3}{\sqrt{1+\frac{3}{x}}+1}=\frac{3}{2}$$

二、两个重要极限

1. 重要极限 1：$\lim\limits_{x\to 0}\frac{\sin x}{x}=1$

函数 $f(x)=\frac{\sin x}{x}$的定义域为 $x\neq 0$ 全体实数，当 $x\to 0$ 时，列出数值表，观察其变化趋势：

x(弧度)	±1.00	±0.1	±0.1	±0.001
$\frac{\sin x}{x}$	0.8417408	0.99833417	0.99998334	0.999999

由表可见，当$|x|\to0$时$\frac{\sin x}{x}\to1$. 根据极限的定义有

$$\boxed{\lim_{x\to0}\frac{\sin x}{x}=1}$$

这个重要极限主要应用于极限是“$\frac{\infty}{\infty}$”型并且带有三角函数的类型的计算.

【例 10】 求$\lim\limits_{x\to0}\frac{\tan x}{x}$.

解： $\lim\limits_{x\to0}\frac{\tan x}{x}=\lim\limits_{x\to0}\frac{1}{\cos x}\cdot\frac{\sin x}{x}=1$

【例 11】 求$\lim\limits_{x\to0}\frac{\sin 3x}{x}$.

解： 令$u=3x$，$x=\frac{u}{3}$，则当$x\to0$时，$u\to0$

$$\lim_{x\to0}\frac{\sin 3x}{x}=\lim_{u\to0}\frac{\sin u}{\frac{u}{3}}=\lim_{u\to0}3\cdot\frac{\sin u}{u}=3$$

计算时也可省略u，按下面的格式计算：

$$\lim_{x\to0}\frac{\sin 3x}{x}=\lim_{x\to0}\left(\frac{\sin 3x}{3x}\cdot3\right)=3\lim_{x\to0}\frac{\sin 3x}{3x}=3$$

这个例子说明$\lim\limits_{x\to0}\frac{\sin x}{x}=1$的实质就是$\lim\limits_{x\to0}\frac{\sin(\quad)}{(\quad)}=1$. 使用时要注意（ ）内的一致性并且趋于0.

【例 12】 求$\lim\limits_{x\to0}\frac{1-\cos x}{x^2}$.

解： $\lim\limits_{x\to0}\frac{1-\cos x}{x^2}=\lim\limits_{x\to0}\frac{2\sin^2\frac{x}{2}}{x^2}=\lim\limits_{x\to0}\left(\frac{\sin\frac{x}{2}}{\frac{x}{2}}\right)^2\cdot\frac{1}{2}=\frac{1}{2}$

【例 13】 求$\lim\limits_{x\to0}\frac{\sin x}{\tan x}$.

解： $\lim\limits_{x\to0}\frac{\sin x}{\tan x}=\lim\limits_{x\to0}\left(\frac{\sin x}{x}\cdot\frac{x}{\tan x}\right)=\lim\limits_{x\to0}\left(\frac{\sin x}{x}\cdot\frac{1}{\frac{\tan x}{x}}\right)=1$

注意：当x不趋于0时，不能直接应用重要极限1.

2. 数列收敛准则

定理 2 单调有界数列必有极限.

事实上，单调数列在数轴上的对应点只向一个方向移动，这样单调数列的对应点的移动只有两种可能：一种是沿数轴趋向无穷远；另一种是与某点无限接近. 有界数列不可能发生前一种情形，所以，单调有界数列只能与一个数无限接近，即数列有极限，这里的单调和有界二者缺一不可.

下面介绍另一个重要极限，作为定理 2 的应用.

3. 重要极限 2：$\lim\limits_{x\to\infty}\left(1+\frac{1}{x}\right)^{x}=e$

可以证明，当 $n\to\infty$ 时，$u_n=\left(1+\frac{1}{n}\right)^{n}$ 是单调有界数列，并且趋向于 e.

即
$$\lim_{n\to\infty}\left(1+\frac{1}{n}\right)^{n}=e$$

对于 $f(x)=\left(1+\frac{1}{x}\right)^{x}$ 有同样的结论.

即
$$\boxed{\lim_{x\to\infty}\left(1+\frac{1}{x}\right)^{x}=e}$$

这是第二个重要的极限，为了正确使用重要极限 2 的形式，应注意：第一，括号内的变量是趋向于 1 的，指数趋向于∞，记作“1^{∞}”型，以后遇到“1^{∞}”型极限可考虑使用它；第二，要注意它的形式.

使用时要注意，$\lim\limits_{x\to\infty}\left(1+\frac{1}{(\quad)}\right)^{(\quad)}=e$ 中（　）内的一致性，并且这个变量要趋向于无穷大.

用自然语言描述：就是一加无穷小量的无穷大次幂.

【例 14】 求 $\lim\limits_{x\to\infty}\left(1+\frac{3}{x}\right)^{x}$.

解： 令 $\frac{1}{u}=\frac{3}{x}$，则 $x=3u$. 当 $x\to\infty$ 时，$u\to\infty$

所以
$$\lim_{x\to\infty}\left(1+\frac{3}{x}\right)^{x}=\lim_{u\to\infty}\left(1+\frac{1}{u}\right)^{3u}=\lim_{u\to\infty}\left[\left(1+\frac{1}{u}\right)^{u}\right]^{3}=e^{3}$$

【例 15】 求 $\lim\limits_{x\to\infty}\left(1-\frac{5}{x}\right)^{x}$.

解：
$$\lim_{x\to\infty}\left(1-\frac{5}{x}\right)^{x}=\lim_{x\to\infty}\left(1+\frac{1}{-\frac{x}{5}}\right)^{x}=\lim_{x\to\infty}\left[\left(1+\frac{1}{-\frac{x}{5}}\right)^{-\frac{x}{5}}\right]^{-5}=e^{-5}$$

【例 16】 求 $\lim\limits_{x\to\infty}(1+x)^{\frac{1}{x}}$.

解： 令 $x=\frac{1}{u}$，则 $u=\frac{1}{x}$，当 $x\to 0$ 时，$u\to\infty$

$$\lim_{x\to\infty}(1+x)^{\frac{1}{x}}=\lim_{u\to\infty}\left(1+\frac{1}{u}\right)^{u}=e$$

$$\boxed{\lim_{x\to 0}(1+x)^{\frac{1}{x}}=e}$$

【例 17】 求 $\lim\limits_{x\to\infty}\left(\frac{2-x}{3-x}\right)^{x}$.

解： 令 $\frac{2-x}{3-x}=1+\frac{1}{u}$

解得　$x=u+3$，当 $x\to\infty$ 时，$u\to\infty$

$$\lim_{x\to\infty}\left(\frac{2-x}{3-x}\right)^{x}=\lim_{u\to\infty}(1+\frac{1}{u})^{u+3}=\mathrm{e}$$

三、无穷小量的比较

无穷小量都是以零为极限的量，它们都趋向于零，但是趋于零的快慢程度有所不同，下表列出了函数 $\frac{1}{x}$ 与 $\frac{1}{x^2}$，当 $x\to+\infty$ 过程中的变化情况.

x	10	100	10000	…	$\to+\infty$
$\frac{1}{x}$	0.1	0.01	0.0001	…	$\to 0$
$\frac{1}{x^2}$	0.01	0.0001	0.00000001	…	$\to 0$

显然 $\frac{1}{x}$ 与 $\frac{1}{x^2}$ 均趋向于 0，但 $\frac{1}{x^2}$ 趋向于 0 要比 $\frac{1}{x}$ 趋向于 0 快得多，所谓无穷小量的比较就是指这种趋向于 0 的"快"与"慢"的比较.

定义 1　设 $\lim\alpha(x)=0$，$\lim\beta(x)=0$.

(1) 如果 $\lim\frac{\alpha(x)}{\beta(x)}=0(\beta(x)\neq 0)$，则称 $\alpha(x)$ 是 $\beta(x)$ 的高阶无穷小量.

(2) 如果 $\lim\frac{\alpha(x)}{\beta(x)}=A\neq 0(\beta(x)\neq 0)$，则称 $\alpha(x)$ 是 $\beta(x)$ 的同阶无穷小量.

(3) 如果 $\lim\frac{\alpha(x)}{\beta(x)}=1$，则称 $\alpha(x)$ 与 $\beta(x)$ 是等价小量，记作 $\alpha(x)\sim\beta(x)$.

例如，当 $x\to 0$ 时，$1-\cos x$ 与 x 均为无穷小量，$\lim\limits_{x\to 0}\frac{1-\cos x}{x}=0$，则称当 $x\to 0$ 时，$1-\cos x$ 是 x 的高阶无穷小量；又如当 $x\to 0$ 时，$\sin 2x$ 与 x 均为无穷小量，$\lim\limits_{x\to 0}\frac{\sin 2x}{x}=2$，则称当 $x\to 0$ 时，$\sin 2x$ 与 x 是同阶无穷小量；当 $x\to 0$ 时，$\sin x$ 与 x 均为无穷小量，$\lim\limits_{x\to 0}\frac{\sin x}{x}=1$，则称当 $x\to 0$ 时，$\sin x$ 与 x 是等价无穷小量. 记为 $\sin x\sim \mathrm{x}$ $(x\to 0)$.

【例 18】 证明当 $x\to 0$ 时，$\ln(1+x)\sim x$.

证明　因为 $\lim\limits_{x\to 0}\frac{\ln(1+x)}{x}=\lim\limits_{x\to 0}\ln(1+x)^{\frac{1}{x}}=\ln[\lim\limits_{x\to 0}(1+x)^{\frac{1}{x}}]$

$=\ln\mathrm{e}=1$

所以 $$\ln(1+x)\sim x\ (x\to 0)$$

定理 3 设在 x 的某种变化趋向下，$\alpha(x)\sim\alpha'(x)$，$\beta(x)\sim\beta'(x)$，如果 $\lim\dfrac{\alpha'(x)}{\beta'(x)}$存在，则 $\lim\dfrac{\alpha(x)}{\beta(x)}$也存在，且 $\lim\dfrac{\alpha(x)}{\beta(x)}=\lim\dfrac{\alpha'(x)}{\beta'(x)}$.

证明 $$\lim\frac{\alpha(x)}{\beta(x)}=\lim\frac{\alpha(x)}{\alpha'(x)}\cdot\frac{\alpha'(x)}{\beta'(x)}\cdot\frac{\beta'(x)}{\beta(x)}$$
$$=\lim\frac{\alpha(x)}{\alpha'(x)}\cdot\frac{\alpha'(x)}{\beta'(x)}=\lim\frac{\beta'(x)}{\beta(x)}=\lim\frac{\alpha'(x)}{\beta'(x)}$$

定理 3 指出了求两个无穷小量之比的极限时，分子或分母的乘积因子可用等价无穷小量代换，这种代换常使极限计算简化，比值的极限为∞时，定理仍然成立.

【例 19】 求$\lim\limits_{x\to 0}\dfrac{1-\cos x}{x\sin x}$.

解：因为当 $x\to 0$ 时，$1-\cos x\sim\dfrac{1}{2}x^2$，$\sin x\sim x$ 根据定理得
$$\lim_{x\to 0}\frac{1-\cos x}{x\sin x}=\lim_{x\to 0}\frac{\frac{1}{2}x^2}{x\cdot x}=\frac{1}{2}$$

【例 20】 求$\lim\limits_{x\to 0}\dfrac{\sin x-\tan x}{x^2\tan x}$.

解：$$\lim_{x\to 0}\frac{\sin x-\tan x}{x^2\tan x}=\lim_{x\to 0}\frac{\sin x\left(\frac{\cos x-1}{\cos x}\right)}{x^2\cdot x}$$
$$=\lim_{x\to 0}\frac{x\left(-\frac{1}{2}x^2\right)\cdot\frac{1}{\cos x}}{x^3}=-\frac{1}{2}$$

今后常用的等价无穷小量，具体如下：

$\sin x\sim x$	$(x\to 0)$
$\tan x\sim x$	$(x\to 0)$
$1-\cos x\sim\frac{1}{2}x^2$	$(x\to 0)$
$\ln(1+x)\sim x$	$(x\to 0)$
$e^x-1\sim x$	$(x\to 0)$
$\sqrt[n]{1+x}-1\sim\frac{1}{n}x$	$(x\to 0)$

习题 1.3

1. 求下列各题的极限.

(1) $\lim\limits_{x\to 1}\dfrac{x^2+5x+2}{x^2-3}$　　(2) $\lim\limits_{x\to 3}\dfrac{x^2+3x-18}{x-3}$

(3) $\lim\limits_{x\to 1}\frac{x^2-2x+5}{2x^3+1}$　　(4) $\lim\limits_{x\to 3}\frac{x-3}{x^2-9}$

(5) $\lim\limits_{x\to 0^+}\frac{x-\sqrt{x}}{\sqrt{x}}$　　(6) $\lim\limits_{x\to 4}\frac{\sqrt{2x+1}-3}{\sqrt{x}-2}$

(7) $\lim\limits_{x\to +\infty}\frac{1-x-x^2}{x+x^3}$　　(8) $\lim\limits_{x\to +\infty}\frac{x^2+3x-1}{3x^3+1}$

(9) $\lim\limits_{x\to \infty}\frac{x^2+4x-5}{x+1}$　　(10) $\lim\limits_{x\to +\infty}\frac{\sqrt{x^2+1}-1}{x+1}$

(11) $\lim\limits_{x\to -1}\left(\frac{1}{x+1}-\frac{3}{x^3+1}\right)$

2. 计算下列极限.

(1) $\lim\limits_{x\to 0}\frac{\tan px}{x}$ (p 为常数)　　(2) $\lim\limits_{x\to 0}\frac{\sin 3x}{\sin 2x}$

(3) $\lim\limits_{x\to \pi}\frac{\sin 3x}{\sin 2x}$　　(4) $\lim\limits_{x\to 0}\frac{\tan x-\sin x}{2x^3}$

3. 计算下列极限.

(1) $\lim\limits_{x\to \infty}\left(1+\frac{2}{x}\right)^x$　　(2) $\lim\limits_{x\to 0}(1-2x)^{\frac{2}{x}}$

(3) $\lim\limits_{x\to 0}(1+6x)^{\frac{1}{x}}$　　(4) $\lim\limits_{n\to \infty}\left(\frac{n+3}{n+2}\right)^n$

4. 指出下列各题中的无穷小量是同阶无穷小量、等阶无穷小量还是高阶无穷小量.

(1) 当 $x\to 0$ 时，$\sqrt{1+x}-1$ 与 $2x$　　(2) 当 $x\to\infty$时，$x-\sqrt{x^2+1}$与$\frac{1}{x^2}$

(3) 当 $x\to 1$ 时，$\frac{1-x}{1+x}$与 $1-\sqrt{x}$　　(4) 当 $x\to 0$ 时，e^x-1 与 x

5. 利用等阶无穷小量代换性质，计算下列极限.

(1) $\lim\limits_{x\to 0}\frac{\sin\alpha x}{\sin\beta x}$　　(2) $\lim\limits_{x\to 0}\frac{1-\cos 3x}{x\tan x}$

(3) $\lim\limits_{x\to 0}\frac{\sin 3x}{\sqrt{1+x}-1}$　　(4) $\lim\limits_{x\to 0}\frac{(e^{2x}-1)\sin 3x}{1-\cos x}$

(5) $\lim\limits_{x\to 0}\frac{1-\cos x}{(e^x-1)\ln(1+x)}$　　(6) $\lim\limits_{x\to 0}\frac{\ln(1-x)}{\sin x}$

复习题一

一、填空题

1. 函数 $f(x)=\sqrt{3x-x^2}$ 的定义域为________.

2. $\lim\limits_{x\to\infty}\dfrac{\sin 2x}{x}=$________.

3. 若$\lim\limits_{x\to 2}\dfrac{x^2-3x+a}{x-2}=1$，则 $a=$________.

4. 若$\lim\limits_{x\to\infty}\dfrac{3x^k-2x+5}{4x^5+3x^3-2x}=\dfrac{3}{4}$，则 $k=$________.

5. 设 $y=3^u$，$u=v^2$，$v=\tan x$，则 $y=f(x)$ 为________.

6. $\lim\limits_{n\to\infty}\dfrac{n-1}{n+1}=$________.

二、选择题

1. 下列函数中的有界函数是（　　）.

A. $y=3^x$　　B. $y=\ln x$　　C. $y=100+\cos x$　　D. $\tan x$

2. 设 $\alpha=1-\cos x$，$\beta=2x^2$，则当 $x\to 0$ 时，（　　）.

A. α 与 β 是同阶但不等价的无穷小　　B. α 与 β 是等价无穷小

C. α 与 β 是高阶无穷小　　D. β 与 α 是高阶无穷小

3. 当 $x\to 0$ 时，下列变量中（　　）与 x 为等价无穷小量.

A. $\sin^2 x$　　B. $\ln(1+2x)$

C. $x\sin\dfrac{1}{x}$　　D. $\sqrt{1+x}-\sqrt{1-x}$

4. 当 $x\to\infty$时，$e^{\frac{1}{x}}-1$ 与下列无穷小等价的是（　　）.

A. $\dfrac{1}{x}$　　B. x　　C. $\dfrac{1}{x}-1$　　D. $x-1$

5. 下列各式中正确的是（　　）.

A. $\lim\limits_{x\to 0}\dfrac{\sin x}{x}=0$　　B. $\lim\limits_{x\to\infty}\dfrac{\sin x}{x}=1$

C. $\lim\limits_{x\to 0}\dfrac{\sin x}{x}=1$　　D. $\lim\limits_{x\to\infty}\dfrac{x}{\sin x}=1$

三、计算题

1. 求$\lim\limits_{x\to 0}\dfrac{x-\sin x}{x+\sin x}$

2. 求$\lim\limits_{x\to 0}\dfrac{e^{2x}-1}{\sin 3x}$

3. 求$\lim\limits_{x\to 0}\dfrac{\sqrt{1+x}-\sqrt{1-x}}{x}$

4. $\lim\limits_{x\to 0}\dfrac{1-\cos x}{x\cdot\sin x}$

5. 求$\lim\limits_{x\to\infty}\left(3+\dfrac{2}{x}-\dfrac{1}{x^2}\right)$

6. 求$\lim\limits_{x\to\infty}\left(\dfrac{x-1}{x+1}\right)^x$

习题与复习题参考答案

习题 1.1

1. (1) $[-1, +\infty)$ (2) $[-2, 1)\cup(1, +\infty)$

(3) $(-\infty, 1)\cup(1, 2)\cup(2, +\infty)$ (4) $\left(\frac{2}{3}, 1\right)\cup(1, +\infty)$

(5) $(-5, 5)$

2. (1) 否 (2) 否 (3) 是

3. (1) $y=\ln u$, $u=\tan x$ (2) $y=u^2$, $u=\cos v$, $v=1+2x$

(3) $y=\sqrt{u}$, $u=\tan v$, $v=\frac{x}{2}+6$ (4) $y=\lg u$, $u=\sin v$, $v=\frac{2}{x}$

(5) $y=e^u$, $u=\sin v$, $v=2x+1$

4. (1) 奇函数 (2) 偶函数 (3) 偶函数

5. (1) 2π (2) $\frac{\pi}{2}$ (3) 2 (4) 2π (5) π

习题 1.2

1. (1) 0 (2) 0 (3) 0 (4) 0 (5) 0 (6) 0 (7) 4 (8) 0

2. 0, 5

3. 1, 0, 不存在

4. (1) 否 (2) 是 (3) 是

5. 略

习题 1.3

1. (1) -4 (2) 9 (3) $\frac{4}{3}$ (4) $\frac{1}{6}$ (5) -1 (6) $\frac{4}{3}$ (7) 0 (8) 0

(9) ∞ (10) 1 (11) -1

2. (1) p (2) $\frac{3}{2}$ (3) $-\frac{3}{2}$ (4) $\frac{1}{4}$

3. (1) e^2 (2) e^{-4} (3) $e^{\frac{1}{6}}$ (4) e

4. (1) 同阶无穷小 (2) $\frac{1}{x^2}$是$x-\sqrt{x^2+1}$的高阶无穷小

(3) 等价无穷小 (4) 等价无穷小

5. (1) $\frac{\alpha}{\beta}$ (2) $\frac{9}{2}$ (3) 6 (4) 12 (5) $\frac{1}{2}$ (6) -1

复习题一

一、1. $[0, 3]$ 2. 0 3. 2 4. 5 5. $3^{\tan^2 x}$ 6. 1

二、1. C 2. A 3. D 4. A 5. C

三、1. 0 2. $\frac{2}{3}$ 3. 1 4. $\frac{1}{2}$ 5. 3 6. e^{-2}

第二章 导数与微分

第一节 导数的概念

微积分学包含微分学和积分学两部分，而导数和微分是微分学的核心概念．导数反映了函数相对于自变量的变化的快慢程度，微分则指明了当自变量有微小变化时，函数大体上变化了多少．本章主要讨论导数和微分的概念、性质以及计算方法．

一、引例

【例 1】 变速直线运动的速度问题

设一质点在坐标轴上作非匀速运动，时刻 t 质点的坐标为 s，s 是 t 的函数：$s=f(t)$，求动点在时刻 t_0 的速度．

考虑比值
$$\frac{s-s_0}{t-t_0}=\frac{f(t)-f(t_0)}{t-t_0},$$
这个比值可认为是动点在时间间隔 $t-t_0$ 内的平均速度．如果时间间隔比较短，这个比值在实践中可用来说明动点在时刻 t_0 的速度，但这样做是不精确的，精确地应当这样：

令 $t-t_0\to 0$，取比值 $\frac{f(t)-f(t_0)}{t-t_0}$ 的极限，如果这个极限存在，设为 v，即
$$v=\lim_{t\to t_0}\frac{f(t)-f(t_0)}{t-t_0},$$
这时就把这个极限值 v 称为动点在时刻 t_0 的速度.

【例 2】 切线问题

如图 2.1 所示，设有曲线 C 及 C 上的一点 P_0，在点 P_0 外另取 C 上一点 P，作割线 P_0P. 当点 P 沿曲线 C 趋于点 P_0 时，如果割线 P_0P 绕点 P_0 旋转而趋于极限位置 P_0T，直线 P_0T 就称为曲线 C 有点 P_0 处的切线．

设曲线 C 就是函数 $y=f(x)$ 的图形. 现在要确定曲线在点 $P_0(x_0, y_0)$ 处的切线，只要定出切线的斜率就行了．为此，在点 P_0 外另取 C 上一点 $P(x,y)$，于是割线 P_0P 的斜率为

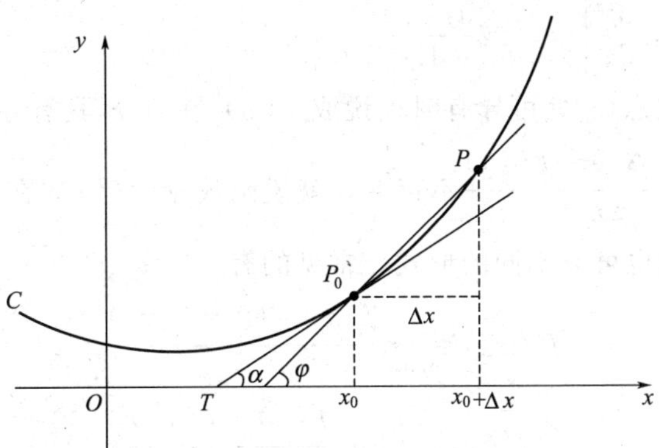

图 2.1

$$\tan\varphi=\frac{y-y_0}{x-x_0}=\frac{f(x)-f(x_0)}{x-x_0},$$

式中，φ 为割线 P_0P 的倾角．当点 P 沿曲线 C 趋于点 P_0 时，$x\to x_0$．如果当 $x\to 0$ 时，上式的极限存在，设为 k，即

$$k=\lim_{x\to x_0}\frac{f(x)-f(x_0)}{x-x_0}$$

存在，则此极限 k 是割线斜率的极限，也就是切线的斜率．这里 $k=\tan\alpha$，其中 α 是切线 P_0T 的倾角．于是，通过点 $P_0(x_0,f(x_0))$ 且以 k 为斜率的直线 P_0T 便是曲线 C 在点 P_0 处的切线．

二、导数的定义

1. 函数在一点处的导数与导函数

从上面所讨论的两个问题看出，变速直线运动的速度和切线的斜率都归结为如下的极限：

$$\lim_{x\to x_0}\frac{f(x)-f(x_0)}{x-x_0}$$

令 $\Delta x=x-x_0$，则 $\Delta y=f(x_0+\Delta x)-f(x_0)=f(x)-f(x_0)$，$x\to x_0$ 相当于 $\Delta x\to 0$，于是 $\lim\limits_{x\to x_0}\dfrac{f(x)-f(x_0)}{x-x_0}$ 成为

$$\lim_{\Delta x\to 0}\frac{\Delta y}{\Delta x}\text{或}\lim_{\Delta x\to 0}\frac{f(x_0+\Delta x)-f(x_0)}{\Delta x}$$

定义 设函数 $y=f(x)$ 在点 x_0 的某个邻域内有定义，当自变量 x 在 x_0 处取得增量 Δx（点 $x_0+\Delta x$ 仍在该邻域内）时，相应地函数 y 取得增量 $\Delta y=f(x_0+\Delta x)-f(x_0)$；如果 Δy 与 Δx 之比当 $\Delta x\to 0$ 时的极限存在，则称函数 $y=f(x)$ 在点 x_0 处可导，并称这个极限为函数 $y=f(x)$ 在点 x_0 处的导数，记为 $y'|_{x=x_0}$，即

$$f'(x_0)=\lim_{\Delta x\to 0}\frac{\Delta y}{\Delta x}=\lim_{\Delta x\to 0}\frac{f(x_0+\Delta x)-f(x_0)}{\Delta x},$$

也可记为 $y'|_{x=x_0}$，$\left.\frac{\mathrm{d}y}{\mathrm{d}x}\right|_{x=x_0}$ 或 $\left.\frac{\mathrm{d}f(x)}{\mathrm{d}x}\right|_{x=x_0}$.

函数 $f(x)$ 在点 x_0 处可导有时也说成 $f(x)$ 在点 x_0 具有导数或导数存在．如果极限 $\lim\limits_{\Delta x\to 0}\frac{f(x_0+\Delta x)-f(x_0)}{\Delta x}$ 不存在，就说函数 $y=f(x)$ 在点 x_0 处不可导．

导数的定义式也可取不同的形式，常见的有

$$f'(x_0)=\lim_{h\to 0}\frac{f(x_0+h)-f(x_0)}{h},$$

$$f'(x_0)=\lim_{x\to x_0}\frac{f(x)-f(x_0)}{x-x_0}.$$

在实际中，需要讨论各种具有不同意义的变量的变化“快慢”问题，在数学上就是所谓函数的变化率．导数概念就是函数变化率这一概念的精确描述．

这样，以上两例可表示为 $v(t_0)=f'(t_0)$，$k=f'(x_0)$.

如果函数 $y=f(x)$ 在开区间 (a,b) 内的每点处都可导，就称函数 $f(x)$ 在开区间 (a,b) 内可导．这时，对于任一 $x\in(a,b)$，都对应着 $f(x)$ 的一个确定的导数值．这样就构成了一个新的函数，这个函数叫做原来函数 $y=f(x)$ 的导函数，记作 y'，$f'(x)$，$\frac{\mathrm{d}y}{\mathrm{d}x}$ 或 $\frac{\mathrm{d}f(x)}{\mathrm{d}x}$.

显然，$f'(x_0)$ 就是导函数 $f'(x)$ 在点 $x=x_0$ 处的函数值，即 $f'(x_0)=f'(x)|_{x=x_0}$.

2. 求导数举例

由导数的定义可知，求导数一般有如下三个步骤：

① 写出函数的改变量 $\Delta y=f(x+\Delta x)-f(x)$；

② 计算比值 $\frac{\Delta y}{\Delta x}=\frac{f(x+\Delta x)-f(x)}{\Delta x}$；

③ 求极限 $y'=f'(x)=\lim\limits_{\Delta x\to 0}\frac{f(x+\Delta x)-f(x)}{\Delta x}$.

【例 3】 求函数 $y=x^2$ 在 $x_0=1$ 和任意点处的导数．

解：(1) 求 $x_0=1$ 处的导数．

① 计算 Δy，即

$$\begin{aligned}\Delta y&=f(x_0+\Delta x)-f(x_0)=f(1+\Delta x)-f(1)\\&=(1+\Delta x)^2-1^2=2\Delta x+(\Delta x)^2\end{aligned}$$

② 计算 $\frac{\Delta y}{\Delta x}$，即

$$\frac{\Delta y}{\Delta x}=\frac{f(x_0+\Delta x)-f(x_0)}{\Delta x}=\frac{2\Delta x+(\Delta x)^2}{\Delta x}=2+\Delta x$$

③ 取极限，即

$$y'(1)=f'(1)=\lim_{\Delta x\to 0}\frac{\Delta y}{\Delta x}=\lim_{\Delta x\to 0}(2+\Delta x)=2$$

(2) 求任意点处的导数

① $\Delta y=f(x+\Delta x)-f(x)=(x+\Delta x)^2-x^2=2x\Delta x+(\Delta x)^2$

② $\dfrac{\Delta y}{\Delta x}=\dfrac{2x\Delta x+(\Delta x)^2}{\Delta x}=2x+\Delta x$

③ $y'=f'(x)=\lim\limits_{\Delta x\to 0}\dfrac{\Delta y}{\Delta x}=\lim\limits_{\Delta x\to 0}(2x+\Delta x)=2x$

即
$$y'=(x^2)'=2x$$

【例 4】 求函数 $f(x)=\sin x$ 的导数.

解： ① $\Delta y=f(x+\Delta x)-f(x)=\sin(x+\Delta x)-\sin x=2\cos\left(x+\dfrac{\Delta x}{2}\right)\sin\dfrac{\Delta x}{2}$

② $\dfrac{\Delta y}{\Delta x}=\dfrac{2\cos\left(x+\dfrac{\Delta x}{2}\right)\sin\left(\dfrac{\Delta x}{2}\right)}{\Delta x}$

③ $y'=f'(x)=\lim\limits_{\Delta x\to 0}\dfrac{\Delta y}{\Delta x}=\lim\limits_{\Delta x\to 0}\dfrac{2\cos\left(x+\dfrac{\Delta x}{2}\right)\sin\left(\dfrac{\Delta x}{2}\right)}{\Delta x}$

$$=\lim_{\Delta x\to 0}\frac{\sin\dfrac{\Delta x}{2}}{\dfrac{\Delta x}{2}}\cos\left(x+\frac{\Delta x}{2}\right)=\cos x$$

即
$$(\sin x)'=\cos x$$

用类似的方法，可求得$(\cos x)'=-\sin x$.

三、导数的实际意义

函数相对于自变量的变化率在数学中叫做导数，在不同的学科中均有其实际意义.

1. 经济意义

在经济学中，总成本 $C=C(x)$、总收益 $R=R(x)$、总利润 $L=L(x)$ 在 x_0 处的导数 $C'(x_0)$、$R'(x_0)$、$L'(x_0)$ 分别称为边际成本、边际收益、边际利润.

2. 物理意义

在物理学中，路程函数 $s=s(t)$ 在 t_0 点的导数，就是物体在 t_0 时刻的瞬时速度，即

$$s'(t_0)=\left.\frac{\mathrm{d}s}{\mathrm{d}t}\right|_{t=t_0}.$$

3. 几何意义

由例 2 可知，函数 $y=f(x)$ 在点 x_0处的导数 $f'(x_0)$ 就是曲线 $y=f(x)$ 在点 $M(x_0,f(x_0))$ 处的切线的斜率，即

$$k=f'(x_0)=\tan\alpha$$

式中，α 是切线的倾角.

由直线的点斜式方程，可知曲线 $y=f(x)$ 在点 $M(x_0,y_0)$ 处的切线方程为

$$y-y_0=f'(x_0)(x-x_0).$$

特别地，若 $f'(x_0)=0$，则切线平行于 x 轴，切线方程为 $y=y_0$；

若 $f'(x_0)$ 不存在，且 $f'(x_0)=\infty$，则切线垂直于 x 轴，切线方程为 $x=x_0$；

过切点 $M(x_0,y_0)$ 且与切线垂直的直线叫做曲线 $y=f(x)$ 在点 M 处的法线，如果 $f'(x_0)\neq 0$，法线的斜率为 $-\dfrac{1}{f'(x_0)}$，从而法线方程为

$$y-y_0=-\frac{1}{f'(x_0)}(x-x_0).$$

【例 5】 求等边双曲线 $y=\dfrac{1}{x}$ 在点 $\left(\dfrac{1}{2},2\right)$ 处的切线的斜率，并写出在该点处的切线方程和法线方程．

解：$y'=-\dfrac{1}{x^2}$，所求切线及法线的斜率分别为

$$k_1=\left(-\frac{1}{x^2}\right)\bigg|_{x=\frac{1}{2}}=-4,\ k_2=-\frac{1}{k_1}=\frac{1}{4}.$$

所求切线方程为 $y-2=-4\left(x-\dfrac{1}{2}\right)$，即 $4x+y-4=0$.

所求法线方程为 $y-2=\dfrac{1}{4}\left(x-\dfrac{1}{2}\right)$，即 $2x-8y+15=0$.

四、可导与连续关系

如果函数 $y=f(x)$ 在点 x_0 处可导，则函数在该点必连续；反之，则未必成立．

【例 6】 函数 $f(x)=\sqrt[3]{x}$ 在区间 $(-\infty,+\infty)$ 内连续（图 2.2），但在点 $x=0$ 处不可导．这是因为函数在点 $x=0$ 处导数为无穷大．

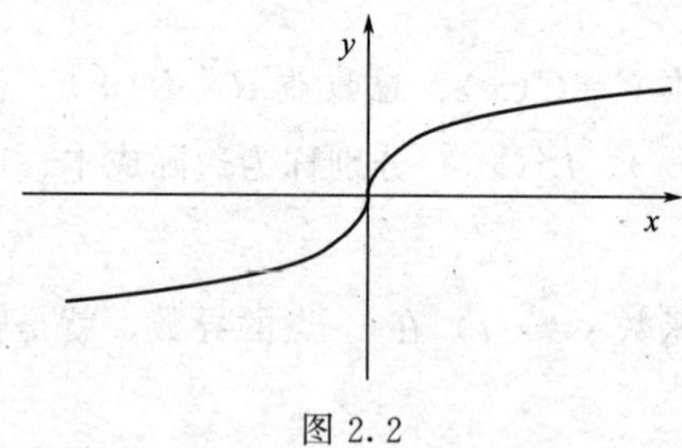

图 2.2

$$\lim_{\Delta x\to 0}\frac{f(0+\Delta x)-f(0)}{\Delta x}=\lim_{\Delta x\to 0}\frac{\sqrt[3]{\Delta x}-0}{\Delta x}=+\infty.$$

习题 2.1

1. 用导数的定义求下列函数的导数.

(1) $f(x)=ax+b$（a、b 均为常数）　(2) $f(x)=\cos x$

(3) $y=x^3$

2. 设 $f'(x_0)$ 存在，求下列极限．

(1) $\lim\limits_{x\to x_0}\dfrac{f(x)-f(x_0)}{x-x_0}$　　(2) $\lim\limits_{\Delta x\to 0}\dfrac{f(x_0+2\Delta x)-f(x_0)}{\Delta x}$

(3) $\lim\limits_{h\to 0}\dfrac{f(x_0-h)-f(x_0)}{h}$　　(4) $\lim\limits_{h\to 0}\dfrac{f(x_0+h)-f(x_0-h)}{h}$

3. 设 $f(x)=3x^2$，用导数的定义计算 $f'(2)$.

4. 求曲线 $y=\ln x$ 在点 $(e,1)$ 处的切线方程．

5. 求曲线 $y=e^x$ 在点 $(0,1)$ 处的切线方程和法线方程．

第二节　函数的求导法则

在上一节中，利用导数的定义求出了一些基本初等函数的导数．但对于一些复杂的函数，利用导数定义去求解，难度比较大．因此本节将介绍几种常用的求导法则，利用这些法则和基本求导公式就能比较简单地求一般初等函数的导数．

一、导数的四则运算法则

定理　如果函数 $u=u(x)$ 及 $v=v(x)$ 在点 x 具有导数，那么它们的和、差、积、商（除分母为零的点外）都在点 x 具有导数，并且

(1) $[u(x)\pm v(x)]'=u'(x)\pm v'(x)$；

(2) $[u(x)\cdot v(x)]'=u'(x)v(x)+u(x)v'(x)$；

(3) $\left[\dfrac{u(x)}{v(x)}\right]'=\dfrac{u'(x)v(x)-u(x)v'(x)}{v^2(x)}$.

定理中的法则 (1)、(2) 可推广到任意有限个可导函数的情形．例如，设 $u=u(x)$、$v=v(x)$、$w=w(x)$ 均可导，则有

$$(u+v-w)'=u'+v'-w'.$$

$$\begin{aligned}(uvw)'&=[(uv)w]'=(uv)'w+(uv)w'\\&=(u'v+uv')w+uvw'\\&=u'vw+uv'w+uvw'.\end{aligned}$$

即

$$(uvw)'=u'vw+uv'w+uvw'.$$

在法则 (2) 中，如果 $v=C$（C 为常数），则有

$$(Cu)'=Cu'.$$

二、基本初等函数的求导公式

运用导数的定义及运算法则可以得到基本初等函数的导数公式如下：

导数的基本公式	
(1) $(C)'=0$，	(11) $(\log_a x)'=\frac{1}{x\ln a}$，
(2) $(x^{\mu})'=\mu x^{\mu-1}$，	(12) $(\ln x)'=\frac{1}{x}$，
(3) $(\sin x)'=\cos x$，	(13) $(\arcsin x)'=\frac{1}{\sqrt{1-x^2}}$，
(4) $(\cos x)'=-\sin x$，	(14) $(\arccos x)'=-\frac{1}{\sqrt{1-x^2}}$，
(5) $(\tan x)'=\sec^2 x$，	(15) $(\arctan x)'=\frac{1}{1+x^2}$，
(6) $(\cot x)'=-\csc^2 x$，	(16) $(\mathrm{arccot}\, x)'=-\frac{1}{1+x^2}$.
(7) $(\sec x)'=\sec x\cdot\tan x$，	
(8) $(\csc x)'=-\csc x\cdot\cot x$，	
(9) $(a^x)'=a^x\ln a$，	
(10) $(e^x)'=e^x$，	

【例 1】 $y=2x^3-5x^2+3x-7$，求 y'.

解：$y'=(2x^3-5x^2+3x-7)'=(2x^3)'-(5x^2)'+(3x)'-(7)'=2(x^3)'-5(x^2)'+3(x)'$

$=2\cdot 3x^2-5\cdot 2x+3=6x^2-10x+3.$

【例 2】 $f(x)=x^3+4\cos x-\sin\frac{\pi}{2}$，求 $f'(x)$ 及 $f'\left(\frac{\pi}{2}\right)$.

解：$f'(x)=(x^3)'+(4\cos x)'-\left(\sin\frac{\pi}{2}\right)'=3x^2-4\sin x$，

$f'\left(\frac{\pi}{2}\right)=\frac{3}{4}\pi^2-4.$

【例 3】 $y=e^x(\sin x+\cos x)$，求 y'.

解：$y'=(e^x)'(\sin x+\cos x)+e^x(\sin x+\cos x)'$

$=e^x(\sin x+\cos x)+e^x(\cos x-\sin x)$

$=2e^x\cos x.$

【例 4】 $y=\tan x$，求 y'.

解：$y'=(\tan x)'=\left(\frac{\sin x}{\cos x}\right)'=\frac{(\sin x)'\cos x-\sin x(\cos x)'}{\cos^2 x}$

$=\frac{\cos^2 x+\sin^2 x}{\cos^2 x}=\frac{1}{\cos^2 x}=\sec^2 x.$

即

$$(\tan x)'=\sec^2 x.$$

【例 5】 $y=\sec x$，求 y'.

解：$y'=(\sec x)'=\left(\frac{1}{\cos x}\right)'=\frac{(1)'\cos x-1\cdot(\cos x)'}{\cos^2 x}=\frac{\sin x}{\cos^2 x}=\sec x\tan x.$

即

$$(\sec x)'=\sec x\tan x.$$

用类似方法，还可求得余切函数及余割函数的导数公式：

$$(\cot x)'=-\csc^2 x,$$

$$(\csc x)'=-\csc x\cot x.$$

习题 2.2

1. 求下列函数的导数.

(1) $y=\dfrac{1}{x^3}$　　(2) $y=2x^2-x+7$

(3) $y=2\sqrt{x}-\dfrac{1}{x}+\sqrt[4]{x}$　　(4) $y=x\ln x$

(5) $y=\theta\sin\theta+\cos\theta$　　(6) $y=e^x\sin x$

(7) $f(x)=3x-2\sqrt{x}$，求 $f'(1)$，$f'(4)$，$f'(a)$

(8) $y=(2+\sec t)\sin t$　　(9) $y=\dfrac{2}{\tan x}+\dfrac{\cot x}{3}$

(10) $y=x^3e^x$　　(11) $y=\dfrac{x+1}{x-1}$

(12) $y=\dfrac{1-e^x}{1+e^x}$　　(13) $y=\dfrac{1-\ln t}{1+\ln t}$

2. 求下列函数在指定点处的导数 .

(1) $y=\dfrac{x^2}{2}+3\cos x$，求$\left.\dfrac{dy}{dx}\right|_{x=0}$

(2) $f(x)=2x\tan x+3\ln x$，求 $f'(\pi)$

3. 曲线 $y=(x^2-1)(x+1)$ 在哪一点处的切线平行于 x 轴?

第三节　复合函数的求导法则

我们知道，由 $y=f(u)$，$u=\varphi(x)$ 所构成的函数 $y=f[\varphi(x)]$称为 x 的复合函数，本节将介绍复合函数的求导法则 .

定理　如果函数 $u=\varphi(x)$ 在点 x 处可导，函数 $y=f(u)$ 在对应点 u 处可导，则复合函数 $y=f[\varphi(x)]$ 在点 x 可导，且其导数为

$$\frac{dy}{dx}=f'(u)\cdot\varphi'(x)$$

或

$$\frac{dy}{dx}=\frac{dy}{du}\cdot\frac{du}{dx}$$

或

$$y'_x=y'_u\cdot u'_x$$

这个定理说明，复合函数的导数等于复合函数对中间变量的导数乘以中间变量对自变量的导数 .

【例 1】　设 $y=\sin(2x+1)$，求$\dfrac{dy}{dx}$.

解：函数 $y=\sin(2x+1)$ 是由 $y=\sin u$，$u=2x+1$ 复合而成的，因此

$$\frac{\mathrm{d}y}{\mathrm{d}x}=\frac{\mathrm{d}y}{\mathrm{d}u}\cdot\frac{\mathrm{d}u}{\mathrm{d}x}=(\sin u)'_u\cdot(2x+1)'_x=\cos u\cdot 2=2\cos(2x+1).$$

【例 2】 设 $y=\mathrm{e}^{x^2+x}$，求$\frac{\mathrm{d}y}{\mathrm{d}x}$.

解：函数 $y=\mathrm{e}^{x^2+x}$ 是由 $y=\mathrm{e}^u$，$u=x^2+x$ 复合而成的，因此

$$\frac{\mathrm{d}y}{\mathrm{d}x}=\frac{\mathrm{d}y}{\mathrm{d}u}\cdot\frac{\mathrm{d}u}{\mathrm{d}x}=\mathrm{e}^u\cdot(2x+1)=(2x+1)\mathrm{e}^{x^2+x}.$$

从以上例子可以直观的看出，对复合函数求导时，是从外层向内层逐层求导，故形象地称其为**链式法则**．当对复合函数求导过程较熟练后，可以不用写出中间变量，而把中间变量看成一个整体，然后逐层求导即可．

【例 3】 设 $y=\ln\sin x$，求$\frac{\mathrm{d}y}{\mathrm{d}x}$.

解：$\frac{\mathrm{d}y}{\mathrm{d}x}=(\ln\sin x)'=\frac{1}{\sin x}\cdot(\sin x)'=\frac{1}{\sin x}\cdot\cos x=\cot x.$

【例 4】 设 $y=\sqrt[3]{1-2x^2}$，求$\frac{\mathrm{d}y}{\mathrm{d}x}$.

解：$\frac{\mathrm{d}y}{\mathrm{d}x}=[(1-2x^2)^{\frac{1}{3}}]'=\frac{1}{3}(1-2x^2)^{-\frac{2}{3}}\cdot(1-2x^2)'=\frac{-4x}{3\sqrt[3]{(1-2x^2)^2}}.$

复合函数的求导法则可以推广到多个中间变量的情形．例如：设 $y=f(u)$，$u=\varphi(v)$，$v=\psi(x)$，则

$$\frac{\mathrm{d}y}{\mathrm{d}x}=\frac{\mathrm{d}y}{\mathrm{d}u}\cdot\frac{\mathrm{d}u}{\mathrm{d}x}=\frac{\mathrm{d}y}{\mathrm{d}u}\cdot\frac{\mathrm{d}u}{\mathrm{d}v}\cdot\frac{\mathrm{d}v}{\mathrm{d}x}.$$

【例 5】 设 $y=\ln\cos(\mathrm{e}^x)$，求$\frac{\mathrm{d}y}{\mathrm{d}x}$.

解：
$$\begin{aligned}\frac{\mathrm{d}y}{\mathrm{d}x}&=[\ln\cos(\mathrm{e}^x)]'=\frac{1}{\cos(\mathrm{e}^x)}\cdot[\cos(\mathrm{e}^x)]'\\&=\frac{1}{\cos(\mathrm{e}^x)}\cdot[-\sin(\mathrm{e}^x)]\cdot(\mathrm{e}^x)'=-\mathrm{e}^x\tan(\mathrm{e}^x).\end{aligned}$$

【例 6】 设 $y=\mathrm{e}^{\sin\frac{1}{x}}$，求$\frac{\mathrm{d}y}{\mathrm{d}x}$.

解：
$$\begin{aligned}\frac{\mathrm{d}y}{\mathrm{d}x}&=(\mathrm{e}^{\sin\frac{1}{x}})'=\mathrm{e}^{\sin\frac{1}{x}}\cdot\left(\sin\frac{1}{x}\right)'=\mathrm{e}^{\sin\frac{1}{x}}\cdot\cos\frac{1}{x}\cdot\left(\frac{1}{x}\right)'\\&=-\frac{1}{x^2}\cdot\mathrm{e}^{\sin\frac{1}{x}}\cdot\cos\frac{1}{x}.\end{aligned}$$

【例 7】 设 $x>0$，证明幂函数的导数公式

$$(x^\mu)'=\mu x^{\mu-1}.$$

解：因为 $x^\mu=(\mathrm{e}^{\ln x})^\mu=\mathrm{e}^{\mu\ln x}$，所以

$$(x^\mu)'=(\mathrm{e}^{\mu\ln x})'=\mathrm{e}^{\mu\ln x}\cdot(\mu\ln x)'=\mathrm{e}^{\mu\ln x}\cdot\mu x^{-1}=\mu x^{\mu-1}$$

习题 2.3

1. 求下列函数的导数.

(1) $y=(1-x^2)^{100}$ (2) $y=\frac{1}{\sqrt{1-x^2}}$

(3) $y=\sec(4-3x)$ (4) $y=\tan\frac{1}{x}$

(5) $y=\log_2(2x^2+3)$ (6) $y=(x-1)\sqrt{x^2+1}$

(7) $y=\ln\tan\frac{x}{2}$ (8) $y=3e^{2x}+2\cos 3x$

(9) $y=\sin x^2+\sin^2 x$ (10) $y=(\arcsin\sqrt{x})^2$

(11) $y=\ln[\ln(\ln x)]$ (12) $y=e^{\arctan x}$

(13) $y=\sqrt{1+\ln^2 x}$，$y'|_{x=e}$ (14) $y=x^2$，$\sin 2x$，$y'|_{x=\frac{\pi}{2}}$

2. 设 $f(x)$ 可导，求下列函数的导数.

(1) $y=f(x^3)$ (2) $y=f(\sin x)+f(\cos x)$

第四节 高阶导数

如果函数 $y=f(x)$ 的导数 $f'(x)$ 仍然是 x 的可导函数，则称 $f'(x)$ 的导数叫做函数 $f(x)$ 的二阶导数，记作 y''、$f''(x)$ 或$\frac{d^2y}{dx^2}$. 即

$$y''=(y')',\ f''(x)=[f'(x)]',\ \frac{d^2y}{dx^2}=\frac{d}{dx}\left(\frac{dy}{dx}\right).$$

类似地，$f''(x)$ 的导数称为把 $f(x)$ 的三阶导数，记作 y'''、$f'''(x)$ 或$\frac{d^3y}{dx^3}$.

以此类推，函数 $y=f(x)$ 的 $n-1$ 阶导数的导数，称为函数 $f(x)$ 的 n 阶导数，记作

$$y^{(n)}\text{或}f^{(n)}(x),\ \frac{d^ny}{dx^n}.$$

二阶及二阶以上的各阶导数统称高阶导数．求高阶导数时，只要利用导数的基本公式及运算法则对函数一次次求导即可，计算中注意归纳整理．

【例 1】 设 $f(x)=(1+2x)^3$，求 $f''(1)$.

解： $f'(x)=6(1+2x)^2$

$f''(x)=24(1+2x)$

所以 $f''(1)=72$

【例 2】 设 $y=\ln x$，求 $y^{(n)}$.

解：$y'=\dfrac{1}{x}=x^{-1}$

$$y''=(-1)x^{-2}$$

$$y'''=(-1)(-2)x^{-3}$$

$$\cdots$$

$$y^{(n)}=(-1)(-2)\cdots[-(n-1)]x^{-n}$$

$$=\frac{(-1)^{n-1}(n-1)!}{x^n}$$

【例 3】 求函数 $y=\mathrm{e}^x$ 的 n 阶导数.

解：$y'=\mathrm{e}^x$，$y''=\mathrm{e}^x$，$y'''=\mathrm{e}^x$，$y^{(4)}=\mathrm{e}^x$，

一般地，可得

$$y^{(n)}=\mathrm{e}^x,$$

即

$$(\mathrm{e}^x)^{(n)}=\mathrm{e}^x.$$

【例 4】 求正弦函数与余弦函数的 n 阶导数.

解：$y=\sin x$，

$$y'=\cos x=\sin\left(x+\frac{\pi}{2}\right),$$

$$y''=\cos\left(x+\frac{\pi}{2}\right)=\sin\left(x+\frac{\pi}{2}+\frac{\pi}{2}\right)=\sin\left(x+2\cdot\frac{\pi}{2}\right),$$

$$y'''=\cos\left(x+2\cdot\frac{\pi}{2}\right)=\sin\left(x+2\cdot\frac{\pi}{2}+\frac{\pi}{2}\right)=\sin\left(x+3\cdot\frac{\pi}{2}\right),$$

一般地，可得

$$y^{(n)}=\sin\left(x+n\cdot\frac{\pi}{2}\right)，即 (\sin x)^{(n)}=\sin\left(x+n\cdot\frac{\pi}{2}\right).$$

用类似方法，可得 $(\cos x)^{(n)}=\cos\left(x+n\cdot\dfrac{\pi}{2}\right)$.

习题 2.4

1. 求下列函数的二阶导数.

(1) $y=4x^2+\ln x$　　(2) $y=\cos x+\sin x$

(3) $y=\mathrm{e}^{-x}\cos x$　　(4) $y=\mathrm{e}^{2x-1}$

(5) $y=\mathrm{e}^{2x}\sin(2x+1)$　　(6) $y=x\arctan x$

2. 求下列函数的 n 阶导数.

(1) $y=\cos x$　　(2) $y=\dfrac{1}{x+1}$

(3) $y=\mathrm{e}^{ax}$　　(4) $y=x\mathrm{e}^x$

3. 验证函数 $y=e^x\sin x$ 满足关系式：$y''-2y'+2y=0$.

第五节　隐函数的导数

一、隐函数求导法

显函数：形如 $y=f(x)$ 的函数称为显函数. 例如 $y=\sin x$，$y=\ln x+e^x$.

隐函数：由方程 $F(x,y)=0$ 所确定的函数称为隐函数.

例如，方程 $x+y^3-1=0$，$e^x+e^y-xy=0$.

把一个隐函数化成显函数，叫做隐函数的显化. 隐函数的显化有时是有困难的，甚至是不可能的. 但在实际问题中，有时需要计算隐函数的导数，因此，我们希望有一种方法，不管隐函数能否显化，都能直接由方程算出它所确定的隐函数的导数来. 隐函数求导数的方法很简单，就是方程两边同时对 x 求导，但是注意把 y 看成是 x 的函数，然后从所得出的方程中解出 y'即可.

【例 1】 求由方程 $x^2+y^2=R^2$ 所确定的隐函数 y 的导数.

解：方程两边分别对 x 求导数（注意：y 是 x 的函数，所以 y^2 是 x 的复合函数），得

$$(x^2)'+(y^2)'=(R^2)'$$

即

$$2x+2y\cdot y'=0$$

解出 y'，得

$$y'=-\frac{x}{y}.$$

【例 2】 求由方程 $e^y+xy-e=0$ 所确定的隐函数 y 的导数.

解：把方程两边的每一项对 x 求导数得

$$(e^y)'+(xy)'-(e)'=(0)'$$

即

$$e^y\cdot y'+y+xy'=0$$

从而

$$y'=-\frac{y}{x+e^y}(x+e^y\neq 0).$$

【例 3】 求椭圆 $\frac{x^2}{16}+\frac{y^2}{9}=1$ 在 $\left(2,\ \frac{3}{2}\sqrt{3}\right)$ 处的切线方程.

解：把椭圆方程的两边分别对 x 求导，得

$$\frac{x}{8}+\frac{2}{9}y\cdot y'=0$$

从而

$$y'=-\frac{9x}{16y}.$$

当 $x=2$ 时，$y=\frac{3}{2}\sqrt{3}$，代入上式得所求切线的斜率

$$k=y'|_{x=2}=-\frac{\sqrt{3}}{4}$$

所求的切线方程为

$$y-\frac{3}{2}\sqrt{3}=-\frac{\sqrt{3}}{4}(x-2)$$

即$\sqrt{3}x+4y-8\sqrt{3}=0$.

二、对数求导法

某些显函数直接求导比较复杂，可对函数 $y=f(x)$ 的两边取对数，变成隐函数的形式，然后利用隐函数求导的方法来计算，这种求导的方法称为对数求导法．

设 $y=f(x)$，两边取对数，得

$$\ln y=\ln f(x)$$

两边对 x 求导，得

$$\frac{1}{y}y'=[\ln f(x)]'$$

$$y'=f(x)\cdot[\ln f(x)]'.$$

对数求导法适用于求幂指函数 $y=[u(x)]^{v(x)}$ $(u(x)>0)$ 的导数及多因子之积和商的导数.

【例 4】 求 $y=x^{\sin x}$ $(x>0)$ 的导数.

解法一：两边取对数，得

$$\ln y=\sin x\cdot\ln x\ln$$

上式两边对 x 求导，得

$$\frac{1}{y}y'=\cos x\cdot\ln x+\sin x\cdot\frac{1}{x}$$

于是
$$y'=y\left(\cos x\cdot\ln x+\sin x\cdot\frac{1}{x}\right)$$
$$=x^{\sin x}\left(\cos x\cdot\ln x+\frac{\sin x}{x}\right).$$

解法二：这种幂指函数的导数也可按下面的方法求：

$$y=x^{\sin x}=e^{\sin x\cdot\ln x}$$

$$y'=e^{\sin x\cdot\ln x}(\sin x\cdot\ln x)'=x^{\sin x}\left(\cos x\cdot\ln x+\frac{\sin x}{x}\right).$$

【例 5】 求函数 $y=\sqrt{\frac{(x-1)(x-2)}{(x-3)(x-4)}}$ 的导数.

解：先在两边取对数（假定 $x>4$），得

$$\ln y=\frac{1}{2}[\ln(x-1)+\ln(x-2)-\ln(x-3)-\ln(x-4)]$$

上式两边对 x 求导，得

$$\frac{1}{y}y'=\frac{1}{2}\left(\frac{1}{x-1}+\frac{1}{x-2}-\frac{1}{x-3}-\frac{1}{x-4}\right)$$

于是
$$y'=\frac{y}{2}\left(\frac{1}{x-1}+\frac{1}{x-2}-\frac{1}{x-3}-\frac{1}{x-4}\right).$$

习题 2.5

1. 求由下列方程所确定的隐函数的导数.

(1) $x^2-y^2+2xy=2x$ (2) $y=\cos(x+y)$

(3) $e^{xy}+y\ln x=\cos(2x)$ (4) $xy=e^{x+y}$

(5) $x=y+\arctan y$ (6) $\arctan\dfrac{y}{x}=\ln\sqrt{x^2+y^2}$

2. 求下列函数的导数.

(1) $y=(\cos x)^{\sin x}$ (2) $y=e^{\arctan\sqrt{x}}$

(3) $y=(1+x)(2+x^2)^{\frac{1}{2}}(3+x^3)^{\frac{1}{3}}$ (4) $y=x^x+\ln\cos x$

(5) $f(x)=x(x-1)(x-2)(x-3)$

3. 求曲线 $x^2y^2+x^2-y=1$ 在点 (1,1) 处切线的方程.

第六节 函数的微分

一、微分的定义

引例 函数增量的计算及增量的构成.

一块正方形金属薄片受温度变化的影响，其边长由 x_0 变到 $x_0+\Delta x$，问此薄片的面积改变了多少?

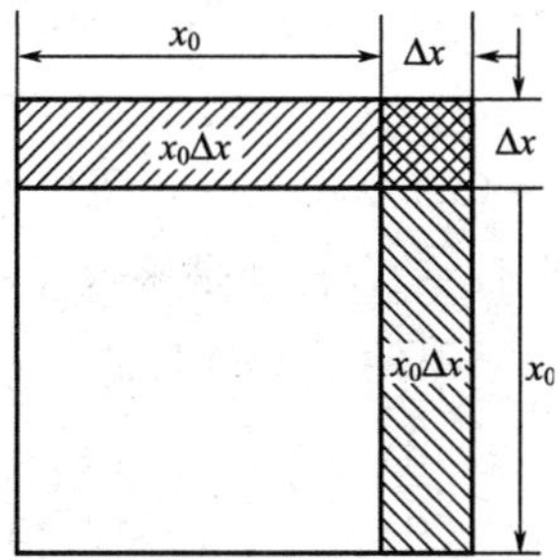

设此正方形的边长为 x，面积为 A，则 A 是 x 的函数：$A=x^2$. 金属薄片的面积改变量为

$$\Delta A=(x_0+\Delta x)^2-(x_0)^2=2x_0\Delta x+(\Delta x)^2.$$

几何意义： $2x_0\Delta x$ 表示两个长为 x_0 宽为 Δx 的长方形面积；$(\Delta x)^2$ 表示边长为 Δx 的正方形的面积.

数学意义： 当 $\Delta x\to 0$ 时，$(\Delta x)^2$ 是比 Δx 高阶的无穷小，即 $(\Delta x)^2=o(\Delta x)$；$2x_0\Delta x$ 是 Δx 的线性函数，是 ΔA 的主要部分，可以近似地代替 ΔA.

定义 设函数 $y=f(x)$ 在某区间内有定义，x_0 及 $x_0+\Delta x$ 在这区间内，如果函数的增量

$$\Delta y=f(x_0+\Delta x)-f(x_0)$$

可表示为

$$\Delta y=A\Delta x+o(\Delta x)$$

其中 A 是不依赖于 Δx 的常数，那么称函数 $y=f(x)$ 在点 x_0 是可微的，而 $A\Delta x$ 叫做函数 $y=f(x)$ 在点 x_0 相应于自变量增量 Δx 的微分，记作 $\mathrm{d}y$，即

$$\mathrm{d}y=A\Delta x.$$

函数可微的条件：函数 $f(x)$ 在点 x_0 可微的充分必要条件是函数 $f(x)$ 在点 x_0 可导，且当函数 $f(x)$ 在点 x_0 可微时，其微分一定是

$$\mathrm{d}y=f'(x_0)\Delta x.$$

函数 $y=f(x)$ 在任意点 x 的微分，称为函数的微分，记作 $\mathrm{d}y$ 或 $\mathrm{d}f(x)$，即

$$\mathrm{d}y=f'(x)\Delta x,$$

例如：$\mathrm{d}\cos x=(\cos x)'\Delta x=-\sin x\Delta x$；$\mathrm{d}e^x=(e^x)'\Delta x=e^x\Delta x$.

【例 1】 求函数 $y=x^2$ 在 $x=1$ 和 $x=3$ 处的微分.

解：函数 $y=x^2$ 在 $x=1$ 处的微分为

$$\mathrm{d}y=(x^2)'|_{x=1}\Delta x=2\Delta x;$$

函数 $y=x^2$ 在 $x=3$ 处的微分为

$$\mathrm{d}y=(x^2)'|_{x=3}\Delta x=6\Delta x.$$

【例 2】 求函数 $y=x^3$ 当 $x=2$，$\Delta x=0.02$ 时的微分.

解：先求函数在任意点 x 的微分

$$\mathrm{d}y=(x^3)'\Delta x=3x^2\Delta x.$$

再求函数当 $x=2$，$\Delta x=0.02$ 时的微分

$$\mathrm{d}y|_{x=2,\Delta x=0.02}=3x^2|_{x=2,\Delta x=0.02}=3\times2^2\times0.02=0.24.$$

自变量的微分：

因为当 $y=x$ 时，$\mathrm{d}y=\mathrm{d}x=(x)'\Delta x=\Delta x$，所以通常把自变量 x 的增量 Δx 称为自变量的微分，记作 $\mathrm{d}x$，即 $\mathrm{d}x=\Delta x$. 于是函数 $y=f(x)$ 的微分又可记作

$$\mathrm{d}y=f'(x)\mathrm{d}x.$$

从而有

$$\frac{\mathrm{d}y}{\mathrm{d}x}=f'(x).$$

这就是说，函数的微分 $\mathrm{d}y$ 与自变量的微分 $\mathrm{d}x$ 之商等于该函数的导数. 因此，导数也叫做“微商”.

二、微分的基本公式和运算法则

从函数的微分的表达式

$$\mathrm{d}y=f'(x)\mathrm{d}x$$

可以看出，要计算函数的微分，只要计算函数的导数，再乘以自变量的微分. 因此，由前面学过的导数的基本公式与运算法则就可推得相应的微分基本公式与运算法则.

1. 微分的基本公式

微分公式：

$$d(x^{\mu})=\mu x^{\mu-1}dx$$
$$d(\sin x)=\cos x\,dx$$
$$d(\cos x)=-\sin x\,dx$$
$$d(\tan x)=\sec^2 x\,dx$$
$$d(\cot x)=-\csc^2 x\,dx$$
$$d(\sec x)=\sec x\tan x\,dx$$
$$d(\csc x)=-\csc x\cot x\,dx$$
$$d(a^x)=a^x\ln a\,dx$$
$$d(e^x)=e^x\,dx$$
$$d(\log_a x)=\frac{1}{x\ln a}dx$$
$$d(\ln x)=\frac{1}{x}dx$$
$$d(\arcsin x)=\frac{1}{\sqrt{1-x^2}}dx$$
$$d(\arccos x)=-\frac{1}{\sqrt{1-x^2}}dx$$
$$d(\arctan x)=\frac{1}{1+x^2}dx$$
$$d(\text{arccot}\,x)=-\frac{1}{1+x^2}dx$$

2. 微分的四则运算法则

微分法则：

$$d(u\pm v)=du\pm dv$$
$$d(Cu)=C\,du$$
$$d(u\cdot v)=v\,du+u\,dv$$
$$d\left(\frac{u}{v}\right)=\frac{v\,du-u\,dv}{v^2}dx\ (v\neq 0)$$

三、微分形式的不变性

设函数 $y=f(u)$ 在点 u 处可微，那么

(1) 若 u 是自变量，即 $u=x$ 时，函数的微分为 $dy=f'(u)du$.

(2) 若 u 不是自变量，而是 x 的可导函数，即 $u=\varphi(x)$ 时，以 u 为中间变量的复合函数 $f[\varphi(x)]$ 的微分是 $dy=f'(u)\varphi'(x)dx$，而 $du=\varphi'(x)dx$，所以 $dy=f'(u)\,du$.

由此可见，对于函数 $y=f(u)$，无论 u 是自变量还是另一个变量的可微函数，

函数微分形式 $dy=f'(u)du$ 保持不变，这一性质称为微分形式不变性.

【例 3】 $y=\sin(2x+1)$，求 dy.

解：把 $2x+1$ 看成中间变量 u，则

$$dy=d(\sin u)=\cos u\,du=\cos(2x+1)d(2x+1)$$
$$=\cos(2x+1)\cdot 2dx=2\cos(2x+1)dx.$$

在求复合函数的导数时，可以不写出中间变量.

【例 4】 $y=\ln(1+e^{x^2})$，求 dy.

解：$dy=d\ln(1+e^{x^2})=\dfrac{1}{1+e^{x^2}}d(1+e^{x^2})$

$$=\frac{1}{1+e^{x^2}}\cdot e^{x^2}d(x^2)=\frac{1}{1+e^{x^2}}\cdot e^{x^2}\cdot 2x\,dx=\frac{2xe^{x^2}}{1+e^{x^2}}dx.$$

【例 5】 $y=e^{1-3x}\cos x$，求 dy.

解：应用积的微分法则，得

$$dy=d(e^{1-3x}\cos x)=\cos x\,d(e^{1-3x})+e^{1-3x}d(\cos x)$$
$$=(\cos x)e^{1-3x}(-3dx)+e^{1-3x}(-\sin x\,dx)$$
$$=-e^{1-3x}(3\cos x+\sin x)dx.$$

【例 6】 在括号中填入适当的函数，使等式成立.

(1) $d(\quad)=x\,dx$；

(2) $d(\quad)=\cos\omega t\,dt$.

解：(1) 因为 $d(x^2)=2x\,dx$，所以

$x\,dx=\dfrac{1}{2}d(x^2)=d\left(\dfrac{1}{2}x^2\right)$，即 $d\left(\dfrac{1}{2}x^2\right)=x\,dx$.

一般地，有 $d\left(\dfrac{1}{2}x^2+C\right)=x\,dx$（$C$ 为任意常数）.

(2) 因为 $d(\sin\omega t)=\omega\cos\omega t\,dt$，所以

$$\cos\omega t\,dt=\frac{1}{\omega}d(\sin\omega t)=d\left(\frac{1}{\omega}\sin\omega t\right).$$

因此 $$d\left(\frac{1}{\omega}\sin\omega t+C\right)=\cos\omega t\,dt\ (C\text{ 为任意常数}).$$

四、微分在近似计算中的应用

在工程问题中，经常会遇到一些复杂的计算公式. 如果直接用这些公式进行计算，那是很费力的. 利用微分往往可以把一些复杂的计算公式改用简单的近似公式来代替.

如果函数 $y=f(x)$ 在点 x_0 处的导数 $f'(x)\neq 0$，且 $|\Delta x|$ 很小时，我们有

$$\Delta y\approx dy=f'(x_0)\Delta x,$$
$$\Delta y=f(x_0+\Delta x)-f(x_0)\approx dy=f'(x_0)\Delta x,$$
$$f(x_0+\Delta x)\approx f(x_0)+f'(x_0)\Delta x.$$

若令 $x=x_0+\Delta x$，即 $\Delta x=x-x_0$，那么又有

$$f(x) \approx f(x_0) + f'(x_0)(x - x_0).$$

特别当 $x_0 = 0$ 时，有

$$f(x) \approx f(0) + f'(0)x.$$

这些都是近似计算公式.

【例 7】 有一批半径为 1cm 的球，为了提高球面的光洁度，要镀上一层铜，厚度定为 0.01cm. 估计一下每只球需用铜多少克（铜的密度是 $8.9\mathrm{g/cm^3}$）?

解：已知球体体积为 $V = \frac{4}{3}\pi R^3$，$R_0 = 1\mathrm{cm}$，$\Delta R = 0.01\mathrm{cm}$.

镀层的体积为

$$\Delta V = V(R_0 + \Delta R) - V(R_0) \approx V'(R_0)\Delta R = 4\pi R_0^2 \Delta R = 4 \times 3.14 \times 1^2 \times 0.01 = 0.13(\mathrm{cm^3}).$$

于是镀每只球需用的铜约为

$$0.13 \times 8.9 = 1.16(\text{克}).$$

【例 8】 利用微分计算 $\sin 30°30'$ 的近似值.

解：已知 $30°30' = \frac{\pi}{6} + \frac{\pi}{360}$，$x_0 = \frac{\pi}{6}$，$\Delta x = \frac{\pi}{360}$.

$$\begin{aligned}\sin 30°30' &= \sin(x_0 + \Delta x) \approx \sin x_0 + \Delta x \cos x_0 \\ &= \sin\frac{\pi}{6} + \cos\frac{\pi}{6} \cdot \frac{\pi}{360} \\ &= \frac{1}{2} + \frac{\sqrt{3}}{2} \cdot \frac{\pi}{360} = 0.5076.\end{aligned}$$

即

$$\sin 30°30' \approx 0.5076.$$

常用的近似公式（假定 $|x|$ 是较小的数值）：

(1) $\sqrt[n]{1+x} \approx 1 + \frac{1}{n}x$；

(2) $\sin x \approx x$（x 用弧度作单位来表达）；

(3) $\tan x \approx x$（x 用弧度作单位来表达）；

(4) $\mathrm{e}^x \approx 1 + x$；

(5) $\ln(1+x) \approx x$.

【例 9】 计算 $\sqrt{1.05}$ 的近似值.

解：已知 $\sqrt[n]{1+x} \approx 1 + \frac{1}{n}x$，故

$$\sqrt{1.05} = \sqrt{1+0.05} \approx 1 + \frac{1}{2} \times 0.05 = 1.025.$$

直接开方的结果是 $\sqrt{1.05} = 1.02470$.

习题 2.6

1. 已知 $y = x^3 - x$，计算在 $x = 2$ 处当 $\Delta x = 0.1$ 时的 Δy 和 $\mathrm{d}y$.

2. 求下列函数的微分.

(1) $y=\sqrt{1+x^2}$　　(2) $y=\tan^2 t$

(3) $y=\frac{1}{2}\arcsin(2x)$　　(4) $y=x\sin x\ln x$

3. 利用微分求由下列方程所确定的函数 $y=y(x)$ 的导数$\frac{dy}{dx}$.

(1) $xy+e^y=e^x$　　(2) $\cos(xy)=y$

(3) $y\sin x-\cos(x-y)=0$　　(4) $y=x+\ln y$

4. 计算下列各式的近似值.

(1) $\arctan 1.02$　　(2) $\sqrt[3]{998}$

复习题二

一、求下列导数与微分

1. 设 $y=\frac{x^2-x+\sqrt{x-1}}{\sqrt{x}}$，求 y'.

2. 设 $y=\frac{x}{1+\sqrt{x}}$，求 y'.

3. 设 $y=\frac{1+x-x^3}{1-x+x^3}$，求 y'.

4. 设 $y=\ln\frac{\tan x}{1-\tan^2 x}$，求 dy.

5. 设 $y=x^x+x^{x^2}$，求 y'.

6. 设 $y=\frac{\sin x}{x}+\frac{x}{\sin x}$，求$y'|_{x=\frac{\pi}{2}}$.

7. 设 $f(x)=(1+x)(1+2x)\cdots(1+nx)$，求 $f'(0)$.

8. 设 $x\sin y+y\cos x=x$，求 y'.

二、求下列函数的 n 阶导数$\frac{d^n y}{dx^n}$

1. $y=xe^{2x}$.

2. $y=\ln(x^2+3x+2)$.

三、过点 $M_0(-2,2)$ 作曲线 $x^2-xy=2y^2$ 的切线，求此切线方程.

四、设 $f(x)$ 在 $x=0$ 可导，且 $f(x)$ 为偶数，求证 $f'(0)=0$.

五、设 $y=f(x^2)$，求$\frac{dy}{dx}$和$\frac{d^2 y}{dx^2}$.

习题与复习题参考答案

习题 2.1

1. (1) a　(2) $-\sin x$　(3) $3x^2$

2. (1) $f'(x_0)$　(2) $2f'(x_0)$　(3) $-f'(x_0)$　(4) $2f'(x_0)$

3. 12

4. $y=\frac{1}{e}x$

5. $y=x+1$，$y=-x+1$

习题 2.2

1. (1) $-3x^{-4}$　(2) $4x-1$　(3) $\frac{1}{\sqrt{x}}+\frac{1}{x^2}+\frac{1}{4\sqrt[4]{x^3}}$

(4) $\ln x+1$　(5) $\theta\cos\theta$　(6) $e^x\sin x+e^x\cos x$

(7) 2，$\frac{5}{2}$，$3-\frac{1}{\sqrt{a}}$　(8) $2\cos t+\sec^2 t$　(9) $-\frac{7}{3}\csc^2 x$

(10) $(3x^2+x^3)e^x$　(11) $\frac{-2}{x-1}$　(12) $-\frac{2e^x}{(1+e^x)^2}$

(13) $-\frac{2}{t(1+\ln t)^2}$

2. (1) 0　(2) $2\pi+\frac{3}{\pi}$

3. $(-1,0)$，$(\frac{1}{3},-\frac{32}{27})$

习题 2.3

1. (1) $-200x(1-x^2)^{99}$　(2) $\frac{x}{(1-x^2)\sqrt{1-x^2}}$

(3) $-3\sec(4-3x)\tan(4-3x)$　(4) $-\frac{\sec^2\frac{1}{x}}{x^2}$

(5) $\frac{4x}{(3+2x^2)\ln 2}$　(6) $\frac{2x^2-x+1}{\sqrt{x^2+1}}$

(7) $\csc x$　(8) $y=6(e^{2x}-\sin 3x)$

(9) $\sin 2x+2x\cos x^2$　(10) $\frac{\arcsin\sqrt{x}}{\sqrt{x-x^2}}$

(11) $\frac{1}{x\ln x\ln(\ln x)}$　(12) $\frac{e^{\arctan x}}{1+x^2}$

(13) $\frac{\sqrt{2}}{2e}$　(14) $-\frac{\pi^2}{2}$

2. (1) $3x^2f'(x^3)$　(2) $f'(\sin x)\cos x-f'(\cos x)\sin x$

习题 2.4

1. (1) $8-\frac{1}{x^2}$　(2) $-\cos x-\sin x$

(3) $2e^{-x}\sin x$ (4) $4e^{2x-1}$

(5) $8\cos(2x+1)e^{2x}$ (6) $\frac{2}{(1+x^2)^2}$

2. (1) $\cos(x+\frac{n\pi}{2})$ (2) $\frac{(-1)^n n!}{(1+x)^{n+1}}$

(3) $a^n e^{ax}$ (4) $(n+x)e^x$

3. 证明（略）

习题 2.5

1. (1) $\frac{1-x-y}{x-y}$ (2) $-\frac{\sin(x+y)}{1+\sin(x+y)}$

(3) $\frac{-2x\sin 2x-y-xye^{xy}}{x^2e^{xy}+x\ln x}$ (4) $\frac{e^{x+y}-y}{x-e^{x+y}}$

(5) $\frac{1+y^2}{2+y^2}$ (6) $\frac{x+y}{x-y}$

2. (1) $(\cos x)^{(1+\sin x)}(\ln\cos x-\tan^2 x)$ (2) $\frac{1}{2\sqrt{x}(1+x)}e^{\arctan\sqrt{x}}$

(3) $y\left(\frac{1}{1+x}+\frac{x}{2+x^2}+\frac{x^2}{3+x^3}\right)$ (4) $x^x(1+\ln x)-\tan x$

(5) $y\left(\frac{1}{x}+\frac{1}{x-1}+\frac{1}{x-2}+\frac{1}{x-3}\right)$

3. $4x+y-5=0$

习题 2.6

1. $\Delta y=1.161$，$dy=1.1$

2. (1) $\frac{x}{\sqrt{1+x^2}}dx$ (2) $2\tan t\sec^2 t\,dt$

(3) $\frac{1}{\sqrt{1-4x^2}}dx$ (4) $(\sin x\ln x+x\cos x\ln x+\sin x)dx$

3. (1) $\frac{e^x-y}{e^y+x}$ (2) $-\frac{y\sin(xy)}{1+x\sin xy}$

(3) $\frac{\sin(x-y)+y\cos x}{\sin(x-y)-\sin x}$ (4) $\frac{y}{y-1}$

4. (1) 0.795 (2) 9.993

复习题二

一、1. $\frac{3}{2}\sqrt{x}-\frac{1}{2\sqrt{x}}+\frac{1}{2x\sqrt{x}}$

2. $\frac{2+\sqrt{x}}{2(1+\sqrt{x})^2}$

3. $\frac{2(1-3x^2)}{(1-x+x^3)^2}$

4. $4\csc 4x\,dx$

5. $(1+\ln x)\cdot x^x+(2\ln x+1)x^{x^2+1}$

6. $1-\frac{4}{\pi^2}$

7. $\frac{n(1+n)}{2}$

8. $\dfrac{1+y\sin x-\sin y}{x\cos y+\cos x}$

二、1. $2^{n-1}(n+2x)e^{2x}$

2. $(-1)^{n-1}(n-1)!\left[\dfrac{1}{(x+1)^n}+\dfrac{1}{(x+2)^n}\right]$

三、$x+y=0$

四、略

五、$\dfrac{dy}{dx}=2xf'(x^2)$，$\dfrac{d^2y}{dx^2}=2f'(x^2)+4x^2f''(x^2)$

第三章

导数的应用

前面一章研究了导数的概念以及导数的计算，本章将利用导数来研究函数在区间上的某些特性，并应用这些特性解决一些实际问题．

第一节　洛必达法则

洛必达法则是以导数为工具求解一些未定式极限的法则．

一、“$\frac{0}{0}$”型和“$\frac{\infty}{\infty}$”型未定式的极限

定义　当$x \to x_0$（或$x \to \infty$）时，函数$F(x)$和$\Phi(x)$都趋向于零（或趋向于∞），则极限$\lim\limits_{\substack{x \to x_0 \\ (x \to \infty)}} \frac{F(x)}{\Phi(x)}$可能存在、也可能不存在，通常称此类型极限为“$\frac{0}{0}$”型（或“$\frac{\infty}{\infty}$”型）未定式．

例如：(1) $\lim\limits_{x \to 0} \frac{\tan x}{x}$是“$\frac{0}{0}$”型的未定式；

(2) $\lim\limits_{x \to +\infty} \frac{x^2}{e^x}$是“$\frac{\infty}{\infty}$”型的未定式．

下面给出一种求未定式极限的有效方法，它主要用于求“$\frac{0}{0}$”型和“$\frac{\infty}{\infty}$”型未定式的极限．

定理　设$F(x)$、$\Phi(x)$满足：

(1) 当$x \to x_0$时，函数$F(x)$和$\Phi(x)$都趋于零；

(2) 在x_0点的某邻域（可以去掉x_0点）内，$F'(x)$和$\Phi'(x)$都存在且$\Phi'(x) \neq 0$；

(3) $\lim\limits_{x \to x_0} \frac{F'(x)}{\Phi'(x)}$存在（或为无穷大），则$\lim\limits_{x \to x_0} \frac{F(x)}{\Phi(x)} = \lim\limits_{x \to x_0} \frac{F'(x)}{\Phi'(x)}$.

这种在一定条件下，通过分子分母分别求导，再求出极限来确定未定式的值的方法，称为**洛必达法则**．

说明：(1) 当 $x\to\infty$时，该法则仍然成立，有 $\lim\limits_{x\to\infty}\dfrac{F(x)}{\Phi(x)}=\lim\limits_{x\to\infty}\dfrac{F'(x)}{\Phi'(x)}$；

(2) 如果 $\lim\limits_{\substack{x\to x_0\\(x\to\infty)}}\dfrac{F'(x)}{\Phi'(x)}$仍属于"$\dfrac{0}{0}$"型（或"$\dfrac{\infty}{\infty}$"型），且 $F'(x)$ 和 $\Phi'(x)$ 满足洛必达法则的条件，可继续使用洛必达法则，即 $\lim\limits_{\substack{x\to x_0\\(x\to\infty)}}\dfrac{F(x)}{\Phi(x)}=\lim\limits_{\substack{x\to x_0\\(x\to\infty)}}\dfrac{F'(x)}{\Phi'(x)}=\lim\limits_{\substack{x\to x_0\\(x\to\infty)}}\dfrac{F''(x)}{\Phi''(x)}=\cdots$；

(3) 对 $x\to x_0$（或 $x\to\infty$）时的未定式"$\dfrac{\infty}{\infty}$"型，也有相应的洛必达法则；

(4) 洛必达法是充分条件.

在应用洛必达法则时，主要检查是否为"$\dfrac{0}{0}$"型与"$\dfrac{\infty}{\infty}$"型，书写的格式可以简化.

【例 1】 求$\lim\limits_{x\to0}\dfrac{\tan x}{x}$.

解：是"$\dfrac{0}{0}$"型

$$\lim_{x\to0}\frac{\tan x}{x}=\lim_{x\to0}\frac{(\tan x)'}{(x)'}=\lim_{x\to0}\frac{\sec^2 x}{1}=1.$$

【例 2】 求 $\lim\limits_{x\to+\infty}\dfrac{\ln x}{x}$.

解：是"$\dfrac{\infty}{\infty}$"型

$$\lim_{x\to+\infty}\frac{\ln x}{x}=\lim_{x\to+\infty}\frac{(\ln x)'}{(x)'}=\lim_{x\to+\infty}\frac{\frac{1}{x}}{1}=0.$$

【例 3】 求 $\lim\limits_{x\to+\infty}\dfrac{\frac{\pi}{2}-\arctan x}{\frac{1}{x}}$.

解：是"$\dfrac{0}{0}$"型

$$\lim_{x\to+\infty}\frac{\frac{\pi}{2}-\arctan x}{\frac{1}{x}}=\lim_{x\to+\infty}\frac{\left(\frac{\pi}{2}-\arctan x\right)'}{\left(\frac{1}{x}\right)'}=\lim_{x\to+\infty}\frac{-\frac{1}{1+x^2}}{-\frac{1}{x^2}}=\lim_{x\to+\infty}\frac{x^2}{1+x^2}=1.$$

【例 4】 求$\lim\limits_{x\to1}\dfrac{x^3-3x+2}{x^3-x^2-x+1}$.

解：是"$\dfrac{0}{0}$"型

$$\lim_{x\to1}\frac{x^3-3x+2}{x^3-x^2-x+1}=\lim_{x\to1}\frac{(x^3-3x+2)'}{(x^3-x^2-x+1)'}=\lim_{x\to1}\frac{3x^2-3}{3x^2-2x-1}=\lim_{x\to1}\frac{6x}{6x-2}=\frac{3}{2}.$$

【例 5】 求 $\lim\limits_{x\to+\infty}\dfrac{x^n}{e^x}$（$n$ 为正整数）.

解：是“$\dfrac{\infty}{\infty}$”型

$$\lim_{x\to+\infty}\frac{x^n}{e^x}=\lim_{x\to+\infty}\frac{nx^{n-1}}{e^x}=\cdots=\lim_{x\to+\infty}\frac{n!}{e^x}=0.$$

说明：洛必达法则可以重复使用，只要是“$\dfrac{0}{0}$”型与“$\dfrac{\infty}{\infty}$”型，就可以继续使用该法则.

【例 6】 求 $\lim\limits_{x\to+\infty}\dfrac{\sqrt{1+x^2}}{x}$.

解：是“$\dfrac{\infty}{\infty}$”型

$$\lim_{x\to+\infty}\frac{\sqrt{1+x^2}}{x}=\lim_{x\to+\infty}\frac{\frac{x}{\sqrt{1+x^2}}}{1}=\lim_{x\to+\infty}\frac{x}{\sqrt{1+x^2}}$$

$$=\lim_{x\to+\infty}\frac{1}{\frac{x}{\sqrt{1+x^2}}}=\lim_{x\to+\infty}\frac{\sqrt{1+x^2}}{x}.$$

说明：经过两次运用洛必达法则，又回到了原来的形式，这表明这道题目洛必达法则失效.实际上，此题很容易计算：

$$\lim_{x\to+\infty}\frac{\sqrt{1+x^2}}{x}=\lim_{x\to+\infty}\sqrt{\frac{1}{x^2}+1}=1.$$

【例 7】 求 $\lim\limits_{x\to0}\dfrac{x-\sin x}{x(e^{x^2}-1)}$.

解：是“$\dfrac{0}{0}$”型

$$\lim_{x\to0}\frac{x-\sin x}{x(e^{x^2}-1)}=\lim_{x\to0}\frac{x-\sin x}{x\cdot x^2}=\lim_{x\to0}\frac{x-\sin x}{x^3}$$

$$=\lim_{x\to0}\frac{1-\cos x}{3x^2}=\lim_{x\to0}\frac{\frac{1}{2}x^2}{3x^2}=\frac{1}{6}.$$

说明：有时洛必达法则与无穷小量等价代换综合使用，效果会更好.

二、其他类型未定式的极限

洛必达法则除了可以用来求“$\dfrac{0}{0}$”型与“$\dfrac{\infty}{\infty}$”型未定式的极限外，还可以用来求“$0\cdot\infty$，$\infty-\infty$，0^0，∞^0，1^∞”型未定式的极限.求这些未定式的极限的

基本方法就是通过适当的变形把它们转化为“$\frac{0}{0}$”型与“$\frac{\infty}{\infty}$”型后再用洛必达法来计算．

【例 8】 求 $\lim\limits_{x\to+\infty} x^{-2}e^x$.

解： 是“$0\cdot\infty$”型

$$\lim_{x\to+\infty} x^{-2}e^x=\lim_{x\to+\infty}\frac{e^x}{x^2}=\lim_{x\to+\infty}\frac{e^x}{2x}=\lim_{x\to+\infty}\frac{e^x}{2}=+\infty.$$

【例 9】 求 $\lim\limits_{x\to0}\left(\frac{1}{\sin x}-\frac{1}{x}\right)$.

解： 是“$\infty-\infty$”型

$$\lim_{x\to0}\left(\frac{1}{\sin x}-\frac{1}{x}\right)=\lim_{x\to0}\frac{x-\sin x}{x\cdot\sin x}=\lim_{x\to0}\frac{x-\sin x}{x\cdot x}=\lim_{x\to0}\frac{1-\cos x}{2x}=\lim_{x\to0}\frac{\frac{1}{2}x^2}{2x}=0.$$

【例 10】 求 $\lim\limits_{x\to0^+} x^x$.

解： 是“0^0”型

$$\lim_{x\to0^+} x^x=\lim_{x\to0^+} e^{x\ln x}=e^{\lim\limits_{x\to0^+} x\ln x}=e^{\lim\limits_{x\to0^+}\frac{\ln x}{\frac{1}{x}}}=e^{\lim\limits_{x\to0^+}\frac{\frac{1}{x}}{-\frac{1}{x^2}}}=e^{\lim\limits_{x\to0^+}(-x)}=e^0=1.$$

小结：（1）洛必达法则是求“$\frac{0}{0}$”型与“$\frac{\infty}{\infty}$”型未定式极限的有效方法，但非未定式极限却不能直接使用，需要转化成“$\frac{0}{0}$”型或“$\frac{\infty}{\infty}$”型才能用，因此在实际运算时，每使用一次洛必达法，必须验证是不是“$\frac{0}{0}$”型和“$\frac{\infty}{\infty}$”型．

（2）将等价无穷小代换等求极限的方法与洛必达法则结合起来使用，可简化计算．

（3）洛必达法则是充分条件，当条件不满足时，未定式的极限需要用其他方法求，但不能说此未定式的极限不存在．

习题 3.1

求下列各题的极限：

1. $\lim\limits_{x\to0}\frac{\ln(1+x)}{\sin x}$

2. $\lim\limits_{x\to0}\frac{e^x-e^{-x}}{\sin x}$

3. $\lim\limits_{x\to+\infty}\frac{x}{e^x}$

4. $\lim\limits_{x\to+\infty}\frac{\ln(e^x+1)}{e^x}$

5. $\lim\limits_{x\to0}\frac{\tan x-x}{x^2\tan x}$

6. $\lim\limits_{x\to0}\left(\cot x-\frac{1}{x}\right)$

7. $\lim\limits_{x\to a}\frac{x^m-a^m}{x^n-a^n}$（$a\neq0$，$m$、$n$ 为整数）

8. $\lim\limits_{x\to0^+}\ln x\ln(1+x)$

9. $\lim\limits_{x\to 0}\left(\dfrac{1}{x}-\dfrac{1}{e^x-1}\right)$　　10. $\lim\limits_{x\to 1}\left(\dfrac{x}{x-1}-\dfrac{1}{\ln x}\right)$

11. $\lim\limits_{x\to 0^+} x\ln x$　　12. $\lim\limits_{x\to 0^+} x^{\sin x}$

第二节　函数的极值

一、函数单调性的判定法

如果函数 $y=f(x)$ 在 $[a,\ b]$ 上单调增加（单调减少），那么它的图形是一条沿 x 轴正向上升（或下降）的曲线，这时曲线上各点切线的倾斜角都是锐角（或钝角），即这时曲线的各点处的切线斜率是非负的（或是非正的），即 $f'(x)\geqslant 0$（或 $f'(x)\leqslant 0$）由此可见，函数的单调性与导数的符号有着密切的关系．反过来，能否用导数的符号来判定函数的单调性呢？

定理 1　设函数 $y=f(x)$ 在 $[a,b]$ 上连续，在 (a,b) 内可导．

(1) 如果在 (a,b) 内 $f'(x)>0$，那么函数 $y=f(x)$ 在 $[a,\ b]$ 上单调增加；

(2) 如果在 (a,b) 内 $f'(x)<0$，那么函数 $y=f(x)$ 在 $[a,\ b]$ 上单调减少．

注意：

(1) 定理中的闭区间可换成其他各种区间，结论同样成立；

(2) 此定理仅仅是函数 $f(x)$ 在区间 $[a,\ b]$ 上单调增加（或单调减少）的充分条件；

(3) 若函数 $f(x)$ 在区间 $[a,\ b]$ 上有 $f'(x)=0$ 恒成立，说明 $f(x)$ 在区间 $[a,\ b]$ 上既不是单调增加也不是单调减少的；

(4) 有些函数在整个定义域内是单调的，但有些函数在它的定义区间内并不是单调的，用导数等于零的点来划分函数的定义区间以后，就可以使函数在各个部分区间上单调，这个结论对于在定义区间上是有连续导数的函数都是成立的，如果函数在某点处不可导，则划分函数的定义区间的分界点还应包括导数不存在的点．

确定函数单调性的一般步骤：

① 确定函数的定义域；

② 求出 $f'(x)=0$ 和 $f'(x)$ 不存在的点，并将这些点作为分界点，把定义域分成若干个子区间；

③ 分区间确 $f'(x)$ 的符号，从而判定出 $f(x)$ 的单调性．

【例 1】　判定函数 $y=x-\sin x$ 在 $(0,\ 2\pi)$ 上的单调性.

解：在 $(0,2\pi)$ 内，$y'=1-\cos x>0$，
由定理可知，函数 $y=x-\sin x$ 在 $(0,2\pi)$ 上单调增加．

【例 2】　讨论函数 $y=e^x-x-1$ 的单调性．

解：由于 $y'=e^x-1$ 且函数 $y=e^x-x-1$ 的定义域为 $(-\infty,\ +\infty)$

令 $y'=0$，得 $x=0$.

在 $(-\infty,0)$ 内，$y'<0$，所以函数 $y=e^x-x-1$ 在 $(-\infty,0)$ 上单调减少；

在 $(0,+\infty)$ 内，$y'>0$，所以函数 $y=e^x-x-1$ 在 $(0,+\infty)$ 上单调增加.

二、函数的极值及其求法

定义 设函数 $f(x)$ 在 x_0 的某一邻域内 $U(x_0,\delta)$ 有定义，如果对于去心邻域 $\mathring{U}(x_0,\delta)$ 内的任意一点 x，恒有

$$f(x)<f(x_0) \quad (\text{或 } f(x)>f(x_0))$$

则称 $f(x_0)$ 是函数 $f(x)$ 的一个**极大值**（或**极小值**），x_0 称为**极大值点**（或**极小值点**）. 函数的极大值与极小值统称为函数的**极值**，极大值点与极小值点统称为函数的**极值点**.

图 3.1 中，x_1、x_4、x_6 是极小值点，x_2、x_5 是极大值点. 从图中可以看出，有的时候极小值会比极大值大，如 $f(x_6)>f(x_2)$，这是因为极值是在一个邻域内的最大值或最小值，而不是在整个所考虑的定义域内的最大值或最小值，即函数的极大值和极小值是局部特性. 如何求解函数的极值呢？只要求出极值点即可. 在图 3.1 中，我们还发现：函数取得极值处，曲线上的切线是水平的，即函数在此点处导数为零，于是有下述定理：

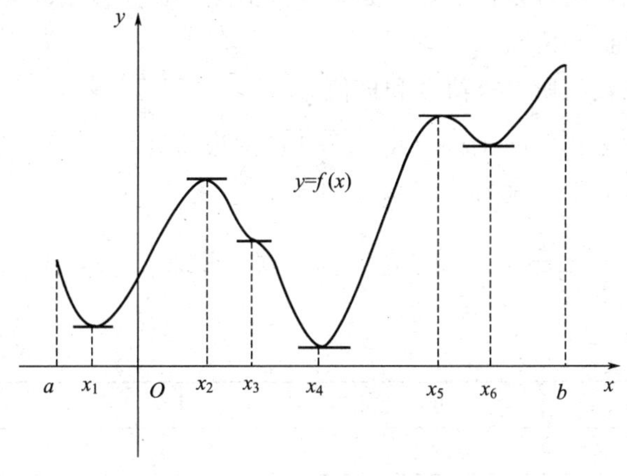

图 3.1

定理 2 （极值点的必要条件）设函数 $f(x)$ 在点 x_0 处可导，且在 x_0 处取得极值，那么函数在 x_0 处的导数为零，即 $f'(x_0)=0$.

说明：(1) 定理 2 的逆定理不一定成立，如图 3.1 中的点 x_3；

(2) 为了区分极值点和导数为零的点，我们把导数为零的点（即方程 $f'(x)=0$ 的实根）称为函数的**驻点**. 定理 2 就是说：可导函数 $f(x)$ 的极值点必定是函数的驻点，但反过来，函数 $f(x)$ 的驻点却不一定是极值点. 例如，函数 $f(x)=x^3$ 在 $x=0$处的情况，显然 $x=0$ 是函数 $f(x)=x^3$ 的驻点，但 $x=0$ 却不是函数 $f(x)=x^3$的极值点. 那么，驻点满足什么条件就是极值点了呢？极值点是不是仅仅在驻点中寻找呢？请看下面的定理：

定理 3 （极值点的第一充分条件）设函数 $f(x)$ 在点 x_0 的一个去心邻域内可导，且 $f'(x_0)=0$ 或 $f'(x_0)$ 不存在.

(1) 当 $x<x_0$ 时，$f'(x)>0$，而当 $x>x_0$ 时，$f'(x)<0$，那么函数 $f(x)$ 在点 x_0 处取得极大值；

(2) 当 $x<x_0$ 时，$f'(x)<0$，而当 $x>x_0$ 时，$f'(x)>0$，那么函数 $f(x)$ 在点 x_0 处取得极小值；

(3) 当 $x<x_0$ 与 $x>x_0$ 时，$f'(x)$ 不变号，那么函数 $f(x)$ 在点 x_0 处没有极值.

定理 3 也可简单地这样说：当 x 在 x_0 的邻近渐增地经过 x_0 时，如果 $f'(x)$ 的符号由正变负，那么 $f(x)$ 在 x_0 处取得极大值；如果 $f'(x)$ 的符号由负变正，那么 $f(x)$ 在 x_0 处取得极小值；如果 $f'(x)$ 的符号并不改变，那么 $f(x)$ 在 x_0 处没有极值.

综上所述，应用定理 3 确定函数极值点和极值的步骤：

(1) 确定函数的定义域；

(2) 求出导数 $f'(x)$，并令 $f'(x_0)=0$，求出函数 $f(x)$ 的全部驻点和不可导点；

(3) 列表（用上述各点将定义域分成若干个子区间，考察各子区间 $f'(x)$ 的符号，以便确定该点是否是极值点，如果是极值点，还要按定理 3 确定对应的函数极值是极大值还是极小值）；

(4) 确定出函数的所有极值点和极值.

【例 3】 求函数 $f(x)=(x-4)\sqrt[3]{(x+1)^2}$ 的极值.

解：(1) 函数的定义域为 $(-\infty,+\infty)$.

(2) $f'(x)=\dfrac{5(x-1)}{3\sqrt[3]{x+1}}$，令 $f'(x_0)=0$，则得驻点 $x=1$，不可导点 $x=-1$.

(3) 列表讨论

x	$(-\infty,-1)$	-1	$(-1,1)$	1	$(1,+\infty)$
$f'(x)$	$+$	不存在	$-$	0	$+$
$f(x)$	↗	极大值 0	↘	极小值 $-3\sqrt[3]{4}$	↗

(4) 极大值为 $f(-1)=0$，极小值为 $f(1)=-3\sqrt[3]{4}$.

定理 4 （极值点的第二充分条件）设函数 $f(x)$ 在点 x_0 处具有二阶导数，且 $f'(x_0)=0$，$f''(x_0)\neq 0$，那么

(1) 当 $f''(x_0)<0$ 时，函数 $f(x)$ 在 x_0 处取得极大值；

(2) 当 $f''(x_0)>0$ 时，函数 $f(x)$ 在 x_0 处取得极小值.

说明：极值点的第二充分条件的适用范围较小，如果函数 $f(x)$ 在驻点 x_0 处的二导数 $f''(x_0)\neq 0$，那么该点 x_0 一定是极值点，并可以按 $f''(x_0)$ 的符来判定 x_0 是极大值点还是极小值点. 但如果 $f''(x_0)=0$，定理 4 就不能应用了；另外，

不可导点也不能用此定理．

【例 4】 求函数 $f(x)=(x^2-1)^3+1$ 的极值．

解：(1) 函数的定义域为 $(-\infty,+\infty)$.

(2) $f'(x)=6x(x^2-1)^2$，令 $f'(x_0)=0$，则得驻点 $x_1=-1$，$x_2=0$，$x_3=1$.

(3) $f''(x)=6(x^2-1)(5x^2-1)$，所以 $f''(0)=6>0$，因此 $f(x)$ 在 $x=0$ 处取得极小值，极小值为 $f(0)=0$，而 $f''(-1)=f''(1)=0$，所以用定理 4 无法判别，而 $f(x)$ 在 $x=-1$ 处的左右邻域内 $f'(x)<0$，所以 $f(x)$ 在 $x=-1$ 处没有极值；同理，$f(x)$ 在 $x=1$ 处也没有极值．

三、函数在闭区间上的最值问题

在工农业生产、工程技术及科学实验中，常常会遇到这样一类问题：在一定条件下，怎样使“产品最多”、“用料最省”、“成本最低”、“效率最高”等问题，这类问题在数学上有时可归结为求某一函数（通常称为“目标函数”）的最大值或最小值问题．

设函数 $f(x)$ 在闭区间 $[a,b]$ 上连续，根据闭区间上连续函数的性质可知，闭区间 $[a,b]$ 上连续的函数 $f(x)$，在 $[a,b]$ 上一定有最大值和最小值．根据分析，函数的最大值、最小值可能出现在区间内部，也可能在区间的端点处取得．如果最大（小）值不在区间的端点取得，则必在开区间 (a,b) 内取得，在这种情况下，最大（小）值一定在函数的极大（小）值中取到．因此，函数在闭区间 $[a,b]$ 上的最大（小）值一定是函数的所有极大（小）值和函数在区间端点的函数值中最大（小）者．

【例 5】 求函数 $f(x)=x^4-2x^2+5$ 在 $[-2,2]$ 上的最大值和最小值．

解：$f'(x)=4x^3-4x=4x(x+1)(x-1)$，令 $f'(x_0)=0$，则 $x=0$，$x=-1$，$x=1$.

由于 $f(-1)=4$；$f(0)=5$；$f(1)=4$；$f(2)=13$；$f(-2)=13$.

因此，函数 $f(x)=x^4-2x^2+5$ 在 $[-2,2]$ 上的最大值为 $f(2)=f(-2)=13$，最小值为 $f(-1)=f(1)=4$.

在解决实际问题中，往往根据问题的性质可以断定函数 $f(x)$ 确实有最大值或最小值，并且一定在定义区间内部取得，这时如果 $f(x)$ 在定义区间内部只有一个驻点 x_0，那么不必讨论 $f(x_0)$ 是否是极值就可断定 $f(x_0)$ 是最大值或最小值．

【例 6】 如图 3.2 所示，工厂铁路线上 AB 段的距离为 100km，工厂 C 距 A 处为 20km，AC 垂直于 AB. 为了运输需要，要在 AB 线上选定一点 D 向工厂修筑一条公路. 已知铁路每公里货运的运费与公路上每公里货运的运费之比 3∶5. 为了使货物从供应站 B 运到工厂 C 的运费最省，问 D 点应选在何处?

解：设 $AD=x$(km)，则 $DB=100-x$(km)，$CD=\sqrt{20^2+x^2}=\sqrt{400+x^2}$(km).

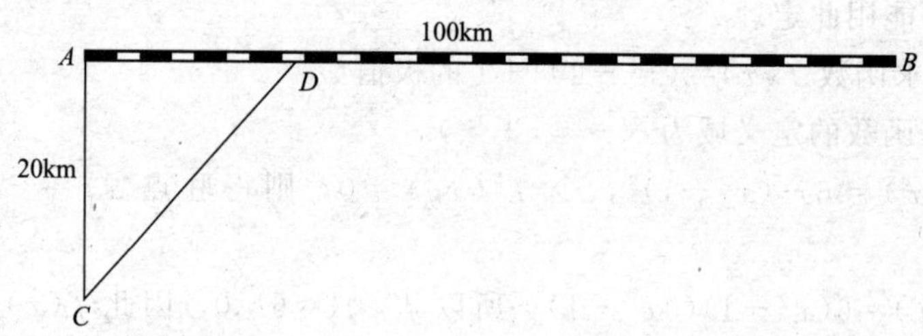

图 3.2

再设从 B 点到 C 点需要的总运费为 y，那么 $y=5k\cdot CD+3k\cdot DB$（设 $3k$ 和 $5k$ 分别为铁路和公路每公里运费，k 是某个正数）

即
$$y=5k\sqrt{400+x^2}+3k(100-x)\quad(0\leqslant x\leqslant 100)$$

于是问题归结为：x 在 $[0,100]$ 内取何值时目标函数 y 的值最小.

先求 y 对 x 的导数：$y'=k\left(\dfrac{5x}{\sqrt{400+x^2}}-3\right)$. 解方程 $y'=0$ 得 $x=15(\text{km})$.

由于 $y|_{x=0}=400k$，$y|_{x=15}=380k$，$y|_{x=100}=500k\sqrt{1+\dfrac{1}{5^2}}$，其中以 $y|_{x=15}=380k$ 为最小，因此当 $AD=x=15(\text{km})$ 时总运费最省.

习题 3.2

1. 求下列函数的单调区间.

（1）$y=x^3-3x^2+5$　　（2）$y=x-\ln(1+x)$

2. 求下列函数的极值点.

（1）$y=2x^3+3x^2-12x+1$　　（2）$y=x+\sqrt{1-x}$

（3）$y=2x^2-\ln x$　　（4）$y=(x+2)^2(x-1)^3$

3. 求下列函数在给定区间上的最值.

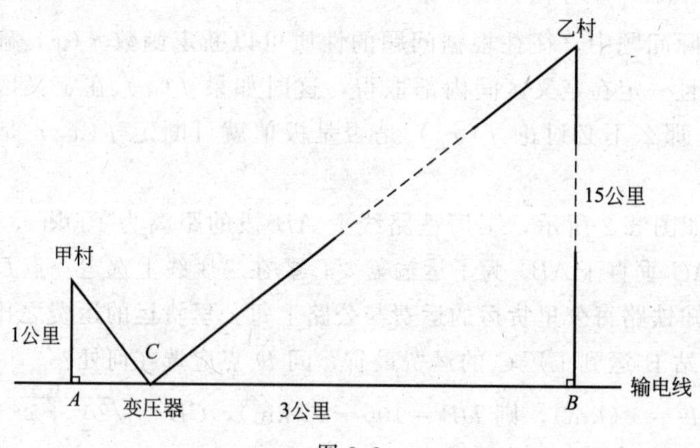

图 3.3

(1) $y=x^2-4x+6$ $[-3, 10]$　　(2) $y=x+\frac{1}{x}$ $\left[\frac{1}{2}, 2\right]$

(3) $y=x+2\sqrt{x}$ $[0, 4]$　　(4) $y=2x^2-\ln x$ $\left[\frac{1}{3}, 3\right]$

4. 如图 3.3 所示，甲、乙两村合用一变压器，若两村用同型号线架设输电线，已知输电线 $AB=3$ 公里，问变压器 C 点设在输电线何处时，所需输电线最短？

第三节　曲线的凹凸性及拐点

一、曲线的凹凸性和拐点

对函数的单调性、极值、最大值与最小值进行了讨论，使我们知道了函数变化的大致情况. 但是，仅仅知道这些还不能比较准确地描绘函数的图形. 因为同属单增的两个可导函数的图形，虽然从左到右曲线都在上升，但它们的弯曲方向却可以不同. 如图 3.4 中的曲线为凹的，而图 3.5 中的曲线为凸的.

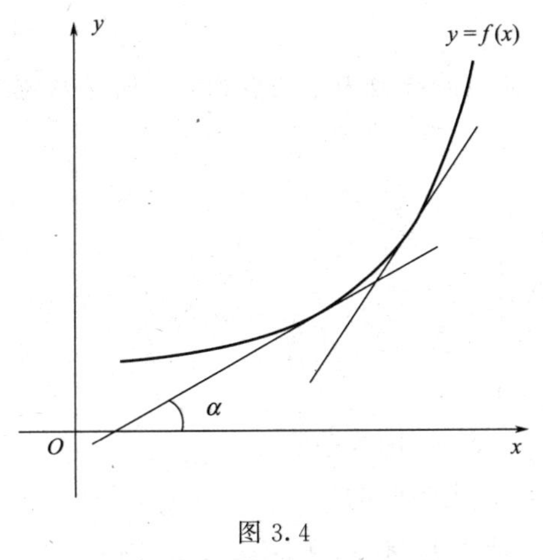

图 3.4

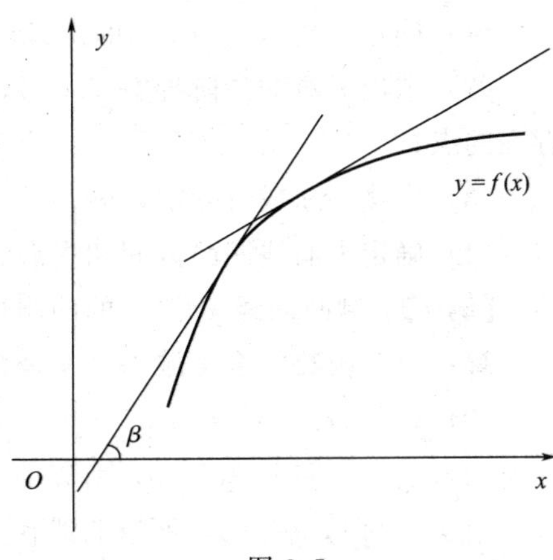

图 3.5

研究曲线的图形时，考虑它们的弯曲状况及改变弯曲方向的点是十分必要的.

定义 1　设函数 $y=f(x)$ 在开区间 (a, b) 内可导.

(1) 若曲线 $y=f(x)$ 都在切线的上方，则称它在 (a, b) 内是凹的，此时区间 (a, b) 称为函数 $y=f(x)$ 的凹区间；

(2) 若曲线 $y=f(x)$ 都在切线的下方，则称它在 (a, b) 内是凸的，此时区间 (a, b) 称为函数 $y=f(x)$ 的凸区间.

定义 2　设函数 $y=f(x)$ 在所考虑的区间内可导，则曲线 $y=f(x)$ 的凹弧与凸弧的分界点称为曲线 $y=f(x)$ 的拐点.

如何判断曲线的凹凸呢？

从图 3.4 和图 3.5 明显看出，凹的曲线的斜率 $\tan\alpha=f'(x)$（其中 α 为切线的倾斜角）随着 x 的增大而增大，即 $f'(x)$ 为单调递增函数；凸的曲线斜率 $f'(x)$ 随着 x 的增大而减小，也就是说，$f'(x)$ 为单调递减函数. 而 $f'(x)$ 的单调性可

由二阶导数 $f''(x)$ 来判定，因此，有下述定理.

定理 1 设函数 $y=f(x)$ 在 $[a,b]$ 上连续，在 (a,b) 内具有一阶和二阶导数，

(1) 如果在 (a,b) 内 $f''(x)>0$，那么函数 $y=f(x)$ 在 (a,b) 内是凹的；

(2) 如果在 (a,b) 内 $f''(x)<0$，那么函数 $y=f(x)$ 在 (a,b) 内是凸的.

定理 2 （拐点的必要条件）若函数 $f(x)$ 在点 x_0 某邻域内二阶导数存在，且 $(x_0,f(x_0))$ 为曲线 $y=f(x)$ 的拐点，则 $f''(x_0)=0$，反之未必成立.

例如，函数 $y=x^4$，有 $y''=12x^2$，且 $y''|_{x=0}=0$，但在 $(-\infty,0)$ 内 $y''=12x^2>0$，在 $(0,+\infty)$ 内 $y''=12x^2>0$，所以曲线 $y=x^4$ 在 $(-\infty,+\infty)$ 内是凹的. 也就是说，虽然 $y''|_{x=0}=0$，但 $(0,0)$ 不是该曲线的拐点.

如何寻找曲线的拐点呢？

定理 3 设函数 $f(x)$ 在点 x_0 某邻域内二阶导数存在，$f''(x_0)=0$，若 $f''(x)$ 在 x_0 点的左、右两侧符号相反，则 $(x_0,f(x_0))$ 是曲线的拐点，若符号相同，则 $(x_0,f(x_0))$ 不是曲线的拐点.

确定曲线 $y=f(x)$ 的凹凸区间和拐点的步骤：

(1) 确定函数 $y=f(x)$ 的定义域；

(2) 求出函数的二阶导数 $f''(x)$，并求出使二阶导数为零的点和使二阶导数不存在的点；

(3) 直接判断或者列表判断；

(4) 确定出曲线凹凸区间和拐点.

【例 1】 判断曲线 $y=x^3$ 的凹凸性及拐点.

解：(1) 函数的定义域是 $(-\infty,+\infty)$.

(2) $y'=3x^2$，$y''=6x$，令 $y''=0$，得 $x=0$.

(3) 当 $x<0$ 时，$y''<0$，所以曲线在 $(-\infty,0)$ 内为凸的；

当 $x>0$ 时，$y''>0$，所以曲线在 $(0,+\infty)$ 内为凹的.

(4) 凸区间为 $(-\infty,0)$，凹区间为 $(0,+\infty)$，拐点 $(0,0)$.

【例 2】 求曲线 $y=\ln(1+x^2)$ 的拐点，并判断曲线在什么区间内是凸的，在什么区间内是凹的.

解：(1) 函数的定义域是 $(-\infty,+\infty)$.

(2) $y'=\dfrac{2x}{1+x^2}$，$y''=\dfrac{2(1-x^2)}{(1+x^2)^2}$.

令 $y''=0$，得 $x=1$，$x=-1$

用点 $x=1$ 和点 $x=-1$ 将定义域分成若干个子区间，考察各子区间 y'' 的符号，以便确定该曲线的凹凸区间以及拐点.

(3) 列表讨论

x	$(-\infty,-1)$	-1	$(-1,1)$	1	$(1,+\infty)$
y''	$-$	0	$+$	0	$-$
y	凸	拐点 $(-1,\ln2)$	凹	拐点 $(1,\ln2)$	凸

(4) 凸区间为 $(-\infty, -1)\cup(1, +\infty)$，凹区间为 $(-1, 1)$，拐点是 $(-1, \ln2)$ 和 $(1, \ln2)$.

【例 3】 讨论曲线 $y=\dfrac{x+1}{x}$ 的凹凸性以及拐点 .

解：(1) 函数的定义域是 $(-\infty,0)\cup(0,+\infty)$.

(2) $y'=-\dfrac{1}{x^2}$，$y''=\dfrac{2}{x^3}$.

令 $y''=0$，无解 .

(3) 列表讨论

x	$(-\infty,0)$	$(0,+\infty)$
y''	$-$	$+$
y	凸	凹

(4) 凸区间为 $(-\infty, 0)$，凹区间为 $(0, +\infty)$，无拐点 .

关于凹凸性及拐点的讨论，可用文字叙述，又可用列表的方法讨论，建议读者使用列表讨论的方法，这样更直观些 .

习题 3.3

1. 求下列曲线的凹凸区间和拐点 .

(1) $y=2x^3+3x^2+x+2$

(2) $y=x+\dfrac{x}{x-1}$

(3) $y=2x^2-x^3$

(4) $y=\dfrac{1}{\sqrt{2\pi}}\mathrm{e}^{\frac{x^2}{2}}$

2. 已知曲线 $y=x^3+ax^2-9x+4$ 在点 $x=1$ 处有拐点，试确定常数 a，并求曲线的拐点和凹凸区间 .

第四节 函数图形的描绘

一、曲线的渐近线

定义 如果曲线 $y=f(x)$ 上的一点沿着曲线远离原点或无限接近间断点时，该点与某条直线的距离趋于零，则称该直线为这条曲线 $y=f(x)$ 的一条渐近线 .

1. 水平渐近线

设曲线 $y=f(x)$ 的定义域为无限区间，如果 $\lim\limits_{x\to\infty}f(x)=b$ (或 $\lim\limits_{x\to+\infty}f(x)=b$ 或 $\lim\limits_{x\to-\infty}f(x)=b$) ($b$ 为常数)，那么直线 $y=b$ 就是曲线 $y=f(x)$ 的一条水平渐近线（平行于 x 轴的直线）.

例如，曲线 $y=\arctan x$ 有两条水平渐近线分别为直线 $y=\frac{\pi}{2}$ 和直线 $y=-\frac{\pi}{2}$.

2. 垂直渐近线

如果 $\lim\limits_{x\to x_0} f(x)=\infty$（或 $\lim\limits_{x\to x_0^+} f(x)=\infty$ 或 $\lim\limits_{x\to x_0^-} f(x)=\infty$），那么直线 $x=x_0$ 就是曲线 $y=f(x)$ 的一条垂直渐近线（垂直于 x 轴的直线）.

例如，曲线 $y=\frac{1}{(x+2)(x-3)}$ 有两条垂直渐近线分别为直线 $x=-2$ 和直线 $y=3$.

二、函数图形的描绘

函数 $y=f(x)$ 图形的描绘，一般步骤如下：

（1）确定函数 $y=f(x)$ 的定义域，对称性、周期性、奇偶性等.

（2）求函数 $y=f(x)$ 的一阶导数 $f'(x)$ 和二阶导数 $f''(x)$；并求解方程 $f'(x)=0$，$f''(x)=0$，以及导数不存在的点；

（3）列表分析，确定曲线的单调性、极值和凹凸性、拐点；

（4）确定曲线的水平渐近线、垂直渐近线；

（5）确定并描出曲线上极值对应的点、拐点、与坐标轴的交点、其他特殊点，补充适当的辅助点；

（6）连接这些点，并用平滑的曲线描绘函数的图形.

【例 1】 描绘函数 $y=\frac{1}{3}x^3-x$ 的图形.

解：（1）函数的定义域为 $(-\infty,+\infty)$，由于 $y(-x)=\frac{1}{3}(-x)^3-(-x)=-\left(\frac{1}{3}x^3-x\right)=-y(x)$，所以 $y=\frac{1}{3}x^3-x$ 是奇函数，图形关于原点对称.

（2）$y'=x^2-1=(x+1)(x-1)$，$y''=2x$，

令 $y'=0$ 得 $x=-1$、$x=1$，

令 $y''=0$ 得 $x=0$.

（3）列表分析：（其中“↗”表示曲线上升而且是凸的，“↘”表示曲线下降而且是凸的，“↘”表示曲线下降而且是凹的，“↗”表示曲线上升而且是凹的）.

x	$(-\infty,-1)$	-1	$(-1,0)$	0	$(0,1)$	1	$(1,+\infty)$
y	$+$	0	$-$	$-$	$-$	0	$+$
y''	$-$	$-$	$-$	0	$+$	$+$	$+$
y	↗	极大值 $\frac{2}{3}$	↘	拐点 $(0,0)$	↘	极小值 $-\frac{2}{3}$	↗

（4）因为当 $x\to+\infty$ 时，$y\to+\infty$；当 $x\to-\infty$ 时，$y\to-\infty$. 故无水平渐近线.

（5）计算辅助点：$\left(-1,\ \frac{2}{3}\right)$，$\left(1,\ \frac{2}{3}\right)$，$(0,\ 0)$，$(-\sqrt{3},\ 0)$，$(\sqrt{3},\ 0)$.

(6) 描点连线，画出图形（图 3.6）.

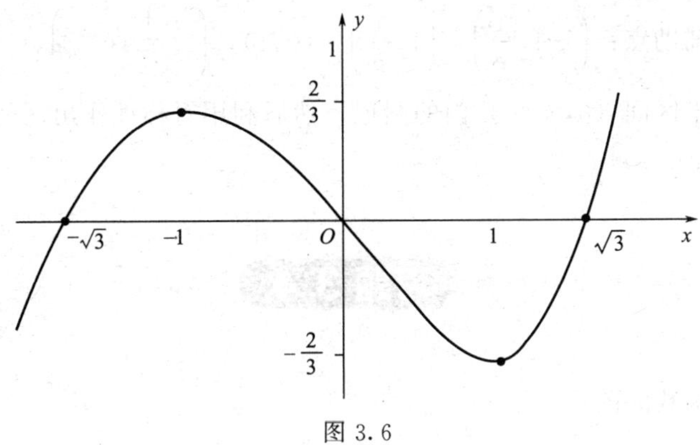

图 3.6

【例 2】 描绘函数 $f(x)=\mathrm{e}^{-x^2}$ 的图形.

解：(1) 函数的定义域为 $(-\infty,+\infty)$，偶函数，图形关于 y 轴对称，且 $y>0$，所以图形在 x 轴上方.

(2) $f'(x)=-2x\mathrm{e}^{-x^2}$，$f''(x)=2(2x^2-1)\mathrm{e}^{-x^2}$.

令 $f'(x)=0$，得；令 $f''(x)=0$，得 $x=\pm\frac{1}{\sqrt{2}}$.

(3) 列表：

x	$\left(-\infty,-\frac{1}{\sqrt{2}}\right)$	$-\frac{1}{\sqrt{2}}$	$\left(-\frac{1}{\sqrt{2}},0\right)$	0	$\left(0,\frac{1}{\sqrt{2}}\right)$	$\frac{1}{\sqrt{2}}$	$\left(\frac{1}{\sqrt{2}},\infty\right)$
$f'(x)$	+	+	+	0	−	−	−
$f''(x)$	+	0	−	−	−	0	+
$f(x)$	↗	拐点 $\left(\frac{-1}{\sqrt{2}},\mathrm{e}^{-\frac{1}{2}}\right)$	↗	极大值 1	↘	拐点 $\left(\frac{1}{\sqrt{2}},\mathrm{e}^{-\frac{1}{2}}\right)$	↘

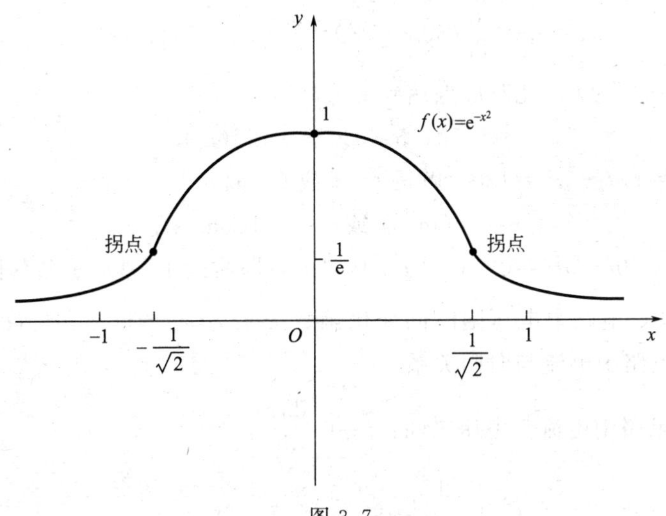

图 3.7

(4) 由于 $\lim\limits_{x\to\infty} e^{-x^2}=0$，所以曲线有水平渐近线 $y=0$.

(5) 计算辅助点：$\left(-1,\frac{1}{e}\right)$，$\left(1,\frac{1}{e}\right)$，$(0,1)$，$\left(-\frac{1}{\sqrt{2}},e^{-\frac{1}{2}}\right)$，$\left(\frac{1}{\sqrt{2}},e^{-\frac{1}{2}}\right)$.

(6) 先作出区间 $(0,+\infty)$ 内的图形，然后利用对称性作出区间 $(-\infty,0)$ 内的图形（图 3.7).

习题 3.4

描绘下列函数的图形．

(1) $y=x^3-3x^2$

(2) $y=\frac{x}{1+x^2}$

(3) $y=\frac{1}{\sqrt{2\pi}}e^{-\frac{x^2}{2}}$

第五节* 导数的其他应用

本节通过实例来讨论导数在物理、机械及经济等方面的应用．

【例 1】 如图 3.8 所示只有重力作用下一质点以 50m/s 的初速度竖直向上运动，质点的运动方程为 $s=50t-5t^2$(m)，试求：

(1) 该质点能达到的最大高度？

(2) 该质点离地面 120m 时的速度是多少？

(3) 何时质点重新落回地面？

解：(1) 根据分析易知，时刻 t 的速度为

$$v=\frac{ds}{dt}=\frac{d}{dt}(50t-5t^2)=-10(t-5)(m/s),$$

当 $t=5$s 时，v 变为 0，此时质点达到最大高度，

$$s=50\times5-5\times5^2=125(m).$$

(2) 令 $s=50t-5t^2=120$，解得 $t=4$ 或 6，故

$$v=10(m/s) 或 v=-10(m/s).$$

(3) 令 $s=50t-5t^2=0$，解得 $t=10$ (s)，即质点 10 秒后重新落回地面．

【例 2】 RC 电路中电压随时间变化函数关系为 $u_C=U_0e^{-\frac{1}{RC}t}$ (U_0，R，C 为常量)，求出电路中电流与时间关系．

解：RC 电路中电流与电压之间：$i=C\frac{du_C}{dt}$，

$$i=C\frac{d}{dt}(U_0e^{-\frac{1}{RC}t})=-\frac{U_0}{R}e^{-\frac{1}{RC}t}.$$

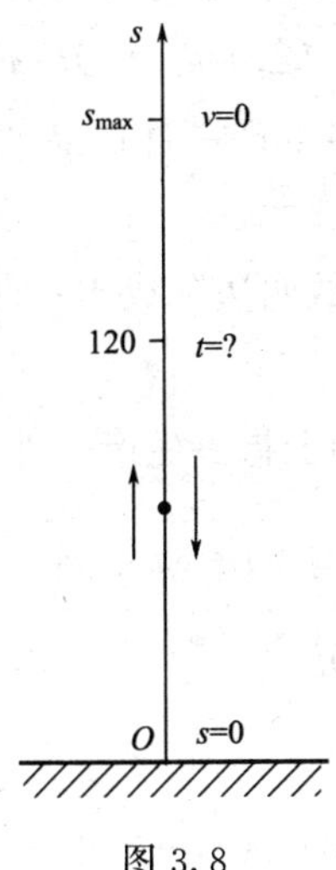

图 3.8

【例 3】 设工件内表面的截线为抛物线 $y=0.4x^2$，如图 3.9 所示，现在要用砂轮磨削其内表面，问用直径多大的砂轮才比较适合？

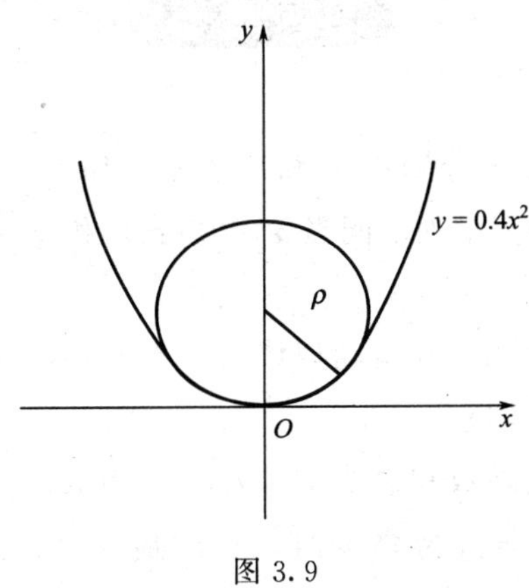

图 3.9

解： 为了在磨削时不使砂轮与工件接触处附近的那些部分工件磨去太多，砂轮的半径应小于或等于抛物线上各点处曲率半径中最小值，由直观可知，抛物线在其顶点的曲率最大，也就是说，抛物线在其顶点处的曲率半径最小，因此，先求出抛物线 $y=0.4x^2$ 在顶点 $O(0,0)$ 处的曲率，由

$$y'=0.8x,\ y'=0.8,$$

而有

$$y'\big|_{x=0}=0,\ y''\big|_{x=0}=0,$$

代入曲率公式

$$k=\left|\frac{\mathrm{d}\alpha}{\mathrm{d}s}\right|=\frac{|y''|}{[1+(y')^2]^{\frac{3}{2}}}=0.8,$$

因而求得抛物线顶点处的曲率半径 $\rho=\dfrac{1}{k}=1.25$.

所以选用砂轮的半径不得超过 1.25 单位长，即直径不得超过 2.50 个单位长．

【例 4】 某产品在生产 8 件到 20 件的情况下，其生产 x 件的成本与销售 x 件的收入分别为 $C(x)=x^3-2x^2+12x$（元）与 $R(x)=x^3-3x^2+10x$（元），某工厂目前每天生产 10 件，试问每天多生产一件产品的成本为多少？每天多销售一件产品而获得的收入为多少？

在经济学中，成本函数的导数叫边际成本；收益函数的导数叫边际收益；利润函数的导数叫边际利润．

解：在每天生产 10 件的基础上再多生产一件的成本为 $C'(10)$：

$$C'(x)=\frac{\mathrm{d}}{\mathrm{d}x}(x^3+2x^2+12x)=3x^2-4x+12,\ C'(10)=272(\text{元}),$$

即多生产一件的附加成本为 272 元．

边际收入为：

$$R'(x)=\frac{\mathrm{d}}{\mathrm{d}x}(x^3-3x^2+10x)=3x^2-6x+10,\quad R'(10)=250(\text{元}),$$

即多销售一件产品而增加的收入为 250 元．

习题 3.5

1. 假设长方形两边之长分别用 x 和 y 表示，如果 x 边以 0.01m/s 的速率减少，y 边以 0.02m/s 的速率增加，问当 $x=20$(m) 和 $y=15$(m) 时，长方形面积 S 的变化速率是多少？

2. 设一质点作简谐运动，其运动规律为 $x=A\sin\omega t$（A、ω 均是常数），求该质点在 t 时刻的速度和加速度．

3. 设某产品的总收益函数和总成本函数分别为 $R(Q)=38Q-4Q^2$，$C(Q)=Q^3-9Q^2+36Q+6$，问产量为多少时，利润最大？（提示利润函数：$L(Q)=C(Q)-R(Q)$）

复习题三

一、填空题

1. $\lim\limits_{x\to+\infty}\dfrac{\ln(1+x)}{e^x}=$ ______________．

2. 函数 $y=x-\ln(1+x)$ 的单调减少区间为______________．

3. 函数 $y=x+\dfrac{4}{x}$ 的凹区间为______________．

4. 函数 $y=x^2+(2-x)^2$ 在 $[0,2]$ 上的最大值点为________，最大值为

________.

5. $y=\dfrac{4(x-1)}{x^2}$的渐近线为________.

二、选择题

1. 下列给定的极限都存在，不能使用洛必达法则的为(　　).

A. $\lim\limits_{x\to\infty}\dfrac{x-\sin x}{x+\sin x}$　　B. $\lim\limits_{x\to 0}\dfrac{x-\sin x}{x+\sin x}$

C. $\lim\limits_{x\to+\infty}x\left(\dfrac{\pi}{2}-\arctan x\right)$　　D. $\lim\limits_{x\to 0}\dfrac{\ln(1+x)}{\tan x}$

2. 若 x_0 是函数 $f(x)$的驻点，则下列命题不正确的是(　　).

A. 函数 $y=f(x)$在点 x_0 处连续

B. 函数 $y=f(x)$在点 x_0 处可导

C. 函数 $y=f(x)$在点 x_0 处有极值

D. 曲线 $y=f(x)$在点(x_0,y_0)处的切线平行于 x 轴

3. 若 x_0 是函数 $f(x)$的极值点，则下列命题正确的是(　　).

A. $f'(x_0)=0$　　B. $f'(x_0)\neq 0$

C. $f'(x_0)=0$ 或 $f'(x_0)$不存在　　D. $f'(x_0)$不存在

4. 曲线 $y=x^3-12x+1$ 在$(0,2)$内(　　).

A. 单调上升　　B. 单调下降

C. 凹的　　D. 凸的

5. 设当 $a<x<b$ 时，$f'(x)<0$ 且 $f''(x)<0$，则在区间(a,b)内，函数 $y=f(x)$的图形为(　　).

A. 沿 x 轴正向下降且为凹的　　B. 沿 x 轴正向下降且为凸的

C. 沿 x 轴正向上升且为凹的　　D. 沿 x 轴正向上升且为凸的

三、解答题

1. 求极限.

(1) $\lim\limits_{x\to+\infty}\dfrac{x^{10}}{e^x}$；　　(2) $\lim\limits_{x\to 0}\dfrac{e^{2x}-2e^x+1}{x^2\cos x}$.

2. 已知函数 $y=\dfrac{(x-1)^3}{2(x+1)^2}$，求函数的增减区间、极值、函数图形的凹凸区间以及拐点.

3. 已知曲线 $y=ax^3+bx^2+cx$ 在点$(1,2)$处有水平切线，且原点为该曲线的拐点，求 a、b、c 的值，并写出此曲线的方程.

4. 要造一个长方形的无盖蓄水池，其体积为 500m^3，底面为正方形，设底面与四壁的单位造价相同，问底边和高各为多少米时，才能使所用材料最省？

5. 描绘函数 $y=x-\ln x$ 的图形.

习题与复习题参考答案

习题 3.1

1. 1　2. 2　3. 0　4. 0　5. $\frac{1}{3}$　6. 0　7. $\frac{m}{n}a^{m-n}$

8. 0　9. $\frac{1}{2}$　10. $\frac{1}{2}$　11. 0　12. 1

习题 3.2

1. (1) 单增区间为$(-\infty,0)\cup(2,+\infty)$，单减区间为$(0,2)$；

(2) 单增区间为$(0,+\infty)$，单减区间为$(-1,0)$.

2. (1) 极大值点为 $x=-2$，极小值点为 $x=1$；

(2) 极大值点为 $x=\frac{3}{4}$，无极小值点；

(3) 极小值点为 $x=\frac{1}{2}$，无极大值点；

(4) 极大值点为 $x=-2$，极小值点为 $x=-\frac{4}{5}$.

3. (1) 最大值为 $y=66$，最小值为 $y=2$；

(2) 最大值为 $y=\frac{5}{2}$，最小值为 $y=2$；

(3) 最大值为 $y=8$，最小值为 $y=0$；

(4) 最大值为 $y=18-\ln 3$，最小值为 $y=\frac{1}{2}+\ln 2$.

4. 当 $AC=\frac{3}{16}\text{km}$ 时，所需输电线最短.

习题 3.3

1. (1) 凸区间为$\left(-\infty,-\frac{1}{2}\right)$，凹区间为$\left(-\frac{1}{2},+\infty\right)$，拐点为$\left(-\frac{1}{2},2\right)$；

(2) 凸区间为$(-\infty,1)$，凹区间为$(1,+\infty)$，无拐点；

(3) 凸区间为$\left(\frac{2}{3},+\infty\right)$，凹区间为$\left(-\infty,\frac{2}{3}\right)$，拐点为$\left(\frac{2}{3},\frac{16}{27}\right)$；

(4) 凸区间为$\left(-\infty,-\frac{1}{2}\right)$，凹区间为$\left(-\frac{1}{2},+\infty\right)$，拐点为$\left(-\frac{1}{2},2\right)$.

2. $a=-3$，拐点为$(1,-7)$，凸区间为$(-\infty,1)$，凹区间为$(1,+\infty)$.

习题 3.4

略

习题 3.5

1. $0.25\text{m}^2/\text{s}$.

2. 速度为 $v(t)=\frac{\mathrm{d}s}{\mathrm{d}t}=A\omega\cos\omega t$，加速度为 $a(t)=\frac{\mathrm{d}^2 s}{\mathrm{d}t^2}=-A\omega^2\sin\omega t$.

3. 当 $Q=3$ 时，利润最大.

复习题三

一、1. 0　2. $(-1,0)$　3. $(0,+\infty)$　4. 最大值点 $x=0$，$x=2$；最大值 4　5. $y=0$

二、1. A　2. C　3. C　4. BC　5. B

三、1. (1)0　(2)1

2. 单调增区间为$(-\infty, -5)\cup(-1, +\infty)$，单调减区间为$(-5, -1)$，极大值为$-\frac{27}{4}$，凹区间为$(1, +\infty)$，凸区间为$(-\infty, -1)\cup(-1, 1)$，拐点为$(1, 0)$.

3. $a=-1$，$b=0$，$c=3$，曲线方程为 $y=3x-x^3$.

4. 当底边为 10m，高为 5m 时，所用材料最省.

5. 略.

第四章 不定积分

通常情况下一种运算的出现都会伴随着它的逆运算，例如，有加法就有减法、有乘法就有除法、有乘方就有开方等等．导数的运算也不例外，它也有逆运算，这就是本章所讲的不定积分．那么，什么是不定积分呢？即给定一个函数 $f(x)$，寻求一个可导函数 $F(x)$，使得它的导数等于所给的函数，即 $F'(x)=f(x)$，这就是积分学的基本问题之一．

第一节 原函数与不定积分的概念

一、原函数的概念

定义 1 设函数 $f(x)$ 在区间 D 上有定义，若存在函数 $F(x)$，使对该区间 D 上的任一点都有

$$F'(x)=f(x)$$

或

$$\mathrm{d}F(x)=f(x)\mathrm{d}x,$$

则称函数 $F(x)$ 为 $f(x)$ 在区间 D 上的一个**原函数**.

【例 1】 求下列函数的一个原函数：(1) $2x$；(2) $\cos x$.

解：(1) 在区间 $(-\infty,+\infty)$ 内，有

$$(x^2)'=2x$$

所以，x^2 是函数 $2x$ 在区间 $(-\infty,+\infty)$ 内的一个原函数；

(2) 在区间 $(-\infty,+\infty)$ 内，有

$$(\sin x)'=\cos x,$$

所以，$\sin x$ 是函数 $\cos x$ 在区间 $(-\infty,+\infty)$ 内的一个原函数.

同时，我们还可以看出：

(1) $(x^2+1)'=2x$，$(x^2+\sqrt{3})'=2x$，…，$(x^2+C)'=2x$（C 为任意常数），所以 x^2+1，$x^2+\sqrt{3}$，…，x^2+C 都是函数 $2x$ 的原函数；

(2) $(\sin x+1)'=\cos x$，$(\sin x+2)'=\cos x$，…，$(\sin x+C)'=\cos x$（C 为任意常数），所以 $\sin x+1$，$\sin x+2$，…，$\sin x+C$ 都是函数 $\cos x$ 的原函数．

由此可以得出**原函数的特征**：

(1) 若函数 $f(x)$有原函数，则其原函数必定有无穷多个；

(2) 若 $F(x)$和 $G(x)$是函数 $f(x)$的两个原函数，则 $G(x)-F(x)=C$(C 为任意常数)，且 $f(x)$的任意一个原函数均可以表示成 $F(x)+C$ 的形式；

(3) 设 C 为任意常数，且 $F(x)$是函数 $f(x)$的一个原函数，则 $F(x)+C$ 是 $f(x)$的全部原函数.

二、不定积分的概念

定义 2 函数 $f(x)$在某区间上的全部原函数 $F(x)+C$(C 为任意常数)称为函数 $f(x)$在该区间上的不定积分. 记作 $\int f(x)\mathrm{d}x$，即

$$\int f(x)\mathrm{d}x=F(x)+C$$

式中，“$\int$”称为积分号；x 称为积分变量；$f(x)$称为被积函数；$f(x)\mathrm{d}x$ 称为被积表达式；C 称为积分常数.

【例 2】 求函数 $f(x)=\sin x$ 的不定积分.

解：因为$(-\cos x)'=\sin x$，所以

$$\int \sin x\,\mathrm{d}x=-\cos x+C$$

【例 3】 求函数 $f(x)=\dfrac{1}{x}$的不定积分.

解：当 $x>0$ 时，因为$(\ln x)'=\dfrac{1}{x}$，所以

$$\int \frac{1}{x}\mathrm{d}x=\ln x+C\ (x>0)$$

当 $x<0$ 时，因为$(\ln(-x))'=\dfrac{1}{-x}\cdot(-1)=\dfrac{1}{x}$，所以

$$\int \frac{1}{x}\mathrm{d}x=\ln(-x)+C\ (x<0)$$

综上可得
$$\int \frac{1}{x}\mathrm{d}x=\ln|x|+C$$

三、不定积分的几何意义

不定积分的几何意义如图 4.1 所示.

设 $F(x)$是 $f(x)$的一个原函数，则 $y=F(x)$在平面上表示一条曲线，称它为 $f(x)$的一条**积分曲线**. 于是 $f(x)$的不定积分表示一族积分曲线，它们是由 $f(x)$的某一条积分曲线沿着 y 轴方向作任意平行移动而产生的所有积分曲线组成的. 显然，族中的每一条积分曲线在具有同一横坐标 x 的点处有互相平行的切线，其斜率都等于 $f'(x)$.

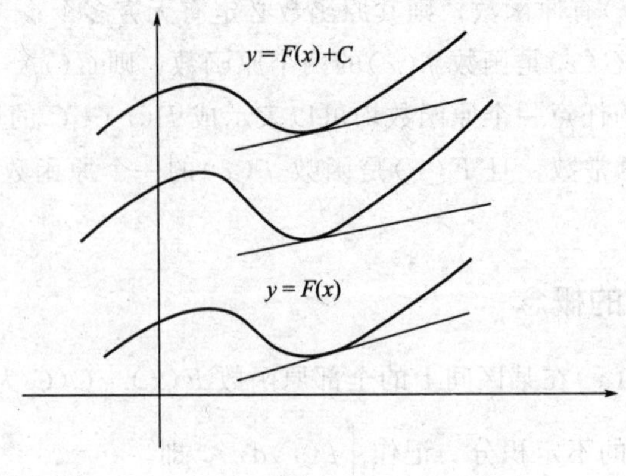

图 4.1

习题 4.1

1. 填空题.

(1) x^5 是________的原函数，故 $\int$ ________ $dx = x^5 + C$；

(2) 设 $f(x)$ 的一个原函数是 $\sin x$，则 $f(x)$ =________；

(3) $\int e^x dx =$ ____________；

(4) $\int \sin x dx =$ ____________；

(5) $\int$ ________ $dx = \arcsin x + C$.

2. 判断下列各式是否成立.

(1) $\int \ln x dx = \frac{1}{x} + C$ (2) $\int x^3 dx = 3x^2 + C$

(3) $\int 2dx = 2x + C$ (4) $\int (\sin x + \cos x) dx = \sin x - \cos x + C$

3. 求下列不定积分.

(1) $\int 1dx$； (2) $\int \frac{1}{1+x^2} dx$；

(3) $\int \sec^2 x dx$； (4) $\int \frac{1}{\sqrt{1-x^2}} dx$.

第二节 积分的基本公式及其性质

通过前一节不定积分概念的学习，对不定积分已经有了初步的了解，本节主要给出基本初等函数的基本积分公式以及不定积分的性质，为后续积分的学习奠定基础.

一、基本积分公式

就运算层面而言“导数”与“微分”运算方法一致，而“微分”与“不定积分”互为逆运算，通过三者运算一般式：

$$F'(x)=f(x)$$

$$\mathrm{d}F(x)=f(x)\mathrm{d}x$$

$$\int f(x)\mathrm{d}x=F(x)+C$$

再结合不定积分的定义，可以把求导的基本公式与积分的基本公式关联起来，得出不定积分的基本公式，列表如下：

导数基本公式	不定积分基本公式
$F'(x)=f(x)$	$\int f(x)\mathrm{d}x=F(x)+C$
(1)$(C)'=0$(C 为常数)	(1) $\int 0\mathrm{d}x=C$ (k 为常数)
(2)$x'=1$	(2) $\int \mathrm{d}x=x+C$
(3) $(kx)'=k$(k 为常数)	(3) $\int k\mathrm{d}x=kx+C$
(4)$(x^a)'=ax^{a-1}+C$	(4) $\int x^a\mathrm{d}x=\frac{1}{a+1}x^{a+1}+C \quad (a\neq-1)$
(5) $(\log_a^x)'=\frac{1}{x\ln a}$	(5) $\int \frac{1}{x\ln a}\mathrm{d}x=\log_a^x+C$
(6)$(\ln x)'=\frac{1}{x}$	(6) $\int \frac{1}{x}\mathrm{d}x=\ln\|x\|+C$
(7)$(a^x)'=a^x\ln a$	(7) $\int a^x\mathrm{d}x=\frac{a^x}{\ln a}+C$
(8) $(\mathrm{e}^x)'=\mathrm{e}^x$	(8) $\int \mathrm{e}^x\mathrm{d}x=\mathrm{e}^x+C$
(9)$(\sin x)'=\cos x$	(9) $\int \cos x\mathrm{d}x=\sin x+C$
(10)$(\cos x)'=-\sin x$	(10) $\int \sin x\mathrm{d}x=-\cos x+C$
(11)$(\tan x)'=\sec^2 x$	(11) $\int \frac{1}{\cos^2 x}\mathrm{d}x=\int \sec^2 x\mathrm{d}x=\tan x+C$
(12)$(\cot x)'=-\csc^2 x$	(12) $\int \frac{1}{\sin^2 x}\mathrm{d}x=\int \csc^2 x\mathrm{d}x=-\cot x+C$
(13)$(\sec x)'=\sec x\tan x$	(13) $\int \sec x\tan x\mathrm{d}x=\sec x+C$

续表

导数基本公式	不定积分基本公式
(14) $(\csc x)'=-\csc x\cot x$	(14) $\int\csc x\cot x\,\mathrm{d}x=-\csc x+C$
(15) $(\arcsin x)'=\frac{1}{\sqrt{1-x^2}}$	(15) $\int\frac{1}{\sqrt{1-x^2}}\mathrm{d}x=\arcsin x+C$
(16) $(\arccos x)'=\frac{-1}{\sqrt{1-x^2}}$	(16) $\int\frac{-1}{\sqrt{1-x^2}}\mathrm{d}x=\arccos x+C$
(17) $(\arctan x)'=\frac{1}{1+x^2}$	(17) $\int\frac{1}{1+x^2}\mathrm{d}x=\arctan x+C$
(18) $(\mathrm{arccot}\,x)'=\frac{-1}{1+x^2}$	(18) $\int\frac{-1}{1+x^2}\mathrm{d}x=\mathrm{arccot}\,x+C$

表格中公式（5）、（16）、（18）通过“导数”、“微分”和“不定积分”三者关系对应得到的不定积分公式可以通过函数公式变形转化为公式（6）、（15）、（17），故在大多数其它教材中不做体现.

【例 1】 讨论 $\int\frac{1}{x\ln a}\mathrm{d}x=\log_a^x+C$ 与 $\int\frac{1}{x}\mathrm{d}x=\ln|x|+C$ 两公式是否可以相互转化.

解： $\int\frac{1}{x\ln a}\mathrm{d}x=\int\frac{1}{x}\frac{1}{\ln a}\mathrm{d}x=\frac{1}{\ln a}\int\frac{1}{x}\mathrm{d}x=\frac{1}{\ln a}\ln|x|+C=\frac{\ln|x|}{\ln a}+C=\log_a^x+C$

对于 $\int\frac{1}{x\ln a}\mathrm{d}x=\frac{1}{\ln a}\ln|x|+C$ 等式两边同时乘以常数 $\ln a$，

有 $\ln a\int\frac{1}{x\ln a}\mathrm{d}x=\ln a\,\frac{1}{\ln a}\ln|x|+\ln aC$，化简后 $\int\frac{1}{x}\mathrm{d}x=\ln|x|+\ln aC$，

由于 C 为任意常数、$\ln a$ 亦为常数，所以 $\ln aC$ 仍为任意常数，可以记为 C，

故此 $\int\frac{1}{x\ln a}\mathrm{d}x=\log_a^x+C$ 与 $\int\frac{1}{x}\mathrm{d}x=\ln|x|+C$ 两公式可以相互转化.

【例 2】 求下列不定积分：(1) $\int x^2\mathrm{d}x$；(2) $\int x^3\sqrt{x}\,\mathrm{d}x$.

解： (1) $\int x^2\mathrm{d}x=\frac{1}{2+1}x^{2+1}+C=\frac{1}{3}x^3+C$

(2) $\int x^3\sqrt{x}\,\mathrm{d}x=\int x^{\frac{7}{2}}\mathrm{d}x=\frac{1}{\frac{7}{2}+1}x^{\frac{7}{2}+1}+C=\frac{2}{9}x^{\frac{9}{2}}+C$

二、不定积分的性质

性质 1 不定积分运算和微分运算（在忽略常数 C 的情况下）是互逆的.

(1) $\left[\int f(x)\mathrm{d}x\right]'=f(x)$ 或 $\mathrm{d}\left[\int f(x)\mathrm{d}x\right]=f(x)\mathrm{d}x$

(2) $\int F'(x)\mathrm{d}x = F(x) + C$ 或 $\int \mathrm{d}F(x) = F(x) + C$

性质 2 非零常数因子可以提到积分号之前，即

$$\int kf(x)\mathrm{d}x = k\int f(x)\mathrm{d}x \ (k\neq 0)$$

性质 3 两个函数代数和的不定积分等于它们不定积分的代数和，即

$$\int [f(x)\pm g(x)]\mathrm{d}x = \int f(x)\mathrm{d}x \pm \int g(x)\mathrm{d}x$$

这一性质可以推广到任意有限个函数代数和的情形，即

$$\int [f_1(x)\pm f_2(x)\pm \cdots \pm f_n(x)]\mathrm{d}x = \int f_1(x)\mathrm{d}x \pm \int f_2(x)\mathrm{d}x \pm \cdots \pm \int f_n(x)\mathrm{d}x$$

【例 3】 求不定积分：(1) $\int\left(\mathrm{e}^x - 3\cos x + \frac{1}{x}\right)\mathrm{d}x$；(2) $\int\left(3^x + \frac{1}{1+x^2}\right)\mathrm{d}x$；(3) $\int (x^4+1)^2\mathrm{d}x$.

解：(1) $\int\left(\mathrm{e}^x - 3\cos x + \frac{1}{x}\right)\mathrm{d}x = \int \mathrm{e}^x\mathrm{d}x - 3\int \cos x\mathrm{d}x + \int \frac{1}{x}\mathrm{d}x$

$= \mathrm{e}^x + C_1 - 3\sin x + C_2 + \ln|x| + C_3$

$= \mathrm{e}^x - 3\sin x_2 + \ln|x| + C$ （其中 $C = C_1 + C_2 + C_3$）

为了简化计算，今后在计算各项积分时，不必分别给出任意常数，只要在最后加一个就行了.

(2) $\int\left(3^x + \frac{1}{1+x^2}\right)\mathrm{d}x = \int 3^x\mathrm{d}x + \int\frac{1}{1+x^2}\mathrm{d}x = \frac{3^x}{\ln 3} + \arctan x + C$

(3) $\int (x^4+1)^2\mathrm{d}x = \int (x^8 + 2x^4 + 1)\mathrm{d}x = \frac{1}{9}x^9 + \frac{2}{5}x^5 + x + C$

习题 4.2

1. 填空题.

(1) $\int 3x\mathrm{d}x =$ ________ (2) $\int \frac{1}{x^2}\mathrm{d}x =$ ________

(3) $\int \sqrt{x}\mathrm{d}x =$ ________ (4) $\int \frac{2}{\sqrt{1-x^2}}\mathrm{d}x =$ ________

(5) 已知 $f'(x) = \frac{1}{1+x^2}$，且 $f(0)=1$，则 $f(x) =$ ________

2. 选择题.

(1) 下列等式成立的是（ ）.

A. $\mathrm{d}\int f(x)\mathrm{d}x = f(x)$ B. $\frac{\mathrm{d}}{\mathrm{d}x}\int f(x)\mathrm{d}x = f(x)\mathrm{d}x$

C. $\frac{\mathrm{d}}{\mathrm{d}x}\int f(x)\mathrm{d}x=f(x)+C$　　　D. $\mathrm{d}\int f(x)\mathrm{d}x=f(x)\mathrm{d}x$

(2) 下列等式成立的是（　）.

A. $\int \ln x\mathrm{d}x=\frac{1}{x}+C$　　　B. $\int x^3\mathrm{d}x=3x^2+C$

C. $\int \mathrm{d}x=x+C$　　　D. $\int \sin x\mathrm{d}x=\cos x+C$

3. 求下列不定积分.

(1) $\int(4x^3+3x^2+2x-1)\mathrm{d}x$　　　(2) $\int\frac{1}{\sqrt{x}}\mathrm{d}x$

(3) $\int\frac{\mathrm{e}^{2x}-1}{\mathrm{e}^x-1}\mathrm{d}x$　　　(4) $\int\left(\frac{2}{\sqrt{1-x^2}}-\frac{3}{1+x^2}\right)\mathrm{d}x$

(5) $\int\frac{x^4-2}{x^2+1}\mathrm{d}x$　　　(6) $\int \mathrm{e}^x\left(1-\frac{\mathrm{e}^{-x}}{x^2}\right)\mathrm{d}x$

(7) $\int\left(3\sin t-\frac{1}{\sin^2 t}\right)\mathrm{d}t$　　　(8) $\int 3^x\mathrm{e}^x\mathrm{d}x$

(9) $\int\frac{x^2+7x+12}{x+4}\mathrm{d}x$

第三节　第一类换元积分法

利用前面介绍的不定积分的基本公式和性质，只能解决一些简单的不定积分的计算问题，为了解决更多较复杂的函数的不定积分问题，还需进一步学习其他的不定积分方法——换元积分法（简称“换元法”）. 本节主要讲解第一类换元积分法（又称为“凑微分法”），下一节再讲解第二类换元积分法（又称为“变量置换法”），它们都是通过中间变量替换，将所求不定积分转换成基本积分公式的形式，从而利用公式将其求解出来.

设 $f(u)$具有原函数 $F(u)$，即 $F'(u)=f(u)$且$\int f(u)\mathrm{d}u=F(u)+C$，又 $u=\varphi(x)$可导，那么 $\mathrm{d}F(u)=f(u)\mathrm{d}u$，从而 $\mathrm{d}F[\varphi(x)]=f[\varphi(x)]\varphi'(x)\mathrm{d}x$，因此

$$\int f[\varphi(x)]\varphi'(x)\mathrm{d}x=\int dF[\varphi(x)]=F[\varphi(x)]+C$$

于是有下面的定理：

定理　设 $f(u)$具有原函数 $F(u)$，$u=\varphi(x)$可导，则

$$\int f[\varphi(x)]\varphi'(x)\mathrm{d}x=\left[\int f(u)du\right]\Big|_{u=\varphi(x)}=F[\varphi(x)]+C$$

注释：定理 1 首先假定了定理公式左端“$\int f[\varphi(x)]\varphi'(x)\mathrm{d}x$”与不定积分基本公式形式不相符合，需要运用微分的运算方法，先把被积表达式“$f[\varphi(x)]\varphi'(x)\mathrm{d}x$”变形为 $f[\varphi(x)]\varphi'(x)\mathrm{d}x=f[\varphi(x)]\mathrm{d}\varphi(x)=f(u)\mathrm{d}u$，即从

$f[\varphi(x)]\varphi'(x)\mathrm{d}x$ 中分出"$\varphi'(x)$"因式与 $\mathrm{d}x$ 结合，凑成 $\mathrm{d}\varphi(x)$（所以第一换元法又称为凑微分法）. 再令 $\varphi(x)=u$，得到与不定积分基本公式相符合的形式"$\int f(u)\mathrm{d}u=F(u)+C$"，利用基本公式求解关于积分变量"$u$"的不定积分结果，最后代回原积分变量"$x$".

从定理中可以看出，当被积函数是一个复合函数乘以一个基本初等函数时，可以考虑此凑微分法，这里的关键是凑微分，为了使大家容易掌握，分几种情况介绍如下：

一、利用 $\mathrm{d}x=\frac{1}{a}\mathrm{d}(ax+b)$（$a$、$b$ 为常数，且 $a\neq 0$）将常数凑微分

【例 1】 求 $\int \sin 2x\,\mathrm{d}x$.

解：和基本积分公式 $\int \sin x\,\mathrm{d}x=-\cos x+C$ 相比较，本题不能直接用公式，又因为 $\sin 2x$ 是一个复合函数，所以为了套用公式，可以将原积分作下列变形

$$\int \sin 2x\,\mathrm{d}x=\frac{1}{2}\int \sin 2x\ \frac{1}{2}\mathrm{d}(2x)\xlongequal{\text{令 } 2x=u}\frac{1}{2}\int \sin u\,\mathrm{d}u$$

$$=-\frac{1}{2}\cos u+C\xlongequal{\text{回代 } u=2x}-\frac{1}{2}\cos 2x+C$$

注释：结果是否正确可以通过求导来验证.

$$\left(-\frac{1}{2}\cos 2x+C\right)'=-\frac{1}{2}(-\sin 2x)\cdot 2=\sin 2x$$

【例 2】 求 $\int (1+2x)^3\mathrm{d}x$.

解：利用基本积分公式 $\int x^a\mathrm{d}x=\frac{1}{a+1}x^{a+1}+C$ ，可以将原积分作下列变形

$$\int (1+2x)^3\mathrm{d}x=\int (1+2x)^3\ \frac{1}{2}\mathrm{d}(1+2x)\xlongequal{\text{令 } 1+2x=u}\frac{1}{2}\int u^3\mathrm{d}u$$

$$=\frac{1}{2}\cdot\frac{1}{4}u^4+C\xlongequal{\text{回代 } u=1+2x}\frac{1}{8}(1+2x)^4+C$$

注释：通过大量做题，熟练计算方法后，可不必设出中间变量 u，运算过程可以简化.

【例 3】 求 $\int \frac{1}{1+x}\mathrm{d}x$.

解：利用基本积分公式 $\int \frac{1}{x}\mathrm{d}x=\ln|x|+C$ ，可以将原积分作下列变形

$$\int \frac{1}{1+x}\mathrm{d}x=\int \frac{1}{1+x}\mathrm{d}(1+x)=\ln|1+x|+C$$

【例 4】 求 (1) $\int \frac{1}{\sqrt{a^2-x^2}}\mathrm{d}x\,(a>0)$ ；(2) $\int \frac{1}{a^2+x^2}\mathrm{d}x\,(a>0)$.

解：(1) 利用基本积分公式 $\int\frac{1}{\sqrt{1-x^2}}\mathrm{d}x=\arcsin x+C$，可以将原积分作下列变形

$$\int\frac{1}{\sqrt{a^2-x^2}}\mathrm{d}x=\int\frac{1}{a\sqrt{1-\left(\frac{x}{a}\right)^2}}\mathrm{d}x=\frac{1}{a}\int\frac{1}{\sqrt{1-\left(\frac{x}{a}\right)^2}}a\,\mathrm{d}\left(\frac{x}{a}\right)=\arcsin\frac{x}{a}+C.$$

(2) 利用基本积分公式 $\int\frac{1}{1+x^2}\mathrm{d}x=\arctan x+C$，可以将原积分作下列变形

$$\int\frac{1}{a^2+x^2}\mathrm{d}x=\int\frac{1}{a^2\left(1+\frac{x^2}{a^2}\right)}\mathrm{d}x=\frac{1}{4}\int\frac{1}{1+\left(\frac{x}{a}\right)^2}a\,\mathrm{d}\left(\frac{x}{a}\right)=\frac{1}{a}\arctan\frac{x}{a}+C.$$

二、利用 $x^n\mathrm{d}x=\frac{1}{(n+1)a}\mathrm{d}(ax^{n+1}+b)(a\neq 0、n\neq -1)$ 将幂函数凑微分

【例 5】 求 $\int x\mathrm{e}^{x^2}\mathrm{d}x$.

解：被积表达式中有 $x\mathrm{d}x$ 因子，且 e^{x^2} 中有 x^2，故可尝试使用 $x\mathrm{d}x=\frac{1}{2}\mathrm{d}x^2$

$$\int x\mathrm{e}^{x^2}\mathrm{d}x=\int\mathrm{e}^{x^2}x\mathrm{d}x=\int\mathrm{e}^{x^2}\frac{1}{2}\mathrm{d}x^2=\frac{1}{2}\int\mathrm{e}^{x^2}\mathrm{d}x^2=\frac{1}{2}\mathrm{e}^{x^2}+C$$

【例 6】 求 $\int x^3(x^4-1)^5\mathrm{d}x$.

解：被积表达式中有 $x^3\mathrm{d}x$ 因子，且 $(x^4-1)^5$ 中有 x^4，故可尝试使用 $x^3\mathrm{d}x=\frac{1}{4}\mathrm{d}(x^4-1)$

$$\int x^3(x^4-1)^5\mathrm{d}x=\int(x^4-1)^5\times\frac{1}{4}\mathrm{d}(x^4-1)=\frac{1}{4}\int(x^4-1)^5\mathrm{d}(x^4-1)$$

$$=\frac{1}{4}\times\frac{1}{6}(x^4-1)^6+C=\frac{1}{24}(x^4-1)^6+C$$

【例 7】 求 $\int\frac{1}{x^2}\sin\frac{1}{x}\mathrm{d}x$.

解：被积表达式中有$\frac{1}{x^2}\mathrm{d}x$ 因子，且 $\sin\frac{1}{x}$ 中有$\frac{1}{x}$，故可尝试使用$\frac{1}{x^2}\mathrm{d}x=-\mathrm{d}\frac{1}{x}$

$$\int\frac{1}{x^2}\sin\frac{1}{x}\mathrm{d}x=\int\left(\sin\frac{1}{x}\right)\cdot\frac{1}{x^2}\mathrm{d}x=\int\left(\sin\frac{1}{x}\right)\cdot\left(-\mathrm{d}\frac{1}{x}\right)=-\int\sin\frac{1}{x}\mathrm{d}\frac{1}{x}=\cos\frac{1}{x}+C$$

三、其它类型函数的凑微分

【例 8】 求 $\int\frac{\cos x}{\sqrt{\sin x}}\mathrm{d}x$.

解：被积表达式中有 $\cos x\mathrm{d}x$ 因子，且 $\frac{1}{\sqrt{\sin x}}$ 中有 $\sin x$，故可尝试使用

$\cos x\,dx = d\sin x$

$$\int \frac{\cos x}{\sqrt{\sin x}}dx = \int \frac{1}{\sqrt{\sin x}} \cdot \cos x\,dx = \int \frac{1}{\sqrt{\sin x}} d\sin x = \int (\sin x)^{-\frac{1}{2}} d\sin x = 2\sqrt{\sin x} + C$$

【例 9】 求 $\int \frac{\ln x}{x}dx$.

解：被积表达式中有 $\frac{1}{x}dx$ 因子，故可尝试使用 $\frac{1}{x}dx = d\ln x$

$$\int \frac{\ln x}{x}dx = \int (\ln x) \cdot \frac{1}{x}dx = \int \ln x\,d\ln x = \frac{1}{2}(\ln x)^2 + C = \frac{1}{2}\ln^2 x + C$$

【例 10】 求 $\int \frac{e^x}{1+e^x}dx$.

解：被积表达式中有 $e^x dx$ 因子，且 $\frac{1}{1+e^x}$ 中有 $1+e^x$ ，故可尝试使用 $e^x dx = d(1+e^x)$

$$\int \frac{e^x}{1+e^x}dx = \int \frac{1}{1+e^x} \cdot e^x dx = \int \frac{1}{1+e^x} d(1+e^x) = \ln|1+e^x| + C = \ln(1+e^x) + C$$

以上例题解题方法都是第一类换元法，为了能够熟练地掌握第一类换元积分法的技巧，下面是比较常见的微分式子，要熟记：

（1）$dx = \frac{1}{a}d(ax+b)$ （a、b 为常数，$a \neq 0$）；

（2）$x\,dx = \frac{1}{2a}d(ax^2+b)$，$x^2dx = \frac{1}{3a}d(ax^3+b)$，$\frac{1}{\sqrt{x}}dx = \frac{2}{a}d(a\sqrt{x}+b)$（$a$、$b$ 为常数，$a \neq 0$）；

（3）$e^x dx = d(e^x)$，$a^x dx = \frac{da^x}{\ln a}$ （$a>0$ 且 $a \neq 1$）；

（4）$\frac{1}{x}dx = d\ln x$；

（5）$\sin x\,dx = -d\cos x$、$\cos x\,dx = d\sin x$；

（6）$\sec^2 x\,dx = d\tan x$，$\csc^2 x\,dx = -d\cot x$；

（7）$\frac{1}{\sqrt{1-x^2}}dx = d(\arcsin x)$，$\frac{1}{1+x^2}dx = d(\arctan x)$.

通过上述练习，不难看出所谓不定积分第一类换元积分法的运用关键在于，求导公式的灵活运用，即打破原有思维惯性，不再从左向右记单向忆求导公式，而是双向记忆求导公式即可.

另：有些积分不容易利用以上微分式子求解出来，但通过将被积函数先作恒等变形，然后利用前面介绍的方法求出积分.

【例 11】 求 $\int \frac{x^2}{1+x^2}dx$.

解：$\int \frac{x^2}{1+x^2}dx = \int \frac{1+x^2-1}{1+x^2}dx = \int \left(1 - \frac{1}{1+x^2}\right)dx = x - \arctan x + C$

【例 12】 求 $\int \frac{1}{a^2-x^2}\mathrm{d}x\ (a>0)$.

解：$\int \frac{1}{a^2-x^2}\mathrm{d}x=\int \frac{1}{(a-x)(a+x)}\mathrm{d}x=\frac{1}{2a}\int\left(\frac{1}{a+x}+\frac{1}{a-x}\right)\mathrm{d}x$

$$=\frac{1}{2a}\left(\int \frac{1}{a+x}\mathrm{d}x+\int \frac{1}{a-x}\mathrm{d}x\right)$$

$$=\frac{1}{2a}(\ln|a+x|-\ln|a-x|)+C=\frac{1}{2a}\ln\left|\frac{a+x}{a-x}\right|+C$$

【例 13】 求 (1) $\int \tan x\,\mathrm{d}x$ ；(2) $\int \sec x\,\mathrm{d}x$.

解：(1) $\int \tan x\,\mathrm{d}x=\int \frac{\sin x}{\cos x}\mathrm{d}x=\int \frac{1}{\cos x}(-\mathrm{d}\cos x)=-\int \frac{1}{\cos x}\mathrm{d}\cos x=-\ln|\cos x|+C$

(2) $\int \sec x\,\mathrm{d}x=\int \frac{1}{\cos x}\mathrm{d}x=\int \frac{\cos x}{\cos^2 x}\mathrm{d}x=\int \frac{1}{1-\sin^2 x}\mathrm{d}\sin x=\frac{1}{2}\ln\left|\frac{1+\sin x}{1-\sin x}\right|+C$

$$=\frac{1}{2}\ln\frac{(1+\sin x)^2}{1-\sin^2 x}+C=\ln\left|\frac{1+\sin x}{\cos x}\right|+C=\ln|\sec x+\tan x|+C$$

同理：$\int \cot x\,\mathrm{d}x=\ln|\sin x|+C$ ；　$\int \csc x\,\mathrm{d}x=\ln|\csc x-\cot x|+C$.

注释：本题结果可以作为公式直接利用，同样在不定积分计算练习过程中遇到的典型例题均可以作为解题辅助手段加以利用.

【例 14】 求 (1) $\int \cos^2 x\,\mathrm{d}x$ ；(2) $\int \cos^3 x\,\mathrm{d}x$.

解：(1) $\int \cos^2 x\,\mathrm{d}x=\int \frac{1+\cos 2x}{2}\mathrm{d}x=\frac{1}{2}\int(1+\cos 2x)\mathrm{d}x$

$$=\frac{1}{2}(x+\frac{1}{2}\sin 2x)+C=\frac{1}{2}x+\frac{1}{4}\sin 2x+C$$

(2) $\int \cos^3 x\,\mathrm{d}x=\int \cos^2 x\cos x\,\mathrm{d}x=\int \cos^2 x\,\mathrm{d}\sin x$

$$=\int(1-\sin^2 x)\mathrm{d}\sin x=\sin x-\frac{1}{3}\sin^3 x+C$$

【例 15】 求 $\int \frac{\cos x-\sin x}{\sin x+\cos x}\mathrm{d}x$.

解：$\int \frac{\cos x-\sin x}{\sin x+\cos x}\mathrm{d}x=\int \frac{(\sin x+\cos x)'}{\sin x+\cos x}\mathrm{d}x=\int \frac{1}{\sin x+\cos x}\mathrm{d}(\sin x+\cos x)$

$$=\ln|\sin x+\cos x|+C$$

上述几道例题用到了不同的求解积分的方法，比如：将被积函数的分子加一项再减去同一项（例 11），被积函数的分子分母同乘以一个函数 [例 13(2)]，将被积函数分离出来一项 [例 14(2)]，被积函数的分子恰好是被积函数的分母的导数的情形（例 15），请读者注意总结方法.

习题 4.3

1. 填空题.

(1) $dx=$ ________ $d(1-3x)$ (2) $x\,dx=$ ________ $d(2-3x^2)$

(3) $x^2dx=$ ________ $d(5+2x^3)$ (4) $x^{-2}dx=$ ________ $d(1-x^{-1})$

(5) $\frac{1}{\sqrt{x}}dx=$ ________ $d(1-\sqrt{x})$ (6) $\frac{1}{x}dx=$ ________ $d(3\ln x+1)$

(7) $\cos 2x\,dx=$ ________ $d(\sin 2x)$ (8) $e^{-x}dx=$ ________ $d(e^{-x})$

(9) $\sec^2 3x\,dx=$ ________ $d(\tan 3x)$ (10) $\csc^2 x\,dx=$ ________ $d(\cot x)$

(11) $\frac{1}{1+25x^2}dx=$ ________ $d(\arctan 5x)$

(12) $\frac{1}{\sqrt{1-9x^2}}dx=$ ________ $d(\arcsin 3x)$

(13) $\frac{1}{1-3x}dx=$ ________ $d(\ln(1-3x))$

(14) $\frac{\ln x}{x}dx=\ln x\,d($ ________ $)$

2. 求下列不定积分.

(1) $\int \sin 3x\,dx$ (2) $\int (3x-2)^5dx$

(3) $\int \cos(1-x)dx$ (4) $\int \frac{1}{(1-x)^2}dx$

(5) $\int x\sin x^2dx$ (6) $\int e^{3x-1}dx$

(7) $\int \frac{1}{1+16x^2}dx$ (8) $\int \frac{1}{\sqrt{4-9x^2}}dx$

(9) $\int \frac{(\arctan x)^2}{1+x^2}dx$ (10) $\int \frac{1}{(\arcsin x)^2\sqrt{1-x^2}}dx$

(11) $\int \frac{1}{\sqrt{5-4x}}dx$ (12) $\int \frac{x^2}{4+x^3}dx$

(13) $\int x\sqrt{2+x^2}\,dx$ (14) $\int \frac{x}{\sqrt{1-x^2}}dx$

(15) $\int \frac{1}{x\ln x}dx$ (16) $\int \frac{1}{x(1+\ln x)}dx$

(17) $\int \sin^3x\cos x\,dx$ (18) $\int \frac{\sin x}{\cos^2 x}dx$

(19) $\int x^2e^{-x^3}dx$ (20) $\int e^x\sin e^x\,dx$

(21) $\int \frac{1}{\sqrt{x}}\sin\sqrt{x}\,\mathrm{d}x$

(22) $\int \frac{1}{\cos^2 x\sqrt{1+\tan x}}\mathrm{d}x$

(23) $\int \frac{\sin x\cos x}{1+\cos^2 x}\mathrm{d}x$

(24) $\int \frac{1}{(x+1)(x+3)}\mathrm{d}x$

(25) $\int \frac{1}{1+x^4}\mathrm{d}x$

(26) $\int \frac{x^2}{1+x}\mathrm{d}x$

(27) $\int \cos^2\frac{x}{2}\mathrm{d}x$

(28) $\int \tan^2 x\,\mathrm{d}x$

(29) $\int \frac{1}{1+\sin x}\mathrm{d}x$

(30) $\int \tan^3 x\,\mathrm{d}x$

第四节　第二类换元积分法

前面的第一类换元积分法是将所求积分先凑成基本积分公式的形式，然后作代换 $u=\varphi(x)$．但有的积分并不是很容易凑出微分，需要一开始就作代换，把所要求解的积分化成简单、易求的积分，把这种换元积分的方法称为**第二类换元积分法**，其思路与第一类换元积分法恰好相反.

假设 $\int g(x)\mathrm{d}x$ 不易积分，可令 $x=\psi(t)$，则

$$\int g(x)\mathrm{d}x=\int g(\psi(t))\mathrm{d}\psi(t)=\int g(\psi(t))\psi'(t)\mathrm{d}t$$

如果积分 $\int g(\psi(t))\psi'(t)\mathrm{d}t$ 比积分 $\int g(x)\mathrm{d}x$ 易于求解，那么就达到目的了，此方法是将原变量 x 换为 $\psi(t)$，得到积分的新变量是 t，所以这种方法又称为**变量置换法**.

第二类换元积分法主要用于被积函数含有根式的积分，通过积分变量代换使被积函数有理化，从而将要求解的积分简单化．积分变量代换方法多样，下面介绍比较多见的两种方法.

一、幂代换法

当被积函数含有根式 $\sqrt[n]{ax+b}$（n 为正整数）时，只需作代换 $\sqrt[n]{ax+b}=t$，就可以将根式有理化去掉根号了，然后再计算积分.

【例 1】 求 $\int \frac{\sqrt{x-1}}{x}\mathrm{d}x$．

解： 令 $\sqrt{x-1}=t$，则 $x=t^2+1$，$\mathrm{d}x=2t\,\mathrm{d}t$

$$\int \frac{\sqrt{x-1}}{x}\mathrm{d}x=\int \frac{t}{t^2+1}2t\,\mathrm{d}t=2\int \frac{t^2}{t^2+1}\mathrm{d}t=2\int \frac{t^2+1-1}{t^2+1}\mathrm{d}t$$

$$=2\int\left(1-\frac{1}{t^2+1}\right)\mathrm{d}t=2t-2\arctan t+C$$

$$=2\sqrt{x-1}-2\arctan\sqrt{x-1}+C$$

【例 2】 求 $\int \frac{1}{\sqrt{x}+\sqrt[3]{x}}\mathrm{d}x$.

解： 被积函数中含有 $\sqrt{x}$ 和 $\sqrt[3]{x}$ 两个根式，令 $\sqrt[6]{x}=t$ 就可以将两个根号同时去掉了，

则 $x=t^6$，$\mathrm{d}x=6t^5\mathrm{d}t$

$$\int \frac{1}{\sqrt{x}+\sqrt[3]{x}}\mathrm{d}x=\int \frac{1}{t^3+t^2}6t^5\mathrm{d}t=6\int \frac{t^3}{t+1}\mathrm{d}t=6\int\left(t^2-t+1-\frac{1}{1+t}\right)\mathrm{d}t$$

$$=6\left(\frac{1}{3}t^3-\frac{1}{2}t^2+t-\ln|1+t|\right)+C=2t^3-3t^2+6t-6\ln|1+t|+C$$

$$=2\sqrt{x}-3\sqrt[3]{x}+6\sqrt[6]{x}-6\ln(1+\sqrt[6]{x})+C$$

二、三角代换法

若被积函数中含有：

(1) $\sqrt{a^2-x^2}$ $(a>0)$，则可作代换 $x=a\sin t$；

(2) $\sqrt{a^2+x^2}$ $(a>0)$，则可作代换 $x=a\tan t$；

(3) $\sqrt{x^2-a^2}$ $(a>0)$，则可作代换 $x=a\sec t$.

【例 3】 求 $\int \sqrt{a^2-x^2}\mathrm{d}x(a>0)$.

解： 令 $x=a\sin t$，$t\in\left[-\frac{\pi}{2},\ \frac{\pi}{2}\right]$，则 $\mathrm{d}x=a\cos t\mathrm{d}t$

$$\int \sqrt{a^2-x^2}\mathrm{d}x=\int \sqrt{a^2-a^2\sin^2 t}\cdot a\cos t\mathrm{d}t=a^2\int \cos^2 t\mathrm{d}t=a^2\int \frac{1+\cos 2t}{2}\mathrm{d}t$$

$$=\frac{a^2}{2}\int(1+\cos 2t)\mathrm{d}t=\frac{a^2}{2}\left(t+\frac{1}{2}\sin 2t\right)+C=\frac{a^2}{2}(t+\sin t\cos t)+C$$

由 $x=a\sin t$ 作直角三角形，见图 4.2，得 $\cos t=\frac{\sqrt{a^2-x^2}}{a}$，回代变量得

$$\int \sqrt{a^2-x^2}\mathrm{d}x=\frac{a^2}{2}\left(\arcsin\frac{x}{a}+\frac{x}{a}\cdot\frac{\sqrt{a^2-x^2}}{a}\right)+C$$

$$=\frac{a^2}{2}\arcsin\frac{x}{a}+\frac{x}{2}\sqrt{a^2-x^2}+C$$

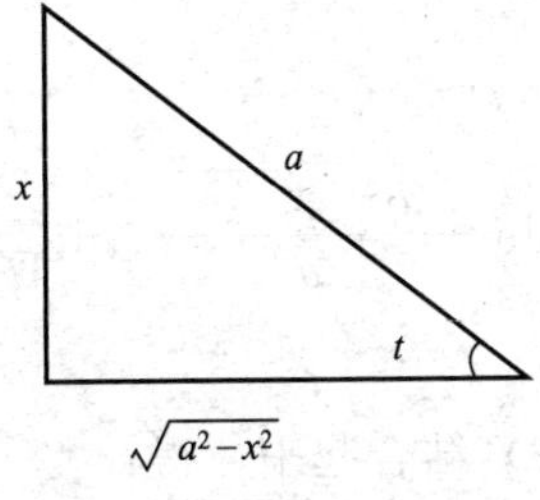

图 4.2

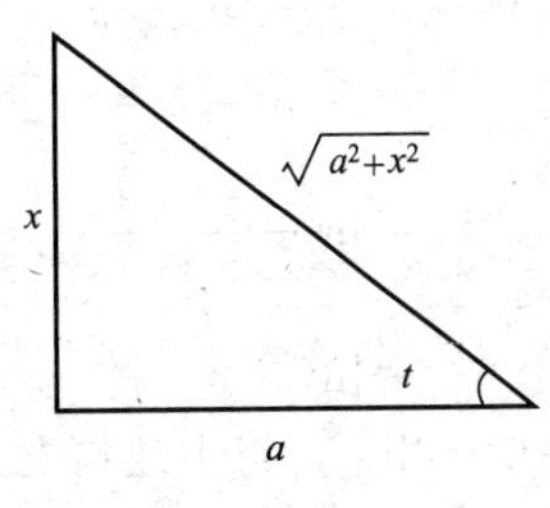

图 4.3

【例 4】 求$\int \frac{1}{\sqrt{a^2+x^2}}dx$ ($a>0$).

解：令 $x=a\tan t$，$t\in\left(-\frac{\pi}{2},\ \frac{\pi}{2}\right)$，见图 4.3，则 $dx=a\sec^2 t dt$

$$\int \frac{1}{\sqrt{a^2+x^2}}dx=\int \frac{a\sec^2 t}{\sqrt{a^2+a^2\tan^2 t}}dt=\int \frac{\sec^2 t}{|\sec t|}dt$$
$$=\int \frac{\sec^2 t}{\sec t}dt=\int \sec t dt$$
$$=\ln|\sec t+\tan t|+C_1$$
$$=\ln\left|\frac{x}{a}+\frac{\sqrt{a^2+x^2}}{a}\right|+C_1$$
$$=\ln(x+\sqrt{a^2+x^2})+C$$

其中 $C=C_1-\ln a$，因为 $x+\sqrt{a^2+x^2}>0$，所以对数内绝对值可以去掉.

【例 5】 求$\int \frac{1}{\sqrt{x^2-a^2}}dx$ ($a>0$).

解：(1) 当 $x>a$ 时，令 $x=a\sec t$，取 $t\in\left(0,\ \frac{\pi}{2}\right)$，见图 4.4，则$dx=a\sec t\tan t dt$

$$\int \frac{1}{\sqrt{x^2-a^2}}dx=\int \frac{a\sec t\tan t}{\sqrt{a^2\sec^2 t-a^2}}dt=\int \frac{\sec t\tan t}{\tan t}dt=\int \sec t dt$$
$$=\ln|\sec t+\tan t|+C_1=\ln(x+\sqrt{x^2-a^2})+C\text{(其中 }C=C_1-\ln a\text{)}$$

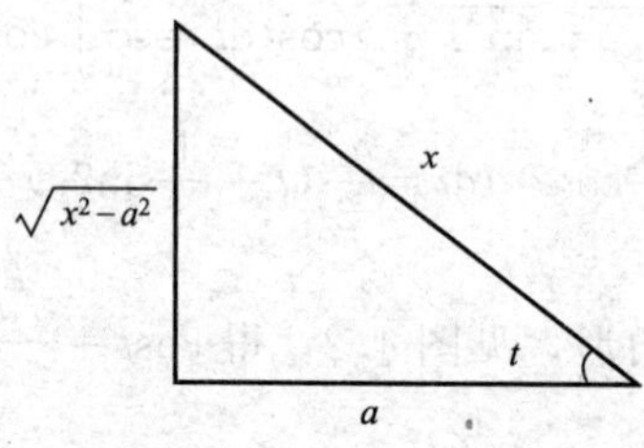

图 4.4

(2) 当 $x<-a$ 时，令 $x=-u$，则 $u>a$，由上述情况结果有：

$$\int \frac{1}{\sqrt{x^2-a^2}}dx=-\int \frac{1}{\sqrt{u^2-a^2}}du=-\ln(u+\sqrt{u^2-a^2})+C$$
$$=-\ln(-x+\sqrt{x^2-a^2})+C$$
$$=\ln\frac{1}{-x+\sqrt{x^2-a^2}}+C=\ln\frac{-x-\sqrt{x^2-a^2}}{a^2}+C$$
$$=\ln(-x-\sqrt{x^2-a^2})+C_2$$

其中 $C_2=C-2\ln a$，将上述情况 (1)、(2) 结合起来，得：

$$\int \frac{1}{\sqrt{x^2-a^2}}dx=\ln|x+\sqrt{x^2-a^2}|+C.$$

注意：第一类换元积分法应先进行凑微分，然后再换元，计算时可省略换元过程；第二类换元积分法必须先进行换元，且计算时不可省略换元过程及最后结果必须要回代原来的积分变量.

习题 4.4

求下列不定积分.

1. $\int \frac{\sqrt{x}}{\sqrt{x}-1}\mathrm{d}x$　　2. $\int \frac{1}{\sqrt[3]{x}+1}\mathrm{d}x$　　3. $\int x\sqrt{x+1}\,\mathrm{d}x$

4. $\int \sqrt{1-x^2}\,\mathrm{d}x$　　5. $\int \frac{1}{\sqrt{1+x^2}}\mathrm{d}x$　　6. $\int \frac{1}{x^2\sqrt{x^2-1}}\mathrm{d}x$

第五节　分部积分法

前面介绍的不定积分的基本公式和换元积分法，是非常重要的积分方法. 但是，有些看似很简单的积分，如 $\int \ln x\,\mathrm{d}x$ 、$\int x\cos x\,\mathrm{d}x$ 、$\int x\mathrm{e}^x\,\mathrm{d}x$ ，用前面的方法难以求解. 为此本节将利用两个函数乘积的求导公式，推导出解决这类积分的计算积分的方法——**分部积分法**.

设函数 $u=u(x)$，$v=v(x)$具有连续的导数，由微分公式

$$\mathrm{d}(uv)=u\mathrm{d}v+v\mathrm{d}u$$

或

$$\mathrm{d}(uv)=uv'\mathrm{d}x+vu'\mathrm{d}x$$

移项、两边积分，则有分部积分公式：

$$\boxed{\int u\mathrm{d}v=uv-\int v\mathrm{d}u}$$

或

$$\boxed{\int uv'\mathrm{d}x=uv-\int u'v\mathrm{d}x}$$

上述公式称为**分部积分公式**. 如果公式中等式右边的积分比等式左边的容易计算，那么使用此公式就有意义了. 为了使大家容易掌握，下面介绍几种比较常见的被积表达式的类型可以很容易地利用分部积分求解出来，分几种情况介绍（假设$P(x)$是幂函数).

一、被积表达式为 $P(x)\sin x\mathrm{d}x$ 或 $P(x)\cos x\mathrm{d}x$ 形式

【例 1】 求 $\int x\cos x\,\mathrm{d}x$.

解：$\int x\cos x\,dx=\int x\,d\sin x=x\sin x-\int\sin x\,dx$

$$=x\sin x+\cos x+C$$

注意：如果第一步凑为$\int x\cos x\,dx=\frac{1}{2}\int\cos x\,dx^2$会出现什么情况，读者不妨试一试．

注释：当被积表达式为$P(x)\sin x\,dx$或$P(x)\cos x\,dx$形式时，可以将被积表达式分别凑微分为$-P(x)d\cos x$或$P(x)d\sin x$．

二、被积表达式为 P(x)e^x dx 形式

【例 2】 求$\int x^2e^x\,dx$．

解：
$$\int x^2e^x\,dx=\int x^2\,de^x=x^2e^x-\int e^x\,dx^2$$
$$=x^2e^x-2\int xe^x\,dx=x^2e^x-2\int x\,de^x$$
$$=x^2e^x-2(xe^x-\int e^x\,dx)$$
$$=x^2e^x-2xe^x+2e^x+C$$

注释：(1) 通过求解此例题可知，同一道例题可以重复使用分部积分公式；(2) 当被积表达式为$P(x)e^x\,dx$时，可以将被积表达式凑微分为$P(x)de^x$．

三、被积表达式为 P(x)lnxdx 形式

【例 3】 求$\int\ln x\,dx$．

解：$\int\ln x\,dx=x\ln x-\int x\,d\ln x=x\ln x-\int x\cdot\frac{1}{x}dx$

$$=x\ln x-x+C$$

【例 4】 求$\int x^4\ln x\,dx$．

解：
$$\int x^4\ln x\,dx=\int\ln x\,d\left(\frac{1}{5}x^5\right)=\frac{1}{5}\int\ln x\,d(x^5)=\frac{1}{5}(x^5\ln x-\int x^5\,d\ln x)$$
$$=\frac{1}{5}(x^5\ln x-\int x^5\cdot\frac{1}{x}dx)=\frac{1}{5}(x^5\ln x-\int x^4\,dx)$$
$$=\frac{1}{5}(x^5\ln x-\frac{1}{5}x^5)+C=\frac{1}{5}x^5\ln x-\frac{1}{25}x^5+C$$

注释：当被积表达式为$P(x)\ln x\,dx$时，可以先将$P(x)dx$凑微分，比如$x^2\ln x\,dx=\frac{1}{3}\ln x\,dx^3$．

四、被积表达式为 P(x) arcsinxdx、P(x) arccosxdx、P(x) arctanxdx 或 P(x)arccotxdx 形式

【例 5】 求 $\int x\arctan x\,\mathrm{d}x$.

解： $\int x\arctan x\,\mathrm{d}x=\frac{1}{2}\int \arctan x\,\mathrm{d}x^2=\frac{1}{2}(x^2\arctan x-\int x^2\mathrm{d}\arctan x)$

$$=\frac{1}{2}(x^2\arctan x-\int\frac{x^2}{1+x^2}\mathrm{d}x)$$

$$=\frac{1}{2}(x^2\arctan x-\int\frac{1+x^2-1}{1+x^2}\mathrm{d}x)$$

$$=\frac{1}{2}[x^2\arctan x-(x-\arctan x)]+C$$

$$=\frac{1}{2}x^2\arctan x-\frac{1}{2}x+\frac{1}{2}\arctan x+C$$

注释： 当被积表达式为 $P(x)\arcsin x\,\mathrm{d}x$、$P(x)\arccos x\,\mathrm{d}x$、$P(x)\arctan x\,\mathrm{d}x$ 或 $P(x)\mathrm{arccot}x\,\mathrm{d}x$ 形式时，可以先将 $P(x)\mathrm{d}x$ 凑微分，比如 $x^2\arcsin x\,\mathrm{d}x=\frac{1}{2}\arcsin x\,\mathrm{d}x^2$.

五、被积表达式为 e^{ax}sinbxdx 或 e^{ax}cosbxdx 形式

【例 6】 求 $\int \mathrm{e}^x\cos x\,\mathrm{d}x$.

解： $\int \mathrm{e}^x\cos x\,\mathrm{d}x=\int\cos x\,\mathrm{d}\mathrm{e}^x=\mathrm{e}^x\cos x-\int\mathrm{e}^x\mathrm{d}\cos x$

$$=\mathrm{e}^x\cos x+\int\mathrm{e}^x\sin x\,\mathrm{d}x$$

$$=\mathrm{e}^x\cos x+\int\sin x\,\mathrm{d}\mathrm{e}^x$$

$$=\mathrm{e}^x\cos x+(\mathrm{e}^x\sin x-\int\mathrm{e}^x\mathrm{d}\sin x)$$

$$=\mathrm{e}^x\cos x+\mathrm{e}^x\sin x-\int\mathrm{e}^x\cos x\,\mathrm{d}x$$

右边出现了与左边相同的积分，移项得

$$2\int\mathrm{e}^x\cos x\,\mathrm{d}x=\mathrm{e}^x\cos x+\mathrm{e}^x\sin x+C_1$$

$$\int\mathrm{e}^x\cos x\,\mathrm{d}x=\frac{1}{2}\mathrm{e}^x(\cos x+\sin x)+C\text{（其中 }C=\frac{1}{2}C_1\text{）}$$

注释： 当被积表达式为 $\mathrm{e}^{ax}\sin bx\,\mathrm{d}x$ 或 $\mathrm{e}^{ax}\cos bx\,\mathrm{d}x$ 形式时，可以将被积表达式分别凑微分为 $-\frac{1}{b}\mathrm{e}^{ax}\mathrm{d}(\cos bx)$ 或 $\frac{1}{b}\mathrm{e}^{ax}\mathrm{d}(\sin bx)$，还可以分别凑微分为 $\frac{1}{a}\sin bx\,\mathrm{d}\mathrm{e}^{ax}$ 或 $\frac{1}{a}\sin bx\,\mathrm{d}\mathrm{e}^{ax}$. 有时候需要换元积分法与分部积分法结合使用求解不定积分.

【例 7】 求$\int\cos\sqrt{x}\,\mathrm{d}x$.

解：令$\sqrt{x}=t$，则 $x=t^2$，$\mathrm{d}x=2t\,\mathrm{d}t$

$$\begin{aligned}\int\cos\sqrt{x}\,\mathrm{d}x&=\int\cos t\cdot 2t\,\mathrm{d}t=2\int t\cos t\,\mathrm{d}t\\&=2\int t\,\mathrm{d}\sin t=2\left(t\sin t-\int\sin t\,\mathrm{d}t\right)=2t\sin t+2\cos t+C\\&=2\sqrt{x}\sin\sqrt{x}+2\cos\sqrt{x}+C\end{aligned}$$

习题 4.5

1. 求下列不定积分 .

(1) $\int x\sin x\,\mathrm{d}x$　　(2) $\int x\cos 2x\,\mathrm{d}x$　　(3) $\int x\mathrm{e}^{2x}\,\mathrm{d}x$

(4) $\int x^2\cos x\,\mathrm{d}x$　　(5) $\int\ln(1+x)\,\mathrm{d}x$　　(6) $\int\ln^2 x\,\mathrm{d}x$

(7) $\int\arcsin x\,\mathrm{d}x$　　(8) $\int\mathrm{e}^x\sin x\,\mathrm{d}x$　　(9) $\int\mathrm{e}^{\sqrt{x}}\,\mathrm{d}x$

2. 设 e^{-x} 是函数 $f(x)$ 的一个原函数，求$\int xf(x)\,\mathrm{d}x$.

复习题四

一、填空题

1. $\int\frac{1}{1+x^2}\mathrm{d}x=$________；$\int\frac{x}{1+x^2}\mathrm{d}x=$________；$\int\frac{x^2}{1+x^2}\mathrm{d}x=$________；

2. $\int\frac{1}{1-x}\mathrm{d}x=$________；$\int\frac{x}{1-x}\mathrm{d}x=$________；$\int\frac{x^2}{1-x}\mathrm{d}x=$________；

3. $\int\mathrm{e}^x\,\mathrm{d}x=$________；$\int x\mathrm{e}^x\,\mathrm{d}x=$________；$\int x\mathrm{e}^{x^2}\,\mathrm{d}x=$________；

4. 若 $uv=x\sin x$，$\int u'v\,\mathrm{d}x=\cos x+C$，则$\int uv'\,\mathrm{d}x=$________；

5. $\int$________________$\mathrm{d}x=x\mathrm{e}^x+C$；

6. 设 $f'(x)=1$，且 $f(0)=0$，则$\int f(x)\,\mathrm{d}x=$________；

7. 若 $f'(x)(1+x)^2=1$，且 $f(0)=4$，则 $f(x)=$________；

8. 若 $F'(x)=f(x)$，则$\int\sin x f(\cos x)\,\mathrm{d}x=$________；

9. 设 $f(x)$ 是连续函数，且$\int f(x)\mathrm{d}x=F(x)+C$，则$\int F(x)f(x)\mathrm{d}x=$

________;

10. 一曲线经过点(1,0)，且在其上任一点 x 处的切线斜率为 $3x^2$，则此曲线方程为________.

二、选择题

1. 下列函数中，(　　) 是函数 $\cos\dfrac{2}{3}x$ 的原函数.

A. $\dfrac{3}{2}\sin\dfrac{2}{3}x$　　B. $\dfrac{2}{3}\sin\dfrac{2}{3}x$　　C. $\dfrac{3}{2}\sin\dfrac{3}{2}x$　　D. $\dfrac{2}{3}\sin\dfrac{3}{2}x$

2. 若 $F(x)$、$G(x)$ 都是函数 $f(x)$ 的原函数，设 C 为非零常数，则必有(　　).

A. $F(x)=G(x)$　　B. $F(x)=CG(x)$

C. $F(x)=G(x)+C$　　D. $F(x)=\dfrac{1}{C}G(x)$

3. 下列等式成立的是(　　).

A. $\int x^a \mathrm{d}x=\dfrac{1}{a+1}x^{a+1}+C(a\neq -1)$　　B. $\int \arctan x \mathrm{d}x=\dfrac{1}{1+x^2}+C$

C. $\int \sin x \mathrm{d}x=\cos x+C$　　D. $\int a^x \mathrm{d}x=\dfrac{a^x}{\ln x}+C$

4. 函数 $f(x)=\mathrm{e}^{-x}$ 的不定积分为(　　).

A. e^{-x}　　B. $-\mathrm{e}^{-x}$　　C. $\mathrm{e}^{-x}+C$　　D. $-\mathrm{e}^{-x}+C$

5. $\int \cos 2x \mathrm{d}x=$(　　).

A. $\sin x\cos x+C$　　B. $-\dfrac{1}{2}\sin 2x+C$

C. $2\sin 2x+C$　　D. $\sin 2x+C$

6. $\int \dfrac{1}{\sqrt{1-9x^2}}\mathrm{d}x=$(　　).

A. $\arcsin 3x+C$　　B. $\arcsin\dfrac{x}{3}+C$

C. $\dfrac{1}{3}\arcsin 3x+C$　　D. $3\arcsin\dfrac{x}{3}+C$

7. 设 $f'(x)$存在且连续，则 $\left[\int \mathrm{d}f(x)\right]'=$(　　).

A. $f(x)$　　B. $f'(x)$　　C. $f'(x)+C$　　D. $f(x)+C$

8. 设 $f(x)=\mathrm{e}^{-x}$，则 $\int \dfrac{f'(\ln x)}{x}\mathrm{d}x=$(　　).

A. $-\dfrac{1}{x}+C$　　B. $\dfrac{1}{x}+C$　　C. $-\ln x+C$　　D. $\ln x+C$

9. 若 $\int f(x)\mathrm{d}x=x^2+C$，则 $\int xf(1-x^2)\mathrm{d}x=$(　　).

A. $2(1-x^2)^2+C$　　B. $-2(1-x^2)^2+C$

C. $\frac{1}{2}(1-x^2)^2+C$　　D. $-\frac{1}{2}(1-x^2)^2+C$

10. $\int \frac{f'(x)}{1+[f(x)]^2}\mathrm{d}x=($　　$)$.

A. $\ln|1+f(x)|+C$　　B. $\frac{1}{2}\ln|1+[f(x)]^2|+C$

C. $\arctan[f(x)]+C$　　D. $\frac{1}{2}\arctan[f(x)]+C$

三、求下列不定积分

1. $\int(5-2x)^9\mathrm{d}x$　　2. $\int\frac{x^2}{x^3-2}\mathrm{d}x$

3. $\int\frac{\tan x}{\cos^2 x}\mathrm{d}x$　　4. $\int\frac{\cos x}{3+4\sin x}\mathrm{d}x$

5. $\int\frac{\sin x+\cos x}{(\sin x-\cos x)^3}\mathrm{d}x$　　6. $\int\frac{1}{x^2-x-6}\mathrm{d}x$

7. $\int x\sqrt[4]{2x+3}\,\mathrm{d}x$　　8. $\int\frac{1}{x^2\sqrt{x^2+3}}\mathrm{d}x$

9. $\int(x-1)\mathrm{e}^x\mathrm{d}x$　　10. $\int\frac{\ln x}{x^3}\mathrm{d}x$

习题与复习题参考答案

习题 4.1

1. (1) $5x^4$，$5x^4$　(2) $\cos x$　(3) e^x+C　(4) $-\cos x+C$　(5) $\frac{1}{\sqrt{1+x^2}}$

2. (1) 不成立　(2) 不成立　(3) 成立　(4) 成立

3. (1) $x+C$　(2) $\arctan x+C$　(3) $\tan x+C$　(4) $\arcsin x+C$

习题 4.2

1. (1) $\frac{3}{2}x^2+C$　(2) $-\frac{1}{x}+C$　(3) $\frac{2}{3}x^{\frac{3}{2}}+C$　(4) $2\arcsin x+C$　(5) $\arctan x+4$

2. (1) D　(2) C

3. (1) $x^4+x^3+x^2-x+C$　(2) $2\sqrt{x}+C$　(3) e^x+x+C

(4) $2\arcsin x-3\arctan x+C$　(5) $\frac{1}{3}x^3-x-\arctan x+C$　(6) $\mathrm{e}^x+\frac{1}{x}+C$

(7) $-3\cos t+\cot t+C$　(8) $\frac{3^x\mathrm{e}^x}{1+\ln 3}+C$　(9) $\frac{1}{2}x^2+3x+C$

习题 4.3

1. (1) $-\frac{1}{3}$　(2) $-\frac{1}{6}$　(3) $\frac{1}{6}$　(4) 1　(5) -2　(6) $\frac{1}{3}$　(7) $\frac{1}{2}$

(8) -1　(9) $\frac{1}{3}$　(10) -1　(11) $\frac{1}{5}$　(12) $\frac{1}{3}$　(13) $-\frac{1}{3}$　(14) $\ln x$

2. (1) $-\frac{1}{3}\cos 3x+C$ (2) $\frac{1}{18}(3x-2)^6+C$ (3) $-\sin(1-x)+C$

(4) $\frac{1}{1-x}+C$ (5) $-\frac{1}{2}\cos x^2+C$ (6) $\frac{1}{3}e^{3x-1}+C$

(7) $\frac{1}{4}\arctan 4x+C$ (8) $\frac{1}{3}\arcsin\frac{3}{2}x+C$ (9) $\frac{1}{3}(\arctan x)^3+C$

(10) $-\frac{1}{\arcsin x}+C$ (11) $-\frac{1}{2}\sqrt{5-4x}+C$ (12) $\frac{1}{3}\ln|4+x^3|+C$

(13) $\frac{1}{3}(2+x^2)^{\frac{3}{2}}+C$ (14) $-\sqrt{1-x^2}+C$ (15) $\ln|\ln x|+C$

(16) $\ln|1+\ln x|+C$ (17) $\frac{1}{4}\sin^4 x+C$ (18) $\frac{1}{\cos x}+C$

(19) $-\frac{1}{3}e^{-x^3}+C$ (20) $-\cos e^x+C$ (21) $-2\cos\sqrt{x}+C$

(22) $2\sqrt{1+\tan x}+C$ (23) $-\frac{1}{2}\ln(1+\cos^2 x)+C$ (24) $\frac{1}{2}\ln\left|\frac{1+x}{3+x}\right|+C$

(25) $\frac{1}{2}\arctan x^2+C$ (26) $\frac{1}{2}(x-1)^2+\ln|1+x|+C$

(27) $\frac{1}{2}x+\frac{1}{2}\sin x+C$ (28) $\tan x-x+C$

(29) $\tan x-\sec x+C$ (30) $\frac{1}{2}\tan^2 x+\ln|\cos x|+C$

习题 4.4

1. $x+2\sqrt{x}+\ln(\sqrt{x}-1)^2+C$
2. $\frac{3}{2}\sqrt[3]{x^2}-3\sqrt[3]{x}+3\ln|\sqrt[3]{x}+1|+C$
3. $\frac{2}{5}(x+1)^{\frac{5}{2}}-\frac{2}{3}(x+1)^{\frac{3}{2}}+C$
4. $\frac{1}{2}\arcsin x+\frac{1}{2}x\sqrt{1-x^2}+C$
5. $\ln|\sqrt{1+x^2}+x|+C$
6. $\sin\arccos\frac{1}{x}+C$

习题 4.5

1. (1) $-x\cos x+\sin x+C$ (2) $\frac{1}{2}x\sin 2x+\frac{1}{4}\cos 2x+C$

(3) $\frac{1}{2}xe^{2x}-\frac{1}{4}e^{2x}+C$ (4) $x^2\sin x+2x\cos x-2\sin x+C$

(5) $x\ln(1+x)-x+\ln|1+x|+C$ (6) $x\ln^2 x-2x\ln x+2x+C$

(7) $x\arcsin x+\sqrt{1-x^2}+C$ (8) $\frac{1}{2}e^x(\sin x-\cos x)+C$

(9) $2\sqrt{x}e^{\sqrt{x}}-2e^{\sqrt{x}}+C$

2. $e^{-x}(x+1)+C$

复习题四

一、1. $\arctan x+C$，$\frac{1}{2}\ln(1+x^2)+C$，$x-\arctan x+C$

2. $-\ln|1-x|+C$，　$-x+\ln|1-x|+C$，$-\frac{1}{2}x^2-x-\ln|1-x|+C$

3. e^x+C，xe^x-e^x+C，$\frac{1}{2}e^{x^2}+C$

4. $x\sin x-\cos x+C$

5. $(1+x)e^{x}$

6. $\frac{1}{2}x^{2}+C$

7. $-\frac{1}{1+x}+C$

8. $-F(\cos x)+C$

9. $\frac{1}{2}F^{2}(x)+C$

10. $y=x^{3}-1$

二、1. A 2. C 3. A 4. D 5. A 6. C 7. B 8. B 9. D 10. C

三、1. $-\frac{1}{20}(5-2x)^{10}+C$

2. $\frac{1}{3}\ln|x^{3}-2|+C$

3. $\frac{1}{2}\tan^{2}x+C$

4. $\frac{1}{4}\ln|3+4\sin x|+C$

5. $-\frac{1}{2}(\sin x-\cos x)^{-2}+C$

6. $\frac{1}{5}\ln\left|\frac{x-3}{x+2}\right|+C$

7. $\frac{1}{9}(2x+3)^{\frac{9}{4}}-\frac{3}{5}(2x+3)^{\frac{5}{4}}+C$

8. $-\frac{\sqrt{x^{2}+3}}{3x}+C$

9. $xe^{x}-2e^{x}+C$

10. $-\frac{1}{2x^{2}}\left(\ln x+\frac{1}{2}\right)+C$

第五章

定积分及其应用

本章中将讨论积分学的另一个基本问题——定积分问题. 先从定积分的起源与发展引出几何学与物理学方面的具体问题；继而通过对于问题的讨论与分析，掌握积分的基本思想，得出定积分的定义；然后讨论定积分的性质与计算方法，最终能够进行基础的定积分应用.

第一节　定积分的概念与性质

一、定积分的起源与发展

微积分学中积分思想的出现早于微分思想. 公元前 240 年左右，古希腊时期阿基米德就利用积分的思想计算过曲线所围封闭图形的面积；公元 263 年我国数学家刘徽所提出的“割圆法”也是基于同一思想. 由于数学水平整体发展的局限性，17 世纪中后期，随着前人发现的不断累积，直到“牛顿-莱布尼兹”公式的出现解决了定积分的计算问题，微积分学才得以快速的发展至今.

阿基米德所讨论的问题

阿基米德所处的时代，数学已经相对比较发达，对于直线所围封闭图形面积的计算不再是困扰人们的问题. 三角形、矩形、梯形等常见的图形面积公式已经非常明确普及，而由复杂的多条直线所围封闭多边形面积的计算，利用拆分法也可以转换为常见图形面积的计算. 阿基米德开始思考如果由曲线与直线所围封闭图形的面积该如何计算呢?

二、定积分问题举例

古希腊时期数学的讨论手段相对落后，所以我们把阿基米德思考的问题，利用大家已经熟悉掌握的数学手段，转换为现代数学问题的形式加以讨论. 问题如下 .

1. 曲边梯形的面积

设函数 $y=f(x)$在区间$[a,b]$上非负且连续，由直线 $x=a$、$x=b$、x 轴和曲线 $y=f(x)$及曲线 $y=f(x)$所围成的图形称为曲边梯形(图 5.1)，其中曲线 $y=f(x)$称为曲边 .

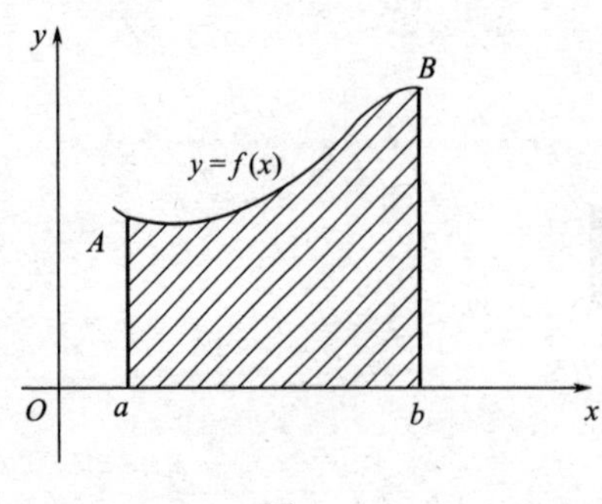

图 5.1

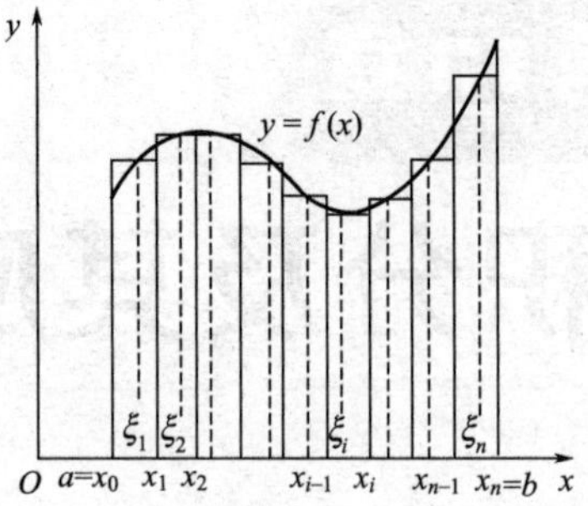

图 5.2

下面讨论曲边梯形面积的求法．

我们知道，矩形的高是不变的，它的面积很容易计算．而曲边梯形的高没有定义，因此它的面积没有现成的计算方法．如果将$[a,b]$上任一点 x 处的函数值$f(x)$看作曲边梯形在 x 处的高，则曲边梯形的高是变化的．但因 $y=f(x)$是$[a,b]$区间上的连续函数，所以在一个相当小的区间上，$f(x)$的值变化不大．因此，如果把区间$[a,b]$划分为许多小区间，在每个小区间上用某一点 ξ 处的值 $f(\xi)$来定义同一个小区间上的窄曲边梯形的高，那么每个窄曲边梯形就可近似地看成这样得到的窄矩形，我们就将所有这些窄矩形面积之和作为曲边梯形面积的近似值(图 5.2)．直观上看，这样的区间越短，这种近似的程度就越高，若把区间$[a,b]$无限细分下去，使每个小区间的长度都趋于零，这时所有窄矩形面积之和将会无限接近曲边梯形的精确面积，阿基米德时代极限的标准概念尚未形成，所以关于这个问题阿基米德就停留在了无限接近的这一步，后来随着数学的不断发展，极限的概念逐步形成完善起来，后人完善了阿基米德的算法，把所有窄矩形面积之和的极限定义为曲边梯形的面积，这就给出了计算曲边梯形面积的思路，现详述如下：

(1) 将区间 $[a,b]$ 划分为 n 个小区间，即在区间 $[a,b]$ 内任意插入 $n-1$ 个分点：

$$a=x_0<x_1<x_2<\cdots<x_{n-1}<x_n=b,$$

这 n 个小区间分别为

$$[x_0,x_1],[x_1,x_2],\cdots,[x_{n-1},x_n],$$

其长度依次记为

$$\Delta x_1=x_1-x_0,\Delta x_2=x_2-x_1,\cdots,\Delta x_n=x_n-x_{n-1}.$$

(2) 过每个分点作垂直于 x 轴的直线段，把整个曲边梯形分成 n 个小曲边梯形，小曲边梯形的面积记为 $\Delta A_i(i=1,2,\cdots,n)$，在每个小区间$[x_{i-1},x_i]$上任取一点 $\xi_i(x_{i-1}\leqslant\xi_i\leqslant x_i)$，用以$[x_{i-1}, x_i]$为底、$f(\xi_i)$为高的窄矩形近似代替第 i 个小曲边梯形($i=1,2,\cdots,n$)，则 $\Delta A_i\approx f(x_i)\Delta x_i(i=1, 2, \cdots, n)$．

(3) 这样得到的 n 个小矩形面积之和显然是所求曲边梯形面积 A 的近似值，即

$$A=\sum_{i=1}^{n}\Delta A_i\approx f(\xi_1)\Delta x_1+f(\xi_2)\Delta x_2+\cdots+f(\xi_n)\Delta x_n=\sum_{i=1}^{n}f(\xi_i)\Delta x_i.$$

(4) 记 $\lambda=\max\{\Delta x_1, \Delta x_2, \cdots, \Delta x_n\}$，则当 $\lambda \to 0$ 时，每个小区间的长度也趋于零．此时和式 $\sum_{i=1}^{n} f(\xi_i)\Delta x_i$ 的极限便是所求曲边梯形面积的精确值．即

$$A=\lim_{\lambda \to 0}\sum_{i=1}^{n} f(\xi_i)\Delta x_i .$$

2. 变速直线运动的路程

基于以上基本思路我们去讨论物理学中所出现的另一个问题.

设物体作变速直线运动，已知其速度是时间 t 的连续函数，即 $v=v(t)$，计算在时间间隔 $[a,b]$ 内物体所经过的路程 s.

因为物体作变速直线运动，速度 $v(t)$ 随时间 t 而不断变化，故不能用匀速直线运动公式：$s=vt$ 来计算，然而物体运动的速度函数 $v=v(t)$ 是连续变化的，在很小的一段时间内，速度的变化很小，近似于等速，在这一小段时间内，速度可以看作是常数，因此求在时间间隔 $[a,b]$ 上运动的距离也可用类似于计算曲边梯形面积的方法来处理．

具体步骤如下：

(1) 在时间间隔 $[a, b]$ 中任意插入 $n-1$ 个分点

$$a=t_0<t_1<t_2<\cdots<t_{n-1}<t_n=b$$

这 $n-1$ 个分点将区间 $[a, b]$ 分成 n 个小区间

$$[t_0, t_1],[t_1, t_2],\cdots,[t_{n-1}, t_n]$$

它们的长度依次为

$$\Delta t_1=t_1-t_0,\Delta t_2=t_2-t_1,\cdots,\Delta t_n=t_n-t_{n-1}$$

相应地，记在各段时间内物体经过的路程依次为 $\Delta s_i(i=1,2,\cdots,n)$．

(2) 将物体在每个小区间上的运动看作是匀速的，在时间间隔$[t_{i-1}, t_i]$上任取一个时刻 $\tau_i(t_{i-1}\leqslant\tau_i\leqslant t_i)$，以 τ_i 时刻的速度 $v(\tau_i)$来代替$[t_{i-1}, t_i]$上各个时刻的速度，得到$[t_{i-1}, t_i]$时间段上路程 Δs_i 的近似值，即

$$\Delta s_i \approx v(\tau_i)\Delta t_i(i=1,2,\cdots,n),$$

(3) 那么这 n 段部分路程的近似值之和就是所求变速直线运动路程 S 的近似值，即

$$s \approx v(\tau_1)\Delta t_1+v(\tau_2)\Delta t_2+\cdots+v(\tau_n)\Delta t_n=\sum_{i=1}^{n} v(\tau_i)\Delta t_i ,$$

(4) 记 $\lambda=\max\{\Delta t_1, \Delta t_2, \cdots, \Delta t_n\}$，则当 $\lambda \to 0$ 时，每个小区间的长度也趋于零．此时和式 $\sum_{i=1}^{n} f(\xi_i)\Delta t_i$ 的极限便是所求路程 s 的精确值．即

$$s=\lim_{\lambda \to 0}\sum_{i=1}^{n} v(\xi_i)\Delta t_i .$$

上面的两个例子中，一个是几何问题，一个是物理问题，尽管问题的背景不同，所要解决的问题也不相同，但是反映在数量上，都是要求某个整体的量，而计算这种量所遇到的困难和为克服困难采用的方法都是类似的，都是先把整体问题通

过“分割”化为局部问题，在局部上通过“以直代曲”或“以不变代变”作近似代替，通过对于分割以后每一个小范围内近似量的求和得到整体的一个近似值，再通过取极限，便得到所求的量．这个方法的过程可简单描述为“分割—近似—求和—求极限”．采用这种方法解决问题时，最后都归结为对某一个函数 $f(x)$ 实施相同结构的数学运算——和数 $\sum_{i=1}^{n} f(\xi_i)\Delta x_i$ 的极限．

事实上，在自然科学和工程技术中，还有许多类似问题的解决都要归结为计算这种特定和的极限，抛开问题的具体意义，抓住它们在数量关系上共同的本质与特性加以概括，抽象出其中的数学概念和思想，我们就得到了定积分的定义．

三、定积分的定义

定义 设函数 $f(x)$ 在区间 $[a,b]$ 上有界，在 $[a,b]$ 中任意插入 $n-1$ 个分点

$$a=x_0<x_1<x_2<\cdots<x_{n-1}<x_n=b,$$

把区间 $[a,b]$ 分成 n 个小区间

$$[x_0,x_1],[x_1,x_2],\cdots,[x_{n-1},x_n],$$

各个小区间的长度依次为

$$\Delta x_1=x_1-x_0,\Delta x_2=x_2-x_1,\cdots,\Delta x_n=x_n-x_{n-1}.$$

在第 i 个小区间$[x_{i-1},x_i]$上任取一点 $\xi_i(i=1,2,\cdots,n)$，作函数值 $f(\xi_i)$与小区间长度 Δx_i 的乘积 $f(\xi_i)\Delta x_i(i=1,2,\cdots,n)$，并作出和式

$$\sum_{i=1}^{n} f(\xi_i)\Delta x_i \tag{1}$$

记 $\lambda=\max\{\Delta x_1,\Delta x_2,\cdots,\Delta x_n\}$，如果不论对$[a,b]$进行怎样的分法，也不论在小区间$[x_{i-1},x_i]$上的点 ξ_i 怎样的取法，只要当 $\lambda\to 0$ 时，和(1)总趋于确定的极限 I，这时称此极限为函数 $f(x)$在区间$[a,b]$上的定积分(简称积分)，记作 $\int_a^b f(x)\mathrm{d}x$，即

$$\int_a^b f(x)\mathrm{d}x=I=\lim_{\lambda\to 0}\sum_{i=1}^{n} f(\xi_i)\Delta x_i \tag{2}$$

式中，$f(x)$ 叫做被积函数；$f(x)\mathrm{d}x$ 叫做被积表达式；x 叫做积分变量；a 叫做积分下限；b 叫做积分上限；$[a,b]$ 叫做积分区间；和 $\sum_{i=1}^{n} f(\xi_i)\Delta x_i$ 通常称为$f(x)$的积分和．

如果函数 $f(x)$ 在区间 $[a,b]$ 上的定积分存在，也称 $f(x)$ 在 $[a,b]$ 上可积．当 $\sum_{i=1}^{n} f(\xi_i)\Delta x_i$ 的极限存在时，其极限 I 仅与被积函数 $f(x)$ 及积分区间 $[a,b]$ 有关，如果既不改变被积函数 $f(x)$ 也不改变积分区间 $[a,b]$，不论把

积分变量 x 改成其他任何字母，如 t 或 u，此和的极限都不会改变，即定积分的值不变．就是

$$\int_a^b f(x)\mathrm{d}x=\int_a^b f(t)\mathrm{d}t=\int_a^b f(u)\mathrm{d}u .$$

这个结果也说成是定积分的值与被积函数及积分区间有关，而与积分变量的符号无关．

下面给出两个函数 $f(x)$ 在区间 $[a, b]$ 上可积的充分条件．

定理 1 设 $f(x)$ 在区间 $[a, b]$ 上连续，则 $f(x)$ 在区间 $[a, b]$ 上可积．

定理 2 设 $f(x)$ 在区间 $[a, b]$ 上有界，且只有有限个间断点，则 $f(x)$ 在区间 $[a, b]$ 上可积．

利用定积分的定义，上面讨论的两个实际问题可分别表示如下：

曲边梯形的面积 A 是函数 $f(x)$ 在区间 $[a,b]$ 上的定积分，即

$$A=\lim_{\lambda\to 0}\sum_{i=1}^{n} f(\xi_i)\Delta x_i=\int_a^b f(x)\mathrm{d}x .$$

变速直线运动的路程 s 是速度 $v(t)$ 在时间间隔 $[a,b]$ 上的定积分，即

$$s=\lim_{\lambda\to 0}\sum_{i=1}^{n} v(\xi_i)\Delta x_i=\int_a^b v(t)\mathrm{d}t .$$

四、定积分的几何意义

(1) 当 $f(x)\geqslant 0$ 时，定积分 $\int_a^b f(x)\mathrm{d}x$ 表示由直线 $x=a$、$x=b$、x 轴和曲线 $y=f(x)$ 所围成的曲边梯形的面积；

(2) 当 $f(x)\leqslant 0$ 时，由直线 $x=a$、$x=b$、x 轴和曲线 $y=f(x)$ 所围成的曲边梯形位于 x 轴的下方，按照定义，这时定积分 $\int_a^b f(x)\mathrm{d}x$ 的值应为负，因此 $\int_a^b f(x)\mathrm{d}x$ 表示上述曲边梯形面积的负值；

(3) 若在区间 $[a, b]$ 上，$f(x)$ 既取得正值又取得负值时，对应的曲边梯形的某些部分在 x 轴的上方，某些部分在 x 轴的下方，这时定积分 $\int_a^b f(x)\mathrm{d}x$ 表示由直线 $x=a$、$x=b$、x 轴和曲线 $y=f(x)$ 围成的曲边梯形各部分面积的代数和，即曲边梯形位于 x 轴上方的面积减去位于 x 轴下方的面积（图 5.3）．

【例 1】 利用定义求定积分 $\int_0^1 x^2\mathrm{d}x$ 的值．

解： 为了便于计算，我们把区间 $[0, 1]$ 分成 n 等分，其分点为 $x_i=\frac{i}{n}(i=1,2,\cdots,n-1)$，这样每个小区间 $[x_{i-1}, x_i]$ 的长度 $\Delta x_i=\frac{1}{n}(i=1,2,\cdots,n)$；取 ξ_i 为小区间的右端点，即令 $\xi_i=x_i(i=1,2,\cdots,n)$，于是有和式

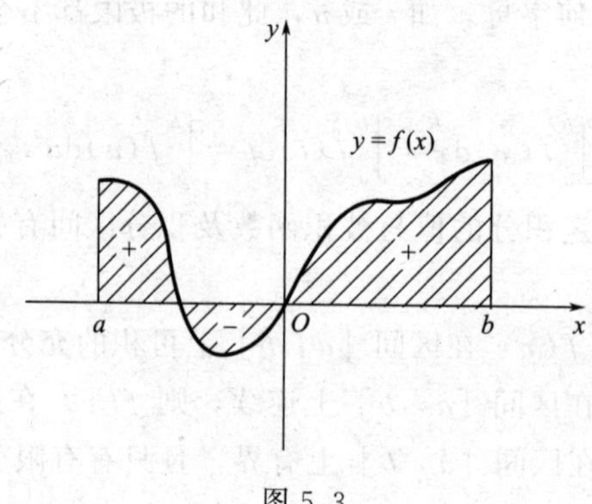

图 5.3

$$\sum_{i=1}^{n} f(\xi_i)\Delta x_i = \sum_{i=1}^{n} \xi_i^2 \Delta x_i = \sum_{i=1}^{n} x_i^2 \Delta x_i = \sum_{i=1}^{n} \left(\frac{i}{n}\right)^2 \cdot \frac{1}{n} = \frac{1}{n^3}\sum_{i=1}^{n} i^2$$

$$= \frac{1}{n^3} \cdot \frac{1}{6} n(n+1)(2n+1) = \frac{1}{6}\left(1+\frac{1}{n}\right)\left(2+\frac{1}{n}\right)$$

当 $\lambda \to 0$ 时，有 $n \to \infty$，对上式右端取极限，根据定积分的定义，有

$$\int_0^1 x^2 \mathrm{d}x = \lim_{\lambda \to 0} \sum_{i=1}^{n} \xi_i^2 \Delta x_i = \lim_{n \to \infty} \frac{1}{6}\left(1+\frac{1}{n}\right)\left(2+\frac{1}{n}\right) = \frac{1}{3}.$$

五、定积分的性质

根据定积分的几何定义，定积分所表示的是曲边梯形的面积，所以 $\int_a^b f(x)\mathrm{d}x$ 只有当 $a<b$ 时所表示面积为正值才有意义，当 $a=b$ 或 $a>b$ 时，$\int_a^b f(x)\mathrm{d}x$ 是没有意义的，但为了运算的需要，对定积分作以下两点补充规定：

(1) 当 $a=b$ 时，$\int_a^b f(x)\mathrm{d}x = 0$；即 $\int_a^a f(x)\mathrm{d}x = 0$.

(2) 当 $a \neq b$ 时，$\int_a^b f(x)\mathrm{d}x = -\int_b^a f(x)\mathrm{d}x$.

即当上下限相同时，定积分等于零；上下限互换时，定积分改变符号.

性质 1 两个函数和或差的定积分等于两个函数定积分的和或差，即

$$\int_a^b [f(x) \pm g(x)]\mathrm{d}x = \int_a^b f(x)\mathrm{d}x \pm \int_a^b g(x)\mathrm{d}x$$

证明：由定积分的定义，有

$$\int_a^b [f(x) \pm g(x)]\mathrm{d}x = \lim_{\lambda \to 0} \sum_{i=1}^{n} [f(\xi_i) \pm g(\xi_i)]\Delta x_i$$

$$= \lim_{\lambda \to 0} \sum_{i=1}^{n} f(\xi_i)\Delta x_i \pm \lim_{\lambda \to 0} \sum_{i=1}^{n} g(\xi_i)\Delta x_i$$

$$= \int_a^b f(x)\mathrm{d}x \pm \int_a^b g(x)\mathrm{d}x$$

该性质对任意有限个函数的和与差的情形都是成立的.

性质 2 被积函数的常数因子可提到积分号外面，即

$$\int_a^b kf(x)\mathrm{d}x = k\int_a^b f(x)\mathrm{d}x \ (k \text{ 为常数}).$$

读者可根据定积分的定义及极限运算性质加以证明.

性质 3 （积分的可加性）设 a、b、c 为任意的三个数，则函数 $f(x)$ 在区间 $[a, b]$，$[a, c]$，$[c, b]$ 上的定积分有如下关系：

$$\int_a^b f(x)\mathrm{d}x = \int_a^c f(x)\mathrm{d}x + \int_c^b f(x)\mathrm{d}x .$$

证明： 当 $a<c<b$ 时，因为函数在 $[a, b]$ 上可积，所以无论对 $[a, b]$ 怎样划分，和式的极限总是不变的，因此在划分区间时，可以使 c 永远是一个分点，那么 $[a, b]$ 上的积分和等于 $[a, c]$ 上的积分和加上 $[c, b]$ 上的积分和，即

$$\sum_{[a,b]} f(\xi_i)\Delta x_i = \sum_{[a,c]} f(\xi_i)\Delta x_i + \sum_{[c,b]} f(\xi_i)\Delta x_i$$

令 $\lambda \to 0$，上式两端取极限得

$$\int_a^b f(x)\mathrm{d}x = \int_a^c f(x)\mathrm{d}x + \int_c^b f(x)\mathrm{d}x$$

同理，当 $c<a<b$ 时

$$\int_c^b f(x)\mathrm{d}x = \int_c^a f(x)\mathrm{d}x + \int_a^b f(x)\mathrm{d}x$$

移项得 $$\int_a^b f(x)\mathrm{d}x = \int_c^b f(x)\mathrm{d}x - \int_c^a f(x)\mathrm{d}x = \int_c^b f(x)\mathrm{d}x + \int_a^c f(x)\mathrm{d}x$$

即 $$\int_a^b f(x)\mathrm{d}x = \int_a^c f(x)\mathrm{d}x + \int_c^b f(x)\mathrm{d}x .$$

性质 4 如果在区间 $[a, b]$ 上，$f(x)\equiv 1$，则 $\int_a^b 1\mathrm{d}x = \int_a^b \mathrm{d}x = b-a$.

若被积函数为常数函数 $f(x)\equiv 1$，从定积分的几何意义入手，此时 $\int_a^b 1\mathrm{d}x$ 所表示的面积是一矩形，该矩形面积为 $b-a$.

性质 5 如果在区间 $[a, b]$ 上，$f(x) \geqslant 0$，则 $\int_a^b f(x)\mathrm{d}x \geqslant 0$.

证明： 因为 $f(x)\geqslant 0$，所以 $f(\xi_i)\geqslant 0(i=1,2,\cdots,n)$，又由于 $\Delta x_i \geqslant 0(i=1,2,\cdots,n)$，因此 $\sum_{i=1}^{n} f(\xi_i)\Delta x_i \geqslant 0$，令 $\lambda=\max\{\Delta x_1,\Delta x_2,\cdots,\Delta x_n\}$，则

$$\int_a^b f(x)\mathrm{d}x = \lim_{\lambda\to 0}\sum_{i=1}^{n} f(\xi_i)\Delta x_i \geqslant 0 .$$

推论 如果在区间 $[a, b]$ 上，$f(x)\leqslant g(x)$，则

$$\int_a^b f(x)\mathrm{d}x \leqslant \int_a^b g(x)\mathrm{d}x$$

性质 6 设 M 及 m 分别是函数 $f(x)$ 在区间 $[a,b]$ 上的最大值及最小值，则

$$m(b-a) \leqslant \int_a^b f(x)\mathrm{d}x \leqslant M(b-a)$$

证明：因为 $m \leqslant f(x) \leqslant M$，由性质 5 的推论，得

$$\int_a^b m\,\mathrm{d}x \leqslant \int_a^b f(x)\,\mathrm{d}x \leqslant \int_a^b M\,\mathrm{d}x$$

所以 $m(b-a) \leqslant \int_a^b f(x)\,\mathrm{d}x \leqslant M(b-a)$.

性质 7 （定积分中值定理） 如果函数 $f(x)$ 在闭区间 $[a,b]$ 上连续，则在积分区间 $[a,\ b]$ 上至少存在一点 ξ，使下式成立：

$$\int_a^b f(x)\,\mathrm{d}x = f(\xi)(b-a)$$

这个公式也叫做积分中值公式.

证明：因为 $f(x)$ 在 $[a,b]$ 上连续，所以它有最小值 m 与最大值 M，由性质 6 有

$$m(b-a) \leqslant \int_a^b f(x)\,\mathrm{d}x \leqslant M(b-a),$$

各项都除以 $(b-a)$，得

$$m \leqslant \frac{1}{b-a}\int_a^b f(x)\,\mathrm{d}x \leqslant M.$$

这表明，$\frac{1}{b-a}\int_a^b f(x)\,\mathrm{d}x$ 是介于函数 $f(x)$ 的最大值与最小值之间的数，根据闭区间上连续函数的介值定理，在 $[a,b]$ 上至少存在一点 ξ，使得

$$f(\xi) = \frac{1}{b-a}\int_a^b f(x)\,\mathrm{d}x$$

即 $\int_a^b f(x)\,\mathrm{d}x = f(\xi)(b-a)$.

性质 7 的几何意义是：如果 $f(x) \geqslant 0$，那么以 $f(x)$ 为曲边，以 $[a,\ b]$ 为底的曲边梯形的面积等于以 $[a,\ b]$ 上某一点 ξ 的函数值 $f(\xi)$ 为高，以 $[a,\ b]$ 为底的矩形的面积．人们称 $\frac{1}{b-a}\int_a^b f(x)\,\mathrm{d}x$ 为函数 $f(x)$ 在区间 $[a,\ b]$ 上的平均值（图 5.4).

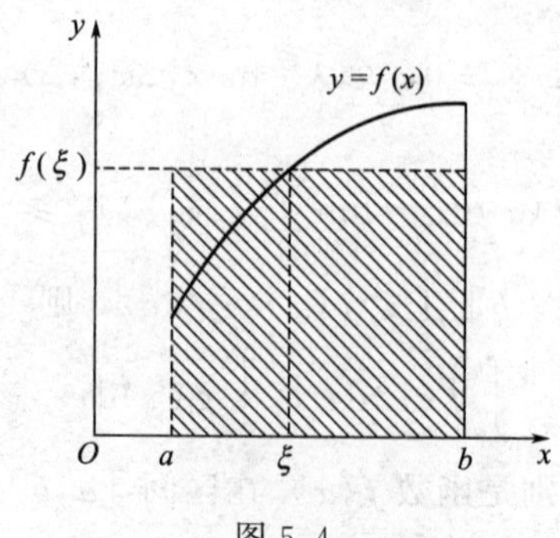

图 5.4

习题 5.1

1. 用定积分的定义计算定积分 $\int_a^b c\,\mathrm{d}x$ ，其中 c 为一定常数．

2. 利用定积分的估值公式，估计定积分 $\int_{-1}^{1}(4x^4-2x^3+5)\mathrm{d}x$ 的值．

3. 求函数 $f(x)=\sqrt{1-x^2}$ 在闭区间 $[-1,1]$ 上的平均值．

4. 利用定积分的定义证明 $\int_a^b \mathrm{d}x=b-a$ ．

第二节　微积分基本定理

通过对于定积分概念及相关性质的学习，不难发现定积分与实际问题是紧密相连的，可是通过构建定积分定义的基本思想，利用求极限的手段去计算定积分又太过繁复，为此我们先从具体实例入手探求定积分更为简便的计算思路和方法．

一、变速直线运动中位置函数与速度函数之间的关系

一方面，若变速直线运动的速度函数 $v(t)$ 为已知，可以利用定积分来表示它在时间间隔 $[a,b]$ 内所经过的路程，即 $s=\int_a^b v(t)\mathrm{d}t$ ．

另一方面，若已知物体运动方程 $s(t)$，则它在时间间隔 $[a,b]$ 内所经过的路程为 $s(b)-s(a)$．

由此可见，位置函数 $s(t)$ 与速度函数 $v(t)$ 之间有如下关系

$$\int_a^b v(t)\mathrm{d}t=s(b)-s(a)$$

因为 $s'(t)=v(t)$，即位置函数 $s(t)$ 是速度函数 $v(t)$ 的原函数，所以上式表明：速度函数 $v(t)$ 在区间 $[a,b]$ 上的定积分等于 $v(t)$ 的原函数 $s(t)$ 在区间 $[a,b]$ 上的增量．

通过以上问题的讨论，可以得到定积分与被积函数原函数之间的关系，就得到了在数学上普遍适用的定积分的计算方法，这就是我们将要学习的“牛顿(Newton)-莱布尼茨公式（Leibniz)”．

二、可变上限的定积分

设函数 $f(x)$ 在闭区间 $[a,b]$ 上连续，x 为 $[a,b]$ 上的一点，那么 $f(x)$ 在区间 $[a,x]$ 上可积分，且有积分 $\int_a^x f(x)\mathrm{d}x$ 与之对应，显然这个积分值是随

着 x 而变化的．因此 $\int_a^x f(x)\mathrm{d}x$ 是上限 x 的函数，我们称之为可变上限积分或积分上限的函数，记作 $\Phi(x)$，即

$$\Phi(x)=\int_a^x f(x)\mathrm{d}x\ (a\leqslant x\leqslant b).$$

积分变量与积分上限用同一字母表示容易造成理解上的误会，因为积分值与积分变量的符号无关，所以用 t 代替积分变量 x，于是，上式可写成

$$\Phi(x)=\int_a^x f(t)\mathrm{d}t\ .$$

可变上限积分的几何意义是：若函数 $f(x)$ 在区间 $[a,\ b]$ 上连续且 $f(x)\geqslant 0$，则积分上限函数 $\Phi(x)$ 就是在 $[a,\ x]$ 上曲线 $f(x)$ 下的曲边梯形的面积（图 5.5）．

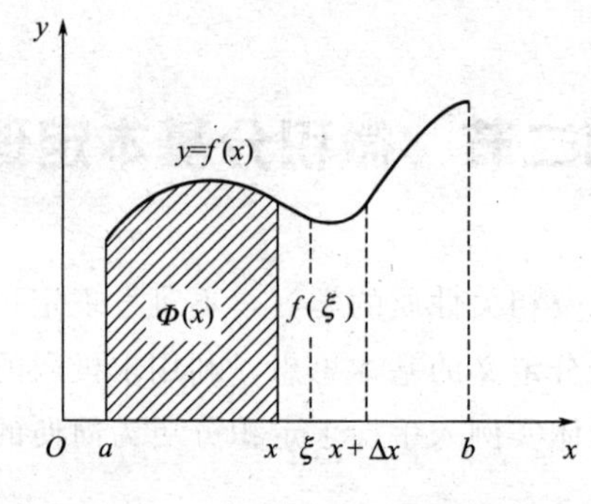

图 5.5

可变上限积分具有如下性质：

定理 1 若函数 $f(x)$ 在区间 $[a,\ b]$ 上连续，则积分上限的函数 $\Phi(x)=\int_a^x f(t)\mathrm{d}t$ 在 $[a,\ b]$ 上具有导数，且它的导数为

$$\Phi'(x)=\frac{\mathrm{d}}{\mathrm{d}x}\int_a^x f(t)\mathrm{d}t=f(x)\ .$$

证明：设给 x 以增量 $\Delta x[x、x+\Delta x\in(a,b)]$，则 $\Phi(x)$ 在 $x+\Delta x$ 处的函数值为

$$\Phi(x+\Delta x)=\int_a^{x+\Delta x} f(t)\mathrm{d}t$$

由此得函数 $\Phi(x)$ 的增量

$$\begin{aligned}\Delta\Phi(x)&=\Phi(x+\Delta x)-\Phi(x)=\int_a^{x+\Delta x} f(t)\mathrm{d}t-\int_a^x f(t)\mathrm{d}t\\&=\int_a^x f(t)\mathrm{d}t+\int_x^{x+\Delta x} f(t)\mathrm{d}t-\int_a^x f(t)\mathrm{d}t=\int_x^{x+\Delta x} f(t)\mathrm{d}t\ .\end{aligned}$$

再应用积分中值定理，有 $\Delta\Phi(x)=f(\xi)\Delta x$，其中 ξ 在 x 与 $x+\Delta x$ 之间，用 Δx 除上式两端，得

$$\frac{\Delta\Phi(x)}{\Delta x}=f(\xi)$$

由于 $f(x)$ 在区间 $[a,\ b]$ 上连续，而 $\Delta x\to 0$ 时，即 $\xi\to x$，因此 $\lim\limits_{\Delta x\to 0} f(\xi)=$

$f(x)$，从而令 $\Delta x\to 0$，对上式两端取极限，便得 $\Phi'(x)=f(x)$，定理得证．

该定理告诉我们：如果 $f(x)$ 在 $[a, b]$ 上连续，则它的原函数一定存在，并且它的一个原函数可以表示成为

$$\Phi(x)=\int_a^x f(t)\mathrm{d}t$$

这个定理的重要意义一是肯定了连续函数的原函数一定存在，二是初步揭示了积分学中的定积分与原函数之间的联系，因此我们就有可能通过原函数来计算定积分.

三、牛顿-莱布尼茨公式

定理 2 如果函数 $F(x)$ 是连续函数 $f(x)$ 在区间 $[a, b]$ 上的一个原函数，则

$$\int_a^b f(x)\mathrm{d}x=F(b)-F(a)$$

证明：由定理 1 知，$\Phi(x)=\int_a^x f(t)\mathrm{d}t$ 是 $f(x)$ 在 $[a, b]$ 上的一个原函数，由题设知 $F(x)$ 也是 $f(x)$ 在 $[a, b]$ 上的一个原函数，因为两个原函数只差一个常数，所以

$$\int_a^x f(t)\mathrm{d}t=F(x)+C$$

在上式中令 $x=a$，并注意到 $\int_a^a f(t)\mathrm{d}t=0$，得 $C=-F(a)$，代入上式，得

$$\int_a^x f(t)\mathrm{d}t=F(x)-F(a)$$

再令 $x=b$，并把积分变量 t 换为 x，便得

$$\int_a^b f(x)\mathrm{d}x=F(b)-F(a)$$

定理 2 中的公式叫做牛顿-莱布尼茨公式，它揭示了定积分与不定积分之间的内在联系，是计算定积分的基本公式，也称为微积分基本公式．

$F(b)-F(a)$也可记为$[F(x)]_a^b$ 或$F(x)\big|_a^b$，于是该公式也可以写为 $\int_a^b f(x)\mathrm{d}x=F(x)\big|_a^b$ 或 $\int_a^b f(x)\mathrm{d}x=[F(x)]_a^b$．

根据定理 2，我们有如下结论：连续函数的定积分等于被积函数的任一个原函数在积分区间上的增量．从而把求连续函数的定积分问题转化为求不定积分的问题．

【例 1】 计算 $\int_{-1}^1 \frac{\mathrm{d}x}{1+x^2}$．

解：由于 $\arctan x$ 是$\frac{1}{1+x^2}$的一个原函数，所以

$$\int_{-1}^1 \frac{\mathrm{d}x}{1+x^2}=[\arctan x]_{-1}^1=\arctan 1-\arctan(-1)=\frac{\pi}{4}-\left(-\frac{\pi}{4}\right)=\frac{\pi}{2}.$$

【例 2】 计算 $\int_0^{\pi}\sqrt{1+\cos 2x}\,dx$.

解：$\int_0^{\pi}\sqrt{1+\cos 2x}\,dx=\int_0^{\pi}\sqrt{2\cos^2 x}\,dx=\sqrt{2}\int_0^{\pi}|\cos x|\,dx$

$$=\sqrt{2}\int_0^{\frac{\pi}{2}}\cos x\,dx+\sqrt{2}\int_{\frac{\pi}{2}}^{\pi}(-\cos x)\,dx$$

$$=\sqrt{2}\left[\sin x\right]_0^{\frac{\pi}{2}}-\sqrt{2}\left[\sin x\right]_{\frac{\pi}{2}}^{\pi}=2\sqrt{2}.$$

【例 3】 计算 $\int_{-2}^{-1}\frac{dx}{x}$.

解：当 $x<0$ 时，$\frac{1}{x}$的一个原函数是 $\ln|x|$，现在积分区间是 $[-2,-1]$，所以有

$$\int_{-2}^{-1}\frac{1}{x}dx=\left[\ln|x|\right]_{-2}^{-1}=\ln 1-\ln 2=-\ln 2.$$

【例 4】 计算正弦曲线 $y=\sin x$ 在 $[0,\pi]$ 上与 x 轴所围的平面图形的面积（图 5.6）.

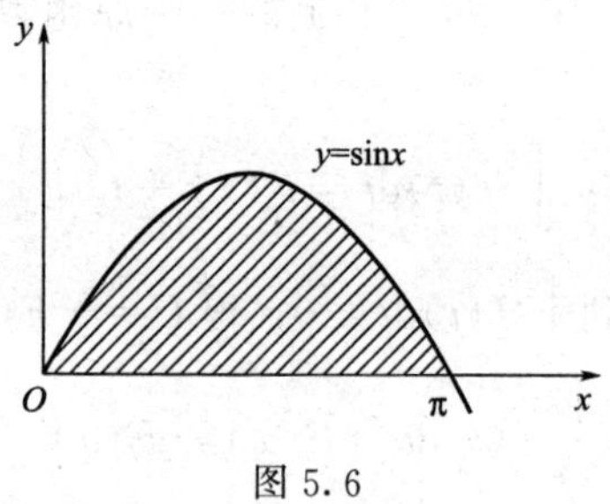

图 5.6

解：该图形也可看成是一个曲边梯形，其面积为

$$A=\int_0^{\pi}\sin x\,dx$$

由于$-\cos x$ 是 $\sin x$ 的一个原函数，所以

$$A=\int_0^{\pi}\sin x\,dx=\left[-\cos x\right]_0^{\pi}=-(-1)-(-1)=2.$$

注意：牛顿-莱布尼茨公式适用的条件是被积函数 $f(x)$ 连续，如果对有间断点的函数 $f(x)$ 的积分用此公式就会出现错误，即使 $f(x)$ 连续但 $f(x)$ 是分段函数，其定积分也不能直接利用牛顿-莱布尼茨公式，而应当依 $f(x)$ 的不同表达式按段分成几个积分之和，再分别利用牛顿-莱布尼茨公式计算.

【例 5】 设 $f(x)=\begin{cases}2-x^2 & 0\leqslant x\leqslant 1\\ x & 1<x\leqslant 2\end{cases}$，求 $\int_0^2 f(x)\,dx$ 的值.

解：这里被积函数是分段函数，我们需将积分区间分成与此相对应的区间，因此有

$$\int_0^2 f(x)\,dx=\int_0^1(2-x^2)\,dx+\int_1^2 x\,dx$$

$$=\left(2x-\frac{x^3}{3}\right)\bigg|_0^1+\frac{x^2}{2}\bigg|_1^2=\frac{5}{3}+\frac{3}{2}=\frac{19}{6}.$$

【例 6】 求 $\lim\limits_{x\to 0}\dfrac{\int_{\cos x}^{1}e^{-t^2}dt}{x^2}$.

解：由定积分的补充定义，易知所求的极限式是一个$\dfrac{0}{0}$型的未定式，应用洛比达法则来计算，先求分子函数的导数，有

$$\frac{d}{dx}\int_{\cos x}^{1}e^{-t^2}dt=-\frac{d}{dx}\int_{1}^{\cos x}e^{-t^2}dt=-e^{-\cos^2 x}(\cos x)'$$

$$=-e^{-\cos^2 x}\cdot(-\sin x)=\sin x\,e^{-\cos^2 x}.$$

因此
$$\lim_{x\to 0}\frac{\int_{\cos x}^{1}e^{-t^2}dt}{x^2}=\lim_{x\to 0}\frac{\sin x\,e^{-\cos^2 x}}{2x}=\frac{1}{2e}.$$

习题 5.2

1. 计算下列定积分.

(1) $\int_0^2|1-x|dx$　　(2) $\int_{-2}^{1}x^2|x|dx$　　(3) $\int_0^{2\pi}|\sin x|dx$.

2. 求极限 $\lim\limits_{x\to 1}\dfrac{\int_1^x\sin\pi t\,dt}{1+\cos\pi x}$.

3. 计算下列各题.

(1) $\int_0^1x^{100}dx$　　(2) $\int_1^4\sqrt{x}\,dx$　　(3) $\int_0^1e^x dx$

(4) $\int_0^1 100^x dx$　　(5) $\int_0^{\frac{\pi}{2}}\sin x\,dx$　　(6) $\int_0^1 x e^{x^2}dx$

(7) $\int_0^{\frac{\pi}{2}}\sin(2x+\pi)dx$　　(8) $\int_0^{\pi}\cos\left(\frac{x}{4}+\frac{\pi}{4}\right)dx$　　(9) $\int_1^e\frac{\ln x}{2x}dx$

(10) $\int_0^1\frac{dx}{100+x^2}$　　(11) $\int_0^{\frac{\pi}{4}}\frac{\tan x}{\cos^2 x}dx$

第三节　定积分的换元法和分部积分法

随着牛顿-莱布尼茨公式的明确，定积分的基本计算问题可以转化为被积函数的原函数增量问题，而原函数的求法上一章不定积分中已经得到了解决，所以我们可以利用已知的方法求出原函数，然后再代入积分上下限，从而解决定积分的基本计算问题．本节中为了定积分的计算更简洁明快，还是将定积分的计算方法列出．

与不定积分的换元积分法和分部积分法相对应的是定积分的换元积分法和分部积分法.

一、定积分的换元积分法

定理 1 设函数 $f(x)$ 在区间 $[a, b]$ 上连续，函数 $x=\varphi(t)$ 满足

(1) $\varphi(t)$ 在区间 $[\alpha, \beta]$ 上单值且具有连续导数 $\varphi'(t)$；

(2) 当 t 在 $[\alpha, \beta]$ 上变化时，$x=\varphi(t)$ 的值在 $[a, b]$ 上变化，且有 $\varphi(\alpha)=a$，$\varphi(\beta)=b$，则有

$$\int_a^b f(x)\mathrm{d}x=\int_\alpha^\beta f[\varphi(t)]\varphi'(t)\mathrm{d}t \tag{1}$$

证明：首先，根据定理的条件，公式 (1) 两端的定积分都是存在的．设$F(x)$是 $f(x)$ 的一个原函数，因此有

$$\int_a^b f(x)\mathrm{d}x=F(b)-F(a)$$

由复合函数的求导公式知，$F[\varphi(t)]$是 $f[\varphi(t)]\varphi'(t)$的一个原函数，所以

$$\int_\alpha^\beta f[\varphi(t)]\varphi'(t)\mathrm{d}t=F[\varphi(t)]_\alpha^\beta=F[\varphi(\beta)]-F[\varphi(\alpha)]=F(b)-F(a)$$

因此有 $\int_a^b f(x)\mathrm{d}x=\int_\alpha^\beta f[\varphi(t)]\varphi'(t)\mathrm{d}t$.

公式 (1) 称为换元积分公式．

应用换元公式 (1) 时，我们应注意两点：

第一，用 $x=\varphi(t)$ 把原来变量 x 代换成新变量 t 时，积分限也要换成相对于 t 的积分限，即“换元必换限”；

第二，求出右端被积函数 $f[\varphi(t)]\varphi'(t)$的一个原函数 $\Phi(t)=F[\varphi(t)]$后，不必再把 $\Phi(t)$换成原来变量 x 的函数，只要把新变量 t 的积分上下限代入 $\Phi(t)$，然后相减即可．

【例 1】 计算 $\int_0^a \sqrt{a^2-x^2}\,\mathrm{d}x\,(a>0)$．

解法 1 不使用换元积分公式计算．先求不定积分 $\int\sqrt{a^2-x^2}\,\mathrm{d}x$．设 $x=a\sin t$，则 $\mathrm{d}x=a\cos t\,\mathrm{d}t$，于是有

$$\begin{aligned}\int\sqrt{a^2-x^2}\,\mathrm{d}x&=a^2\int\cos^2 t\,\mathrm{d}t=\frac{a^2}{2}\int(1+\cos 2t)\mathrm{d}t\\&=\frac{a^2}{2}\left(t+\frac{\sin 2t}{2}\right)+C\\&=\frac{a^2}{2}\arcsin\frac{x}{a}+\frac{x}{2}\sqrt{a^2-x^2}+C.\end{aligned}$$

根据牛顿-莱布尼茨公式，有

$$\int_0^a\sqrt{a^2-x^2}\,\mathrm{d}x=\left[\frac{a^2}{2}\arcsin\frac{x}{a}+\frac{x}{2}\sqrt{a^2-x^2}\right]_0^a=\frac{1}{4}\pi a^2.$$

解法 2 使用换元积分法计算．设 $x=a\sin t\left(0\leqslant t\leqslant\dfrac{\pi}{2}\right)$，则 $\mathrm{d}x=a\cos t\,\mathrm{d}t$，且当 $x=0$ 时，$t=0$；当 $x=a$ 时，$t=\dfrac{\pi}{2}$，于是有

$$\int_0^a\sqrt{a^2-x^2}\,\mathrm{d}x=a^2\int_0^{\frac{\pi}{2}}\cos^2 t\,\mathrm{d}t=\frac{a^2}{2}\int_0^{\frac{\pi}{2}}(1+\cos 2t)\,\mathrm{d}t$$

$$=\frac{a^2}{2}\left[t+\frac{\sin 2t}{2}\right]_0^{\frac{\pi}{2}}=\frac{1}{4}\pi a^2.$$

【例 2】 求 $\displaystyle\int_0^a\frac{1}{\sqrt{x^2+a^2}}\mathrm{d}x\ (a>0)$．

解：设 $x=a\tan t\left(0\leqslant t\leqslant\dfrac{\pi}{4}\right)$，则 $\mathrm{d}x=a\sec^2 t\,\mathrm{d}t$，且当 $x=0$ 时，$t=0$；当 $x=a$ 时，$t=\pi/4$，又 $\sqrt{x^2+a^2}=a\sec t$，于是有

$$\int_0^a\frac{1}{\sqrt{x^2+a^2}}\mathrm{d}x=\int_0^{\frac{\pi}{4}}\frac{a\sec^2 t}{a\sec t}\mathrm{d}t$$

$$=\int_0^{\frac{\pi}{4}}\sec t\,\mathrm{d}t=\ln\left|\sec t+\tan t\right|\Big|_0^{\frac{\pi}{4}}=\ln(1+\sqrt{2}).$$

【例 3】 计算 $\displaystyle\int_1^4\frac{\mathrm{d}x}{x+\sqrt{x}}$．

解：设 $\sqrt{x}=t$，则 $x=t^2$，$\mathrm{d}x=2t\,\mathrm{d}t$，当 $x=1$ 时，$t=1$；当 $x=4$ 时，$t=2$，于是

$$\int_1^4\frac{\mathrm{d}x}{x+\sqrt{x}}=\int_1^2\frac{2t\,\mathrm{d}t}{t+t^2}=2\int_1^2\frac{1}{t+1}\mathrm{d}t=2\left[\ln(t+1)\right]_1^2$$

$$=2(\ln 3-\ln 2)=2\ln\frac{3}{2}.$$

【例 4】 计算 $\displaystyle\int_0^{\frac{\pi}{2}}\cos^5 x\sin x\,\mathrm{d}x$．

解：设 $t=\cos x$，则 $\mathrm{d}t=-\sin x\,\mathrm{d}x$，且当 $x=0$ 时，$t=1$，当 $x=\dfrac{\pi}{2}$时，$t=0$，于是

$$\int_0^{\frac{\pi}{2}}\cos^5 x\sin x\,\mathrm{d}x=-\int_1^0 t^5\,\mathrm{d}t=\int_0^1 t^5\,\mathrm{d}t=\left[\frac{t^6}{6}\right]_0^1=\frac{1}{6}.$$

此例中，如果不明显地写出新变量 t，那么定积分的上下限就不要变化，现在用这种方法计算如下：

$$\int_0^{\frac{\pi}{2}}\cos^5 x\sin x\,\mathrm{d}x=-\int_0^{\frac{\pi}{2}}\cos^5 x\,\mathrm{d}(\cos x)$$

$$=-\left[\frac{\cos^6 x}{6}\right]_0^{\frac{\pi}{2}}=-\left(0-\frac{1}{6}\right)=\frac{1}{6}.$$

【例 5】 证明 $\displaystyle\int_0^{\frac{\pi}{2}}f(\sin x)\,\mathrm{d}x=\int_0^{\frac{\pi}{2}}f(\cos x)\,\mathrm{d}x$．

证明：作变换 $x=\frac{\pi}{2}-t$，则 $\mathrm{d}x=-\mathrm{d}t$，$\sin x=\sin\left(\frac{\pi}{2}-t\right)=\cos t$，

当 $x=0$ 时，$t=\frac{\pi}{2}$；$x=\frac{\pi}{2}$时，$t=0$，于是有

$$\int_0^{\frac{\pi}{2}} f(\sin x)\mathrm{d}x=\int_{\frac{\pi}{2}}^0 f(\cos t)(-\mathrm{d}t)=\int_0^{\frac{\pi}{2}} f(\cos t)\mathrm{d}t=\int_0^{\frac{\pi}{2}} f(\cos x)\mathrm{d}x .$$

对于定积分换元积分法除了最基本的公式应用，还可以把定积分换元积分法与其他数学知识相结合使用，这样往往能够达到事半功倍的效果.

利用函数奇偶性简化计算

【例 6】 设 $f(x)$ 在区间 $[-a, a]$ 上连续，证明：

(1) 如果 $f(x)$ 是 $[-a, a]$ 上的奇函数，则 $\int_{-a}^a f(x)\mathrm{d}x=0$；

(2) 如果 $f(x)$ 是 $[-a, a]$ 上的偶函数，则 $\int_{-a}^a f(x)\mathrm{d}x=2\int_0^a f(x)\mathrm{d}x$.

证明：因为 $\int_{-a}^a f(x)\mathrm{d}x=\int_{-a}^0 f(x)\mathrm{d}x+\int_0^a f(x)\mathrm{d}x$，对其右边第一个积分作代换 $x=-t$，则

$$\int_{-a}^0 f(x)\mathrm{d}x=-\int_a^0 f(-t)\mathrm{d}t=\int_0^a f(-t)\mathrm{d}t=\int_0^a f(-x)\mathrm{d}x .$$

于是 $\int_{-a}^a f(x)\mathrm{d}x=\int_0^a f(-x)\mathrm{d}x+\int_0^a f(x)\mathrm{d}x=\int_0^a [f(-x)+f(x)]\mathrm{d}x$.

(1) 如果 $f(x)$ 是奇函数，那么 $f(-x)+f(x)=0$，即

$$\int_{-a}^a f(x)\mathrm{d}x=0 .$$

(2) 如果 $f(x)$ 是偶函数，那么 $f(-x)+f(x)=2f(x)$，即

$$\int_{-a}^a f(x)\mathrm{d}x=2\int_0^a f(x)\mathrm{d}x .$$

利用此结论，可简化一些对称区间 $[a, -a]$ 上的定积分的计算，如

$$\int_{-\frac{\pi}{2}}^{\frac{\pi}{2}} \sin^{2n-1}x\,\mathrm{d}x=0,\int_{-4}^4 x^4\mathrm{d}x=2\int_0^4 x^4\mathrm{d}x=\frac{2}{5}x^5\Big|_0^4=\frac{64}{5} .$$

利用函数的周期性简化计算

设 $f(x)$ 是以 T 为周期的连续函数，则有

$$\int_a^{a+T} f(x)\mathrm{d}x=\int_0^T f(x)\mathrm{d}x$$

$$\int_a^{a+nT} f(x)\mathrm{d}x=n\int_0^T f(x)\mathrm{d}x \quad (n\text{ 为整数})$$

【例 7】 计算 $\int_{100-\frac{\pi}{2}}^{100+\frac{\pi}{2}} \tan^2 x\,\sin^2 2x\,\mathrm{d}x$.

解：因为被积分函数以 π 为周期，所以

$$\text{原式}=\int_{-\frac{\pi}{2}}^{+\frac{\pi}{2}} \tan^2 x\,\sin^2 2x\,\mathrm{d}x=4\int_{-\frac{\pi}{2}}^{+\frac{\pi}{2}} \sin^4 x\,\mathrm{d}x$$

$$= 8\int_0^{+\frac{\pi}{2}} \sin^4 x \,dx = \frac{3\pi}{2}.$$

【例 8】 计算 $\int_{-2n\pi}^{0} \left|\frac{d\cos t}{dt}\right| dt$

解： 原式$= \int_0^{2n\pi} |\sin t| \,dt = 2n\int_0^{\pi} \sin t \,dt = 4n$

计算含有绝对值的函数的定积分

【例 9】 计算 $\int_0^{\pi} \sqrt{\sin^3 x - \sin^5 x}\,dx$.

解： $\sqrt{\sin^3 x - \sin^5 x} = \sqrt{\sin^3 x(1-\sin^2 x)} = \sin^{\frac{3}{2}} x\,|\cos x|$，

在$\left[0, \frac{\pi}{2}\right]$上，$|\cos x| = \cos x$，

在$\left[\frac{\pi}{2}, \pi\right]$上，$|\cos x| = -\cos x$，于是

$$原式= \int_0^{\frac{\pi}{2}} \sin^{\frac{3}{2}} x \cos x \,dx + \int_{\frac{\pi}{2}}^{\pi} \sin^{\frac{3}{2}} x(-\cos x)\,dx .$$

$$= \left[\frac{2}{5}\sin^{\frac{5}{2}} x\right]_0^{\frac{\pi}{2}} - \left[\frac{2}{5}\sin^{\frac{5}{2}} x\right]_{\frac{\pi}{2}}^{\pi} = \frac{4}{5}$$

在计算含有绝对值的函数的定积分时，应当根据该函数的正负值将积分区间分开.

【例 10】 计算 $\int_{-1}^{3} |x-1|\,dx$

解： 原式$= \int_{-1}^{1} |x-1|\,dx + \int_1^3 |x-1|\,dx$

$$= \int_{-1}^{1} -(x-1)\,dx + \int_1^3 (x-1)\,dx = 4$$

二、定积分的分部积分法

定理 2 若 u、v 在 $[a, b]$ 上有连续导数 $u'(x)$、$v'(x)$，则

$$\int_a^b uv'\,dvx = [uv]_a^b - \int_a^b vu'\,dx \tag{2}$$

或者

$$\int_a^b u\,dv = [uv]_a^b - \int_a^b v\,du . \tag{3}$$

证明： 由乘积的导数公式有 $[uv]' = u'v + uv'$，等式两边分别求在 $[a, b]$ 上的定积分，并注意到 $\int_a^b (uv)'\,dx = [uv]_a^b$. 有 $[uv]_a^b = \int_a^b u'v\,dx + \int_a^b uv'\,dx$. 移项就得

$$\int_a^b uv'\,dx = [uv]\,|_a^b - \int_a^b u'v\,dx ,$$

写成微分形式就是 $\int_a^b u\,dv = [uv]_a^b - \int_a^b v\,du$. 证毕 .

【例 11】 计算 $\int_1^e x\ln x\,dx$.

解：设 $u=\ln x$，$dv=x\,dx=d\left(\frac{x^2}{2}\right)$，则 $du=\frac{1}{x}dx$，$v=\frac{x^2}{2}$，由分部积分公式

$$\int_1^e x\ln x\,dx=\left[\frac{x^2}{2}\ln x\right]_1^e-\int_1^e\frac{x^2}{2}\cdot\frac{1}{x}dx=\frac{e^2}{2}-\frac{x^2}{4}\Big|_1^e=\frac{1+e^2}{4}.$$

有时分部积分法和定积分的换元积分还可结合使用．

【例 12】 计算 $\int_0^1 e^{\sqrt{x}}\,dx$．

解：先用换元法，令 $\sqrt{x}=t$，则 $x=t^2$，$dx=2t\,dt$，且当 $x=0$ 时，$t=0$，$x=1$ 时，$t=1$，于是有

$$\int_0^1 e^{\sqrt{x}}\,dx=2\int_0^1 te^t\,dt.$$

再用分部积分法计算上式右端的积分，设 $u=t$，$dv=e^t\,dt$，则 $du=dt$，$v=e^t$，于是

$$\int_0^1 te^t\,dt=[te^t]_0^1-\int_0^1 e^t\,dt=e-[e^t]_0^1=e-(e-1)=1$$

因此 $\int_0^1 e^{\sqrt{x}}\,dx=2$.

【例 13】 求 $I_n=\int_0^{\frac{\pi}{2}}\cos^n x\,dx$（$n$ 为大于 1 的正整数）.

解：$I_n=\int_0^{\frac{\pi}{2}}\cos^n x\,dx=\int_0^{\frac{\pi}{2}}\cos^{n-1}x\cos x\,dx=\int\cos^{n-1}x\,d\sin x$

$$=[\sin x\cos^{n-1}x]_0^{\frac{\pi}{2}}+(n-1)\int_0^{\frac{\pi}{2}}\sin^2 x\cos^{n-2}x\,dx$$

$$=(n-1)\int_0^{\frac{\pi}{2}}(1-\cos^2 x)\cos^{n-2}x\,dx$$

$$=(n-1)\int_0^{\frac{\pi}{2}}\cos^{n-2}x\,dx-(n-1)\int_0^{\frac{\pi}{2}}\cos^n x\,dx.$$

即

$$I_n=(n-1)I_{n-2}-(n-1)I_n.$$

移项，得

$$I_n=\frac{n-1}{n}I_{n-2}$$

这个公式叫做积分 I_n 关于下标 n 的递推公式．

由于 $$I_0=\int_0^{\frac{\pi}{2}}dx=\frac{\pi}{2},I_1=\int_0^{\frac{\pi}{2}}\cos x\,dx=1.$$

所以有

$$I_n=\int_0^{\frac{\pi}{2}}\cos^n x\,dx=\begin{cases}\frac{n-1}{n}\cdot\frac{n-3}{n-2}\cdots\frac{4}{5}\cdot\frac{2}{3}\ (n\text{ 为奇数})\\ \frac{n-1}{n}\cdot\frac{n-3}{n-2}\cdots\frac{3}{4}\cdot\frac{1}{2}\cdot\frac{\pi}{2}\ (n\text{ 为偶数}).\end{cases}$$

习题 5.3

1. 计算下列定积分

(1) $\int_0^4 \sqrt{16-x^2}\,\mathrm{d}x$　　(2) $\int_0^1 \frac{1}{4+x^2}\mathrm{d}x$

2. 计算下列定积分

(1) $\int_0^4 (5x+1)\mathrm{e}^{5x}\,\mathrm{d}x$　　(2) $\int_1^{2\mathrm{e}} \ln(2x+1)\,\mathrm{d}x$

(3) $\int_0^1 \mathrm{e}^{\pi x}\cos\pi x\,\mathrm{d}x$　　(4) $\int_0^1 (x^3+3^x+\mathrm{e}^{3x})x\,\mathrm{d}x$

第四节　反常积分

在一些实际问题中，经常遇到积分区间为无穷区间，或者被积函数为无界函数的积分，它们已经不属于前面所说的定积分了. 因此，我们对定积分做出了推广，形成了反常积分的概念，由于反常积分所包含的情况远远大于前面我们所说的定积分范畴，所有反常积分又称为广义积分.

一、无穷区间的反常积分

定义 1　设函数 $f(x)$ 在区间 $[a, +\infty)$上连续，取 $b>a$. 如果极限

$$\lim_{b\to+\infty}\int_a^b f(x)\mathrm{d}x$$

存在，则称此极限为函数 $f(x)$ 在无穷区间 $[a,+\infty)$ 上的反常积分，记作 $\int_a^{+\infty} f(x)\mathrm{d}x$ ，即

$$\int_a^{+\infty} f(x)\mathrm{d}x = \lim_{b\to+\infty}\int_a^b f(x)\mathrm{d}x.$$

这时也称反常积分 $\int_a^{+\infty} f(x)\mathrm{d}x$ 收敛.

如果上述极限不存在，函数 $f(x)$ 在无穷区间 $[a,+\infty)$ 上的反常积分 $\int_a^{+\infty} f(x)\mathrm{d}x$ 就没有意义，此时称反常积分 $\int_a^{+\infty} f(x)\mathrm{d}x$ 发散.

类似地，设函数 $f(x)$ 在区间 $(-\infty, b]$ 上连续，如果极限

$$\lim_{a\to-\infty}\int_a^b f(x)\mathrm{d}x\ (a<b)$$

存在，则称此极限为函数 $f(x)$ 在无穷区间 $(-\infty, b]$ 上的反常积分，记作 $\int_{-\infty}^b f(x)\mathrm{d}x$ ，即

高等数学

$$\int_{-\infty}^{b} f(x)\mathrm{d}x = \lim_{a\to-\infty}\int_{a}^{b} f(x)\mathrm{d}x$$

这时也称反常积分 $\int_{-\infty}^{b} f(x)\mathrm{d}x$ 收敛. 如果上述极限不存在，则称反常积分 $\int_{-\infty}^{b} f(x)\mathrm{d}x$ 发散.

设函数 $f(x)$ 在区间 $(-\infty,+\infty)$ 上连续，如果反常积分

$$\int_{-\infty}^{0} f(x)\mathrm{d}x \text{ 和} \int_{0}^{+\infty} f(x)\mathrm{d}x$$

都收敛，则称上述两个反常积分的和为函数 $f(x)$ 在无穷区间 $(-\infty,+\infty)$ 上的反常积分，记作 $\int_{-\infty}^{+\infty} f(x)\mathrm{d}x$ 即

$$\begin{aligned}\int_{-\infty}^{+\infty} f(x)\mathrm{d}x &= \int_{-\infty}^{0} f(x)\mathrm{d}x + \int_{0}^{+\infty} f(x)\mathrm{d}x \\ &= \lim_{a\to-\infty}\int_{a}^{0} f(x)\mathrm{d}x + \lim_{b\to+\infty}\int_{0}^{b} f(x)\mathrm{d}x\end{aligned}$$

这时也称反常积分 $\int_{-\infty}^{+\infty} f(x)\mathrm{d}x$ 收敛.

如果上式右端有一个反常积分发散，则称反常积分 $\int_{-\infty}^{+\infty} f(x)\mathrm{d}x$ 发散.

定义 1′ 连续函数 $f(x)$ 在区间 $[a,+\infty)$ 上的反常积分定义为

$$\int_{a}^{+\infty} f(x)\mathrm{d}x = \lim_{b\to+\infty}\int_{a}^{b} f(x)\mathrm{d}x.$$

在反常积分的定义式中，如果极限存在，则称此反常积分收敛；否则称此反常积分发散.

类似地，连续函数 $f(x)$ 在区间 $(-\infty, b]$ 上和在区间 $(-\infty, +\infty)$ 上的反常积分定义为

$$\int_{-\infty}^{b} f(x)\mathrm{d}x = \lim_{a\to-\infty}\int_{a}^{b} f(x)\mathrm{d}x.$$

$$\int_{-\infty}^{+\infty} f(x)\mathrm{d}x = \lim_{a\to-\infty}\int_{a}^{0} f(x)\mathrm{d}x + \lim_{b\to+\infty}\int_{0}^{b} f(x)\mathrm{d}x.$$

反常积分的计算：如果 $F(x)$是 $f(x)$的原函数，则

$$\begin{aligned}\int_{a}^{+\infty} f(x)\mathrm{d}x &= \lim_{b\to+\infty}\int_{a}^{b} f(x)\mathrm{d}x = \lim_{b\to+\infty}\,[F(x)]_{a}^{b} \\ &= \lim_{b\to+\infty} F(b) - F(a) = \lim_{x\to+\infty} F(x) - F(a).\end{aligned}$$

可采用如下简记形式:

$$\int_{a}^{+\infty} f(x)\mathrm{d}x = [F(x)]_{a}^{+\infty} = \lim_{x\to+\infty} F(x) - F(a)$$

类似地

$$\int_{-\infty}^{b} f(x)\mathrm{d}x = [F(x)]_{-\infty}^{b} = F(b) - \lim_{x\to-\infty} F(x)$$

$$\int_{-\infty}^{+\infty} f(x)\mathrm{d}x = [F(x)]_{-\infty}^{+\infty} = \lim_{x\to+\infty} F(x) - \lim_{x\to-\infty} F(x)$$

【例 1】 计算反常积分 $\int_{-\infty}^{+\infty} \frac{1}{1+x^2}\mathrm{d}x$.

解：$\int_{-\infty}^{+\infty}\frac{1}{1+x^2}\mathrm{d}x=[\arctan x]_{-\infty}^{+\infty}$

$=\lim\limits_{x\to+\infty}\arctan x-\lim\limits_{x\to-\infty}\arctan x$

$=\frac{\pi}{2}-\left(-\frac{\pi}{2}\right)=\pi$

【例 2】 计算反常积分 $\int_0^{+\infty}t\mathrm{e}^{-pt}\mathrm{d}t$（$p$ 是常数，且 $p>0$）.

解：$\int_0^{+\infty}t\mathrm{e}^{-pt}\mathrm{d}t=\left[\int t\mathrm{e}^{-pt}\mathrm{d}t\right]_0^{+\infty}=\left[-\frac{1}{p}\int t\mathrm{d}\mathrm{e}^{-pt}\right]_0^{+\infty}$

$=\left[-\frac{1}{p}t\mathrm{e}^{-pt}+\frac{1}{p}\int\mathrm{e}^{-pt}\mathrm{d}t\right]_0^{+\infty}$

$=\left[-\frac{1}{p}t\mathrm{e}^{-pt}-\frac{1}{p^2}\mathrm{e}^{-pt}\right]_0^{+\infty}$

$=\lim\limits_{t\to+\infty}\left[-\frac{1}{p}t\mathrm{e}^{-pt}-\frac{1}{p^2}\mathrm{e}^{-pt}\right]+\frac{1}{p^2}=\frac{1}{p^2}.$

提示：$\lim\limits_{t\to+\infty}t\mathrm{e}^{-pt}=\lim\limits_{t\to+\infty}\frac{t}{\mathrm{e}^{pt}}=\lim\limits_{t\to+\infty}\frac{1}{p\mathrm{e}^{pt}}=0.$

【例 3】 讨论反常积分 $\int_a^{+\infty}\frac{1}{x^p}\mathrm{d}x$（$a>0$）的敛散性.

解：当 $p=1$ 时，$\int_a^{+\infty}\frac{1}{x^p}\mathrm{d}x=\int_a^{+\infty}\frac{1}{x}\mathrm{d}x=[\ln x]_a^{+\infty}=+\infty$.

当 $p<1$ 时，$\int_a^{+\infty}\frac{1}{x^p}\mathrm{d}x=\left[\frac{1}{1-p}x^{1-p}\right]_a^{+\infty}=+\infty$.

当 $p>1$ 时，$\int_a^{+\infty}\frac{1}{x^p}\mathrm{d}x=\left[\frac{1}{1-p}x^{1-p}\right]_a^{+\infty}=\frac{a^{1-p}}{p-1}$.

因此，当 $p>1$ 时，此反常积分收敛，其值为$\frac{a^{1-p}}{p-1}$；当 $p\leqslant1$ 时，此反常积分发散.

二、无界函数的反常积分

定义 2 设函数 $f(x)$ 在区间 $(a,b]$上连续，而在点 a 的右邻域内无界. 取 $\varepsilon>0$，如果极限

$$\lim_{t\to a^+}\int_t^b f(x)\mathrm{d}x$$

存在，则称此极限为函数 $f(x)$ 在 $(a,b]$ 上的反常积分，仍然记作 $\int_a^b f(x)\mathrm{d}x$，即

$$\int_a^b f(x)\mathrm{d}x=\lim_{t\to a^+}\int_t^b f(x)\mathrm{d}x.$$

这时也称反常积分 $\int_a^b f(x)\mathrm{d}x$ 收敛.

如果上述极限不存在，就称反常积分 $\int_a^b f(x)\mathrm{d}x$ 发散.

类似地，设函数 $f(x)$ 在区间 $[a, b)$ 上连续，而在点 b 的左邻域内无界. 取 $\varepsilon>0$，如果极限

$$\lim_{t\to b^-}\int_a^t f(x)\mathrm{d}x$$

存在，则称此极限为函数 $f(x)$ 在 $[a,b)$ 上的反常积分，仍然记作 $\int_a^b f(x)\mathrm{d}x$，即

$$\int_a^b f(x)\mathrm{d}x=\lim_{t\to b^-}\int_a^t f(x)\mathrm{d}x.$$

这时也称反常积分 $\int_a^b f(x)\mathrm{d}x$ 收敛. 如果上述极限不存在，就称反常积分 $\int_a^b f(x)\mathrm{d}x$ 发散.

设函数 $f(x)$ 在区间 $[a, b]$ 上除点 c $(a<c<b)$ 外连续，而在点 c 的邻域内无界. 如果两个反常积分

$$\int_a^c f(x)\mathrm{d}x \text{ 与} \int_c^b f(x)\mathrm{d}x$$

都收敛，则定义

$$\int_a^b f(x)\mathrm{d}x=\int_a^c f(x)\mathrm{d}x+\int_c^b f(x)\mathrm{d}x$$

否则，就称反常积分 $\int_a^b f(x)\mathrm{d}x$ 发散.

瑕点：如果函数 $f(x)$ 在点 a 的任一邻域内都无界，那么点 a 称为函数 $f(x)$ 的瑕点，也称为无界.

定义 2′ 设函数 $f(x)$ 在区间 $(a, b]$ 上连续，点 a 为 $f(x)$ 的瑕点. 函数 $f(x)$在 $(a, b]$ 上的反常积分定义为

$$\int_a^b f(x)\mathrm{d}x=\lim_{t\to a^+}\int_t^b f(x)\mathrm{d}x$$

在反常积分的定义式中，如果极限存在，则称此反常积分收敛；否则称此反常积分发散.

类似地，函数 $f(x)$ 在 $[a, b)$ (b 为瑕点) 上的反常积分定义为

$$\int_a^b f(x)\mathrm{d}x=\lim_{t\to b^-}\int_a^t f(x)\mathrm{d}x.$$

函数 $f(x)$ 在 $[a, c)\cup(c, b]$ (c 为瑕点) 上的反常积分定义为

$$\int_a^b f(x)\mathrm{d}x=\lim_{t\to c^-}\int_a^t f(x)\mathrm{d}x+\lim_{t\to c^+}\int_t^b f(x)\mathrm{d}x.$$

反常积分的计算:

如果 $F(x)$ 为 $f(x)$ 的原函数，则有

$$\int_a^b f(x)\mathrm{d}x=\lim_{t\to a^+}\int_t^b f(x)\mathrm{d}x=\lim_{t\to a^+}[F(x)]_t^b$$

$$=F(b)-\lim_{t\to a^+}F(t)=F(b)-\lim_{x\to a^+}F(x)$$

可采用如下简记形式:

$$\int_a^b f(x)\mathrm{d}x=[F(x)]_a^b=F(b)-\lim_{x\to a^+}F(x)$$

类似地，有

$$\int_a^b f(x)\mathrm{d}x=[F(x)]_a^b=\lim_{x\to b^-}F(x)-F(a)$$

当 a 为瑕点时，$\int_a^b f(x)\mathrm{d}x=[F(x)]_a^b=F(b)-\lim_{x\to a^+}F(x)$；

当 b 为瑕点时，$\int_a^b f(x)\mathrm{d}x=[F(x)]_a^b=\lim_{x\to b^-}F(x)-F(a)$.

当 $c(a<c<b)$ 为瑕点时，

$$\int_a^b f(x)\mathrm{d}x=\int_a^c f(x)\mathrm{d}x+\int_c^b f(x)\mathrm{d}x=[\lim_{x\to c^-}F(x)-F(a)]+[F(b)-\lim_{x\to c^+}F(x)].$$

【例 4】 计算反常积分 $\int_0^a \frac{1}{\sqrt{a^2-x^2}}\mathrm{d}x$.

解：因为 $\lim\limits_{x\to a^-}\frac{1}{\sqrt{a^2-x^2}}=+\infty$，所以点 a 为被积函数的瑕点.

$$\int_0^a \frac{1}{\sqrt{a^2-x^2}}\mathrm{d}x=\left[\arcsin\frac{x}{a}\right]_0^a=\lim_{x\to a^-}\arcsin\frac{x}{a}-0=\frac{\pi}{2}.$$

【例 5】 讨论反常积分 $\int_{-1}^1 \frac{1}{x^2}\mathrm{d}x$ 的收敛性.

解：函数$\frac{1}{x^2}$在区间 $[-1,1]$ 上除 $x=0$ 外连续，且$\lim\limits_{x\to 0}\frac{1}{x^2}=\infty$.

由于 $\int_{-1}^0 \frac{1}{x^2}\mathrm{d}x=\left[-\frac{1}{x}\right]_{-1}^0=\lim\limits_{x\to 0^-}\left(-\frac{1}{x}\right)-1=+\infty$，即反常积分 $\int_{-1}^0 \frac{1}{x^2}\mathrm{d}x$ 发散，所以反常积分 $\int_{-1}^1 \frac{1}{x^2}\mathrm{d}x$ 发散.

【例 6】 讨论反常积分 $\int_a^b \frac{\mathrm{d}x}{(x-a)^q}$ 的敛散性.

解：当 $q=1$ 时，$\int_a^b \frac{\mathrm{d}x}{(x-a)^q}=\int_a^b \frac{\mathrm{d}x}{x-a}=[\ln(x-a)]_a^b=+\infty$.

当 $q>1$ 时，$\int_a^b \frac{\mathrm{d}x}{(x-a)^q}=\left[\frac{1}{1-q}(x-a)^{1-q}\right]_a^b=+\infty$.

当 $q<1$ 时，$\int_a^b \frac{\mathrm{d}x}{(x-a)^q}=\left[\frac{1}{1-q}(x-a)^{1-q}\right]_a^b=\frac{1}{1-q}(b-a)^{1-q}$.

因此，当 $q<1$ 时，此反常积分收敛，其值为$\frac{1}{1-q}(b-a)^{1-q}$；当 $q\geqslant 1$ 时，此反常积分发散.

习题 5.4

1. 研究广义积分 $\int_{0}^{+\infty} \frac{1}{x^2}\mathrm{d}x$ 的敛散性.

2. 计算广义积分 $\int_{0}^{6} (x-4)^{-\frac{2}{3}}\mathrm{d}x$.

3. 计算广义积分 $\int_{1}^{+\infty} \mathrm{e}^{-100x}\mathrm{d}x$.

4. 计算广义积分 $\int_{0}^{+\infty} \frac{\mathrm{d}x}{100+x^2}$.

第五节　定积分的应用

本节课程将应用前面学过的定积分理论来分析和解决一些几何学、物理学与经济学中的问题，进一步加深对于定积分思想的理解认识，并向大家介绍如何运用定积分思想产生的元素法将一个量表达成为定积分的分析方法.

一、定积分的元素法

现在已经知道由连续曲线 $y=f(x)(f(x)\geqslant 0)$、x 轴与两直线 $x=a$、$x=b$ 所围成的曲边梯形面积，可以表示为 $A=\int_{a}^{b} f(x)\mathrm{d}x$，而曲边梯形面积的定积分表示形式获取过程如下：

第一步把区间 $[a, b]$ 分成 n 个长度为 Δx_i 的小区间，相应的曲边梯形被分为 n 个小窄曲边梯形，第 i 个小窄曲边梯形的面积为 ΔA_i，则 $A=\sum_{i=1}^{n}\Delta A_i$.

第二步计算 ΔA_i 的近似值 $\Delta A_i \approx f(\xi_i)\Delta x_i$.

第三步求和，得 A 的近似值 $A\approx \sum_{i=1}^{n} f(\xi_i)\Delta x_i$.

第四步求极限，得 A 的精确值 $A=\lim_{\lambda\to 0}\sum_{i=1}^{n} f(\xi_i)\Delta x_i=\int_{a}^{b} f(x)\mathrm{d}x$.

不难发现上述讨论问题中曲边梯形的面积 A 符合下列条件：

首先，A 是与一个变量 x 的变化区间 $[a, b]$ 有关的量；其次，A 对于区间 $[a, b]$ 具有可加性，就是说，如果把区间 $[a, b]$ 分成许多部分区间，则 A 相应地分成许多部分量，而 A 等于所有部分量之和；最后，部分量 ΔA_i 的近似值可表示为 $f(\xi_i)\Delta x_i$.

定积分的元素法内容如下：

(1) 根据问题的具体情况，选取一个变量例如 x 为积分变量，并确定它的变化区间 $[a, b]$；

(2) 设想把区间 $[a, b]$ 分成 n 个小区间，取其中任一小区间并记为 $[x, x+\mathrm{d}x]$，求出相应于这小区间的部分量 ΔA_i 的近似值．如果 ΔA_i 能近似地表示为 $[a, b]$ 上的一个连续函数在 x 处的值 $f(x)$ 与 $\mathrm{d}x$ 的乘积，就把 $f(x)\mathrm{d}x$ 称为量 A 的元素且记作 $\mathrm{d}A$，即 $\mathrm{d}A=f(x)\mathrm{d}x$；

(3) 以所求量 A 的元素 $f(x)\mathrm{d}x$ 为被积表达式，在区间 $[a, b]$ 上作定积分，得 $A=\int_a^b f(x)\mathrm{d}x$，即为所求量 A 的积分表达式．

二、定积分在几何学上的应用

1. 平面图形的面积

在直角坐标系中的计算方法：

① 由连续曲线 $y=f(x)(f(x\geqslant 0))$，x 轴及 $x=a$，$x=b$ 所围图形的曲边梯形面积 S：

$$S=\int_a^b f(x)\mathrm{d}x$$

② 在区间 $[a, b]$ 上，连续曲线 $y=f(x)$ 位于连续曲线 $y=g(x)$ 的上方，由这两条曲线及 $x=a$，$x=b$ 所围图形的面积 S：

$$S=\int_a^b [f(x)-g(x)]\mathrm{d}x$$

③ 在区间 $[a,b]$ 上，连续曲线 $x=f(y)$ 位于连续曲线 $x=g(y)$ 的右方，由这两条曲线及 $y=c$，$y=d$ 所围图形的面积 S：

$$S=\int_c^d [f(y)-g(y)]\mathrm{d}y$$

举例说明：

【例 1】 求由曲线 $y=x^2$ 和 $y=\sqrt{x}$ 所围成的图形面积 A.

解： 如图 5.7 所示，解方程组

$$\begin{cases} y=x^2 \\ y=\sqrt{x} \end{cases}$$

得交点 (0,0)，(1,1)．用一组垂直于 x 轴的直线把所求图形分割成若干个窄长条，小区间 $[x, x+\mathrm{d}x]$ 上窄长条的面积近似等于高为 $\sqrt{x}-x^2$，底为 $\mathrm{d}x$ 的矩形面积（记作 $\mathrm{d}A$，$\mathrm{d}A$ 称为面积元素），即

$$\mathrm{d}A=(\sqrt{x}-x^2)\mathrm{d}x$$

于是，所求图形的面积为

$$A=\int_0^1 \mathrm{d}A=\int_0^1 (\sqrt{x}-x^2)\mathrm{d}x=\frac{1}{3}$$

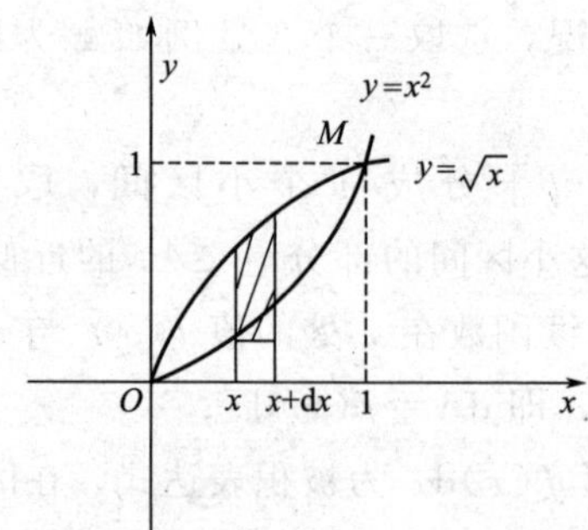

图 5.7

【例 2】 求由曲线 $y^2=2x$ 和 $y=x-4$ 所围成的图形面积 A.

解：如图 5.8 所示，解方程组

$$\begin{cases}y^2=2x\\ y=x-4\end{cases}$$

得交点 (2,−2)，(8,4)．用一组水平直线把所求图形分割成若干个窄长条，小区间 $[y,y+\mathrm{d}y]$ 上窄长条的面积近似等于高为 $\mathrm{d}y$，底为 $(y+4)-\frac{1}{2}y^2$ 的矩形面积，则

$$\mathrm{d}A=\left[(y+4)-\frac{1}{2}y^2\right]\mathrm{d}y$$

于是，所求图形的面积为

$$A=\int_{-2}^{4}\mathrm{d}A=\int_{-2}^{4}\left(y+4-\frac{1}{2}y^2\right)\mathrm{d}y=18$$

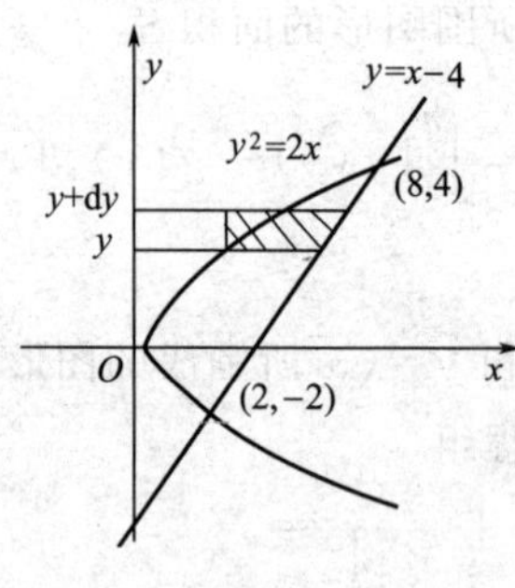

图 5.8

2. 旋转体的体积

定义：由一个平面图形绕这平面内一条直线旋转一周所围成的立体叫做旋转体，平面内这条直线叫做旋转轴，如圆柱和圆锥．

① 由连续曲线 $y=f(x)(f(x)\geqslant 0)$，x 轴及 $x=a$，$x=b(a<b)$ 所围图形的曲边梯形绕 x 轴旋转而成的旋转体体积：

$$V=\int_a^b \pi[f(x)]^2\mathrm{d}x$$

② 由连续曲线 $x=\varphi(y)(\varphi(y)\geqslant 0)$，$y$ 轴及 $y=c$，$y=d(c<d)$所围图形的曲

边梯形绕 x 轴旋转而成的旋转体体积：

$$V=\int_{c}^{d}\pi[\varphi(y)]^{2}\mathrm{d}y$$

举例说明：

【例 3】 求由曲线 $y=\sqrt{x}$，$x=1$，$y=0$ 所围成的图形绕 x 轴旋转而成的旋转体体积．

解： 如图 5.9 所示，用一组垂直于 x 轴的平面将整个旋转体分割成若干个小薄片，小区间 $[x,x+\mathrm{d}x]$ 上小薄片的体积近似等于以 $\sqrt{x}$ 为半径，$\mathrm{d}x$ 为高的扁圆柱体体积（记作 $\mathrm{d}V$，$\mathrm{d}V$ 称为体积元素），即

$$\mathrm{d}V=\pi(\sqrt{x})^{2}\mathrm{d}x$$

于是，所求旋转体体积为

$$V=\int_{0}^{1}\pi(\sqrt{x})^{2}\mathrm{d}x\ \frac{\pi}{2}$$

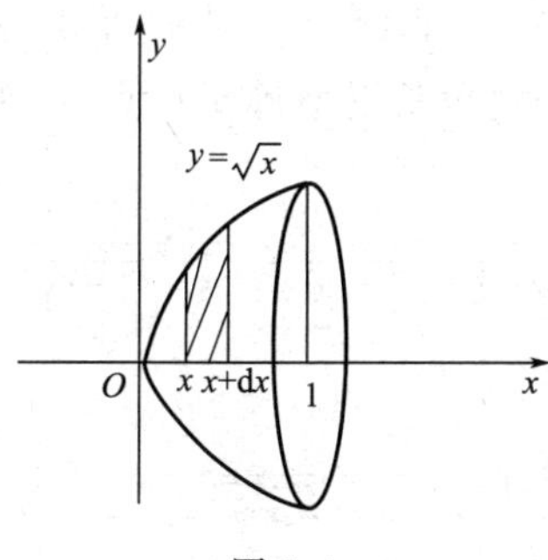

图 5.9

【例 4】 计算半径为 R 的球的体积．

解： 如图 5.10 所示，该球可看作半圆 $x^{2}+y^{2}=R^{2}(y>0)$ 绕 x 轴旋转而成，用一组垂直于 x 轴的平面将整个球分割成若干个小薄片，小区间 $[x,x+\mathrm{d}x]$ 上小薄片的体积近似等于以 $\sqrt{R^{2}-x^{2}}$ 为半径，$\mathrm{d}x$ 为高的扁圆柱体体积，即

$$\mathrm{d}V=\pi(\sqrt{R^{2}-x^{2}})^{2}\mathrm{d}x$$

于是，球的体积为

$$V=\int_{-R}^{R}\pi(\sqrt{R^{2}-x^{2}})^{2}\mathrm{d}x=\frac{4}{3}\pi R^{3}$$

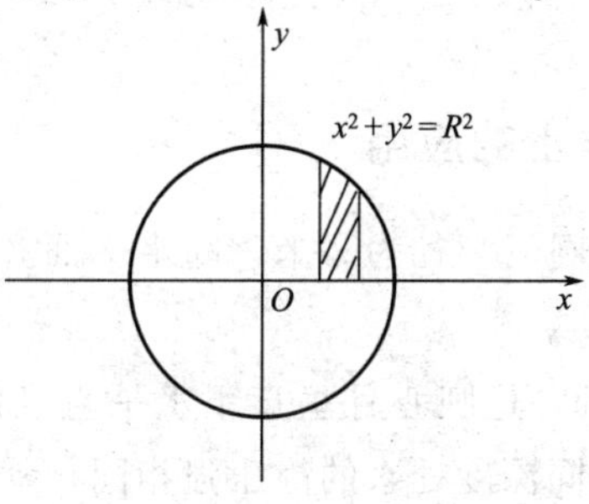

图 5.10

3. 平面曲线弧长

在直角坐标系中的计算方法：

设曲线 $y=f(x)$ 具有一阶连续导数，计算在这条曲线上相应于 x 从 a 到 b 的一段弧的长度.

取 x 为积分变量，它的变化区间为 $[a,b]$，在 $[a,b]$ 上任取子区间 $[x,x+\mathrm{d}x]$，曲线 $y=f(x)$ 相应于 $[x,x+\mathrm{d}x]$ 的一段弧的长度，可以用它在点 $[x,f(x)]$ 处的切线上相应的直线段的长度近似代替.

由弧长微分公式得，弧长元素为 $\mathrm{d}s=\sqrt{1+[f'(x)]^2}\,\mathrm{d}x$，以 $\sqrt{1+[f'(x)]^2}$ 为被积式，在 $[a,b]$ 上作定积分，其弧长 $S=\int_a^b\sqrt{1+[f'(x)]^2}\,\mathrm{d}x$.

举例说明：

【例 5】 求由曲线 $y=\dfrac{2}{3}x^{\frac{3}{2}}$ 在 $[0,3]$ 上的曲线长.

解： 如图 5.11 所示，用一组平行于 y 轴的直线将整个弧长分成若干个小弧段，小区间 $[x,x+\mathrm{d}x]$ 上小弧段长近似等于过点 M 的切线段长，从而得到弧长元素 $\mathrm{d}s$ 为

$$\mathrm{d}s=\sqrt{(\mathrm{d}x)^2-(\mathrm{d}y)^2}=\sqrt{1+y'^2}\,\mathrm{d}x$$

于是，所求弧长为

$$s=\int_0^3\sqrt{1+y'^2}\,\mathrm{d}x=\int_0^3\sqrt{1+(\sqrt{x})^2}\,\mathrm{d}x=\left[\frac{2}{3}(1+x)^{\frac{3}{2}}\right]_0^3=\frac{14}{3}$$

注：$\mathrm{d}s=\sqrt{(\mathrm{d}x)^2-(\mathrm{d}y)^2}=\sqrt{1+y'^2}\,\mathrm{d}x$ 称为弧微分.

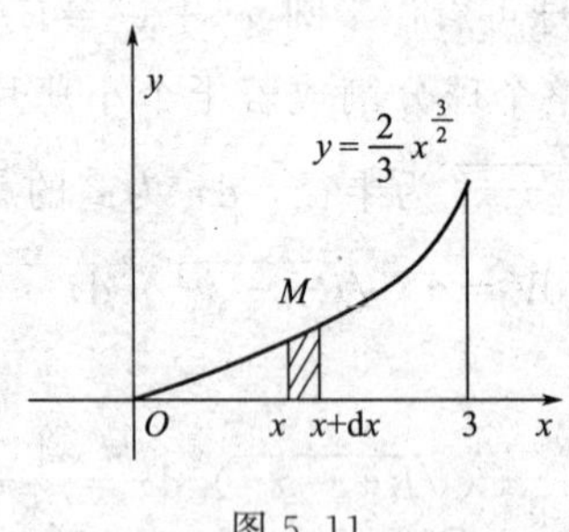

图 5.11

三、定积分在物理学上的应用

【例 6】 一管道的圆形闸门半径为 3 米，问水平面齐及直径时，闸门所受到的水的静压力为多大?

解： 取水平直径为 y 轴，过圆心且垂直于水平直径的直径为 x 轴，则圆的方程为 $x^2+y^2=9$. 由于在相同深度处水的静压强相同，其值等于水的比重 v 与深度 x 的乘积，故当 Δx 很小时，闸门上从深度 x 到 $x+\Delta x$ 这一狭条 ΔA 上所受的静

压力为

$$\Delta P \approx \mathrm{d}P = 2vx\sqrt{9-x^2}\,\mathrm{d}x.$$

从而闸门上抽受的总压力为

$$P = \int_0^3 2vx\sqrt{9-x^2}\,\mathrm{d}x = 18v$$

【例 7】 一根长为 l 的均匀细杆，质量为 M，在其中垂线上相距细杆为 a 处有一质量为 m 的质点，试求细杆对质点的万有引力.

解： 设细杆位于 x 轴上的 $\left[-\frac{l}{2},\frac{l}{2}\right]$，质点位于 y 轴上的点 a. 任取 $[x, x+\Delta x] \subset \left[-\frac{l}{2},\frac{l}{2}\right]$，当 Δx 很小时可把这一小段细杆看作一质点，其质量为 $\mathrm{d}M=\frac{M}{l}\mathrm{d}x$. 于是它对质点 m 的引力为

$$\mathrm{d}F=\frac{km\,\mathrm{d}M}{r^2}=\frac{km}{a^2+x^2}\cdot\frac{M}{l}\mathrm{d}x$$

由于细杆上各点对质点 m 的引力方向各不相同，因此不能直接对 $\mathrm{d}F$ 进行积分. 而 $\mathrm{d}F$ 在 x 轴和 y 轴上的分力为

$$\mathrm{d}F_x=\mathrm{d}F\cdot\sin\theta, \mathrm{d}F_y=-\mathrm{d}F\cdot\cos\theta.$$

由于质点 m 位于细杆的中垂线上，所以水平合力为零，即

$$F_x=\int_{-\frac{l}{2}}^{\frac{l}{2}}\mathrm{d}F_x=0$$

$$F_y=\int_{-\frac{l}{2}}^{\frac{l}{2}}\mathrm{d}F_y=-2\int_0^{\frac{l}{2}}\frac{kmMa}{l}(a^2+x^2)^{-\frac{3}{2}}\mathrm{d}x$$

$$=-\frac{2kmM}{a\sqrt{4a^2+l^2}}$$

负号表示合力方向与 y 轴方向相反.

【例 8】 一圆锥形水池，池口直径 30 米，深 10 米，池中盛满了水. 试求将全池水抽出池外需作的功.

解： 由于抽出相同深度处单位体积的水需作相同的功，因此将 x 到 $x+\Delta x$ 的一薄层水 $\Delta\Omega$ 抽至池口需作的功 ΔW. 当 Δx 很小时，$\Delta\Omega$ 的体积

$$\Delta V \approx \pi\left[15\left(1-\frac{x}{10}\right)\right]^2\Delta x,$$

这时有

$$\Delta W \approx \mathrm{d}W = \pi vx\left[15\left(1-\frac{x}{10}\right)\right]^2\mathrm{d}x.$$

所以将全池水抽出池外需做的功为

$$W = 225\pi v\int_0^{10} x\left(1-\frac{x}{10}\right)^2\mathrm{d}x = 1875\pi v$$

高等数学

四、定积分在经济上的应用

【例 9】 设某产品在 t 时刻总产量的变化率（即总产量与时间的函数关系的导数）为

$$f(t)=100+10t-0.8t^3$$

求从 $t=2$ 到 $t=4$ 两小时的总产量．

解： 设总产量函数 $F(t)$，那么 $F'(t)=f(t)$，从 $t=2$ 到 $t=4$ 两小时的总产量，可分割成若干小时间段，在 $[t,t+\mathrm{d}t]$ 内的产量可近似为产量元素 $\mathrm{d}F(t)=f(t)\mathrm{d}t$，所以所求总产量为

$$\int_2^4 f(t)\mathrm{d}t=\int_2^4(100+10t-0.8t^3)\mathrm{d}t=[100t+5t^2-0.2t^4]_2^4=148.8$$

【例 10】 某产品的总成本 $C(x)$ 的边际成本(总成本函数的导函数)为 $C'(x)=1$(单位：万元/百台)，总收入 $R(x)$ 的边际收入(总收入函数的导函数)为 $R'(x)=5-xC'(x)=1$(单位：万元/百台)，x 为生产量（单位：百台)，固定成本为 1 万元．问：(1) 产量等于多少时总利润 L 最大？(2) 从利润最大时在生产一百台，利润增加多少？

解： (1) 求成本函数

$$C(x)=\int C'(x)\mathrm{d}x=\int 1\mathrm{d}x=x+C$$

求收入函数

$$R(x)=\int R'(x)\mathrm{d}x=\int(5-x)\mathrm{d}x=5x-\frac{1}{2}x^2+C$$

$$R(x)=5x-\frac{1}{2}x^2$$

求利润函数

$$L(x)=R(x)-C(x)=5x-\frac{1}{2}x^2-x-1=4x-\frac{1}{2}x^2-1$$

$$L'(x)=4-x$$

令 $L'(x)=0$ 得 $x=4$

$$L(4)=4\times 4x-\frac{1}{2}\times 4^2-1=7(\text{万元})$$

所以产量为 4 百台利润最大为 7 万元．

(2) x 由 4 百台增加到 5 百台，利润增加量为

$$\int_4^5 4-x\mathrm{d}x=\left[4x-\frac{1}{4}x^2\right]_4^5$$

$$=(4\times 5-\frac{1}{2}\times 5^2)-(4\times 4-\frac{1}{2}\times 4^2)=-0.5(\text{万元})$$

习题 5.5

1. 求由曲线 $y=e^x-e$，$y=0$，$x=0$，$x=2$ 所围图形的面积.

2. 求抛物线 $y^2=x$ 与直线 $x-2y-3=0$ 所围的平面图形的面积.

3. 求圆锥体的体积公式.

4. 求由圆 $x^2+(y-R)^2\leqslant r^2(0<r<R)$ 绕 x 轴旋转一周所得环状立体的体积.

5. 已知生产某商品 x 单位时，边际收益为 $R'(x)=20-\dfrac{x}{30}$（万元/单位），试求生产 x 单位时总收益函数 $R(x)$ 以及平均单位收益函数 $\overline{R}(x)$，并求生产这种产品 120 单位时的总收益与平均收益.

复习题五

一、选择题

1. 已知自由落体运动的速率 $v=gt$，则落体运动从 $t=0$ 到 $t=t_0$ 所走的路程为（　　）.

A. $\dfrac{gt_0^2}{3}$　　B. gt_0^2　　C. $\dfrac{gt_0^2}{2}$　　D. $\dfrac{gt_0^2}{6}$

2. 求由 $y=e^x$，$x=2$，$y=1$ 围成的曲边梯形的面积时，若选择 x 为积分变量，则积分区间为（　　）.

A. $[0,e^2]$　　B. $[0,2]$　　C. $[1,2]$　　D. $[0,1]$

3. 已知 $f(x)$ 为偶函数且 $\int_0^6 f(x)\mathrm{d}x=8$，则 $\int_{-6}^6 f(x)\mathrm{d}x=$（　　）.

A. 0　　B. 4　　C. 8　　D. 16

4. 设 $f(x)=\begin{cases}x^2, & x\in[0,1]\\ 2-x, & x\in[1,2]\end{cases}$，则 $\int_0^2 f(x)\mathrm{d}x=$（　　）.

A. $\dfrac{3}{4}$　　B. $\dfrac{4}{5}$　　C. $\dfrac{5}{6}$　　D. 不存在

5. 定积分 $\int_0^1 e^x\mathrm{d}x$ 和 $\int_0^1 e^{x^2}\mathrm{d}x$ 的大小关系是（　　）.

A. $\int_0^1 e^x\mathrm{d}x<\int_0^1 e^{x^2}\mathrm{d}x$　　B. $\left[\int_0^1 e^x\mathrm{d}x\right]^2=\int_0^1 e^{x^2}\mathrm{d}x$

C. $\int_0^1 e^x\mathrm{d}x>\int_0^1 e^{x^2}\mathrm{d}x$　　D. $\int_0^1 e^x\mathrm{d}x=\int_0^1 e^{x^2}\mathrm{d}x$

二、计算题

1. $\int_0^1(2x+3)\mathrm{d}x$　　2. $\int_0^1\dfrac{1-x^2}{1+x^2}\mathrm{d}x$

3. $\int_{e}^{e^2}\frac{1}{x\ln x}dx$

4. $\int_{0}^{1}\frac{e^x-e^{-x}}{2}dx$

5. $\int_{0}^{\frac{\pi}{3}}\tan^2 x\,dx$

6. $\int_{4}^{9}\left(\sqrt{x}+\frac{1}{\sqrt{x}}\right)dx$

7. $\int_{0}^{4}\frac{1}{1+\sqrt{x}}dx$

8. $\int_{\frac{1}{e}}^{e}\frac{1}{x}(\ln x)^2dx$

9. $\lim\limits_{n\to\infty}\frac{1}{n^4}(1+2^3+\cdots+n^3)$

10. $\lim\limits_{n\to\infty}n\left[\frac{1}{(n+1)^2}+\frac{1}{(n+2)^2}+\cdots+\frac{1}{(n+n)^2}\right]$

11. $\int_{1}^{+\infty}\frac{1}{x^4}dx$

12. $\int_{2}^{+\infty}\frac{1}{\sqrt{x}}dx$

三、解答题

1. 计算 $y=\sqrt{x}$ 与 $y=x$ 所为图形面积.
2. 计算 $y=x^2-2$，$y=2x+1$ 围成的面积.
3. 计算 $y^2=2x$，$y=x-4$ 围成的面积.
4. 计算由两抛物线 $x=5y^2$，$x=1+y^2$ 所围成平面图形的面积.
5. 计算由 $x^2+(y-h)^2=r^2(0<r<h)$绕 x 轴旋转一周所成环体的体积.
6. 计算 $y=x^2$ 与 $y=1$ 所围平面图形围绕 y 轴旋转一周生成的旋转体体积.
7. 计算 $y=x^2$ 与 $x=y^2$ 所围图形绕 x 轴、y 轴旋转一周生成的旋转体体积.

四、应用题

弹簧受压缩之力 F 与缩短距离 x 之间按虎克定律计算：$F=kx$. 现有弹簧原长为1m，已知每压缩 1cm 需要力 $5\times9.8\times10^{-3}$N，若自 80cm 压缩至 60cm，问做功多少？

习题与复习题参考答案

习题 5.1

1. 解：任取分点 $a=x_0<x_1<x_2<\cdots<x_n=b$，把 $[a,b]$ 分成 n 个小区间 $[x_{i-1}, x_i]$ $(i=1, 2, \cdots, n)$，小区间长度记为 $\Delta x_i=x_i-x_{i-1}$ $(i=1, 2, \cdots, n)$，在每个小区间 $[x_{i-1},x_i]$ 上任取一点 ξ_i 作乘积 $f(\xi_i)\cdot\Delta x_i$ 的和式：

$$\sum_{i=1}^{n}f(\xi_i)\cdot\Delta x_i=\sum_{i=1}^{n}c\cdot(x_i-x_{i-1})=c(b-a)$$

记 $\lambda=\max\limits_{1\leqslant i\leqslant n}\{\Delta x_i\}$，则 $\int_a^b c\,dx=\lim\limits_{\lambda\to0}\sum_{i=}^{n}f(\xi_i)\cdot\Delta x_i=\lim\limits_{\lambda\to0}c(b-a)=c(b-a)$.

2. $-\frac{27}{512}\leqslant\int_{-1}^{1}(4x^4-2x^3+5)dx\leqslant22$.

3. $\mu=\frac{\pi}{4}$.

4. 证明：令 $f(x)=1$，则 $\int_a^b \mathrm{d}x = \int_a^b f(x)\mathrm{d}x$ ，任取分点 $a=x_0<x_1\cdots<x_n=b$，把$[a，b]$分成 n 个小区间 $[x_{i-1}，x_i]$，并记小区间长度为 $\Delta x_i=x_i-x_{i-1}(i=1,2,\cdots,n)$，在每个小区间 $[x_{i-1}，x_i]$ 上任取一点 ξ_i，作乘积 $f(\xi_i)\cdot\Delta x_i$ 的和式 $\sum_{i=1}^{n} f(\xi_i)\cdot\Delta x_i = \sum_{i=1}^{n}\Delta x_i = b-a$，记 $\lambda = \max_{1\leqslant i\leqslant n}\{\Delta x_i\}$，则 $\int_a^b \mathrm{d}x = \lim_{\lambda\to 0}\sum_{i=1}^{n} f(\xi_i)\cdot\Delta x_i = \lim_{x\to 0}(b-a) = b-a$.

习题 5.2

1. (1) 1　(2) $\frac{17}{4}$　(3) 4

2. $-\frac{1}{\pi}$

3. (1) $=\frac{1}{101}$.　(2) $=\frac{14}{3}$.　(3) $\mathrm{e}-1$.　(4) $=\frac{99}{\ln 100}$.　(5) 1.

(6) $\frac{\mathrm{e}-1}{2}$.　(7) -1.　(8) $4-2\sqrt{2}$.　(9) $\frac{1}{4}$.　(10) $\frac{1}{10}\arctan\frac{1}{10}$.

(11) $\frac{1}{2}$.

习题 5.3

1. (1) 4π.　(2) $\frac{1}{2}\arctan\frac{1}{2}$.

2. (1) e^5.

(2) $\left(2\mathrm{e}+\frac{1}{2}\right)\ln(4\mathrm{e}+1)-\frac{3}{2}\ln 3-2\mathrm{e}+1$.

(3) $-\frac{1}{2\pi}(\mathrm{e}^{\pi}+1)$.

(4) $\frac{3\ln 3-2}{\ln^2 3}+\frac{2}{9}\mathrm{e}^3+\frac{14}{45}$.

习题 5.4

1. 因为 $\int_0^{+\infty}\frac{1}{x^2}\mathrm{d}x = \left(-\frac{1}{x}\right)\Big|_0^{+\infty} = \lim_{x\to 0+}\frac{1}{x}-\lim_{x\to+\infty}\frac{1}{x} = +\infty$ ，

所以 $\int_0^{+\infty}\frac{1}{x^2}\mathrm{d}x$ 发散 .

2. $3(\sqrt[3]{2}+\sqrt[3]{4})$.

3. $\frac{1}{100}\mathrm{e}^{-100}$.

4. $\frac{\pi}{20}$.

习题 5.5

1. $(\mathrm{e}-1)^2$

2. $\frac{32}{3}$.

3. $V=\pi\int_0^h\left(\frac{r}{h}x\right)^2\mathrm{d}x = \frac{1}{3}\pi r^2 h$.

4. $2\pi^2 r^2 R$.

5. 2160（万元）　18（万元）

复习题五

一、1. C　2. B　3. A　4. C　5. C

二、1. 4；　2. $\frac{\pi}{2}-1$；　3. ln2；　4. $\frac{e+e^{-1}}{2}-1$；　5. $\sqrt{3}-\frac{\pi}{3}$；

6. $\frac{44}{3}$；　7. 4－2ln3；　8. $\frac{2}{3}$；　9. $\frac{1}{4}$；　10. $\frac{1}{2}$；

11. $\frac{1}{3}$；　12. ∞

三、1. $\frac{1}{6}$　2. $\frac{32}{3}$　3. 18　4. $\frac{2}{3}$　5. $2\pi^2 r^2 h$　6. $\frac{\pi}{2}$　7. $\frac{3}{10}\pi$

四、0.03×9.8J

第六章

二元函数微分学

之前讨论的函数都只有一个自变量，这种函数叫做一元函数. 但是在大量的实际问题中往往牵涉多方面的因素，反映到数学上，就是一个变量依赖于多个自变量的情形，从而提出了多元函数和多元函数的微积分问题.

本章将在一元函数微分学的知识基础上，讨论多元函数的微分法及其应用. 讨论中以二元函数为主，因为一元函数到二元函数会产生新的问题，而从二元函数到二元以上的多元函数则可以类推.

第一节　二元函数的极限与连续

一、二元函数的概念

在实际问题中，经常会遇到含有两个自变量的函数关系.

如圆柱体的体积 V 和它的底半径 r、高 h 之间有关系

$$V=\pi r^2 h$$

当 r、h 在允许取值范围（$r>0,h>0$）内取定一对数值时，通过关系式有确定的 V 值与之对应.

由此给出二元函数的定义.

定义 1　设 D 是平面上的一个非空点集，如果对于每个点（x,y）$\in D$，变量 z 按照一定的法则 f 总有唯一确定的值与之对应，则称 z 是变量 x，y 的二元函数，记为

$$z=f(x,y)$$

其中变量 x，y 称为**自变量**，z 称为**因变量**，集合 D 称为函数 $f(x,y)$ 的**定义域**，对应函数值的集合$\{z \mid z=f(x,y),(x,y)\in D\}$称为该函数的**值域**.

类似地，可以定义三元函数 $u=f(x,y,z)$ 以及三元以上的函数. 二元以及二元以上的函数统称为多元函数.

类似于一元函数定义域的求法，用数学解析式 $z=f(x,y)$ 表达的函数，其定义域为使数学式子有意义的一切点 $P(x,y)$ 的集合；对于由实际问题给出的函数，要由实际问题的具体意义来确定.

【例 1】　求下列二元函数的定义域，并绘出定义域的图形.

(1) $z=\sqrt{1-x^2-y^2}$　　　　(2) $z=\ln(x+y)$

(3) $z=\dfrac{1}{\ln(x+y)}$　　　　(4) $z=\ln(xy-1)$

解：(1) 要使函数 $z=\sqrt{1-x^2-y^2}$ 有意义，必须有 $1-x^2-y^2\geqslant 0$，即

$$x^2+y^2\leqslant 1.$$

故所求函数的定义域为 $D=\{(x,y)|x^2+y^2\leqslant 1\}$，图形为图 6.1.

(2) 要使函数 $z=\ln(x+y)$ 有意义，必须有 $x+y>0$. 故所有函数的定义域为 $D=\{(x,y)|x+y>0\}$，图形为图 6.2.

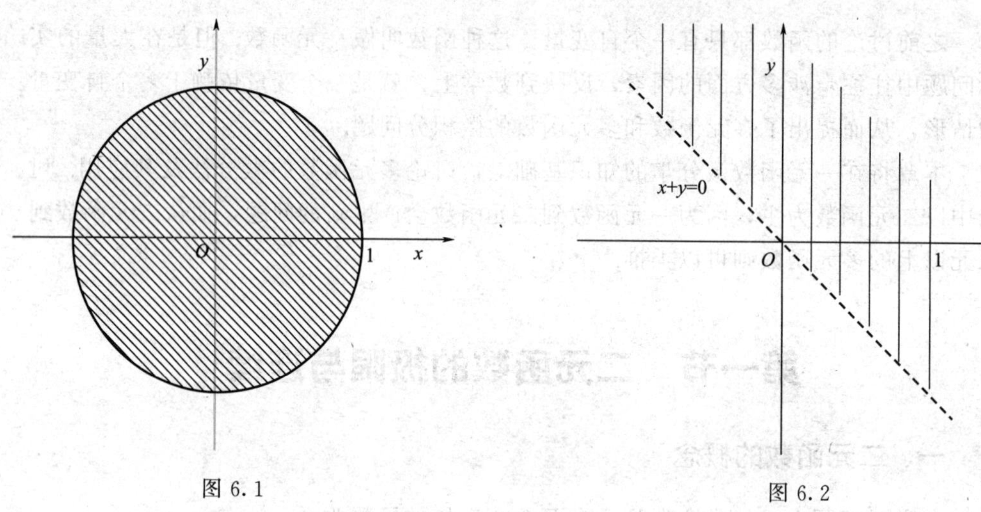

图 6.1　　　　图 6.2

(3) 要使函数 $z=\dfrac{1}{\ln(x+y)}$ 有意义，必须有 $\ln(x+y)\neq 0$，即 $x+y>0$ 且 $x+y\neq 1$. 故该函数的定义域为 $D=\{(x,y)|x+y>0,x+y\neq 1\}$，图形为图 6.3.

(4) 要使函数 $z=\ln(xy-1)$ 有意义，必须有 $xy-1>0$. 故该函数的定义域为 $D=\{(x,y)|xy>1\}$，图形为图 6.4.

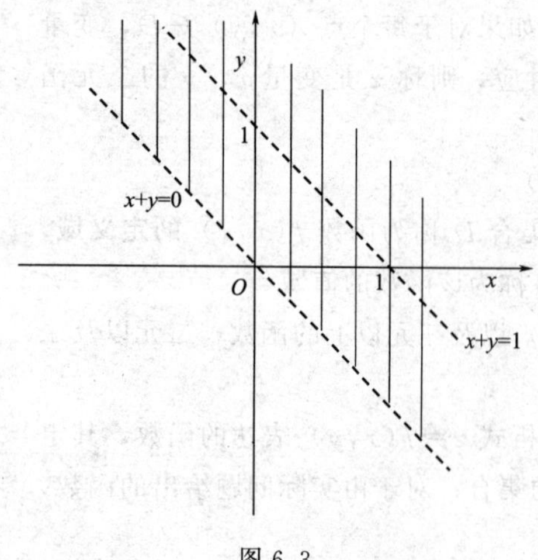

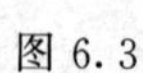

图 6.3

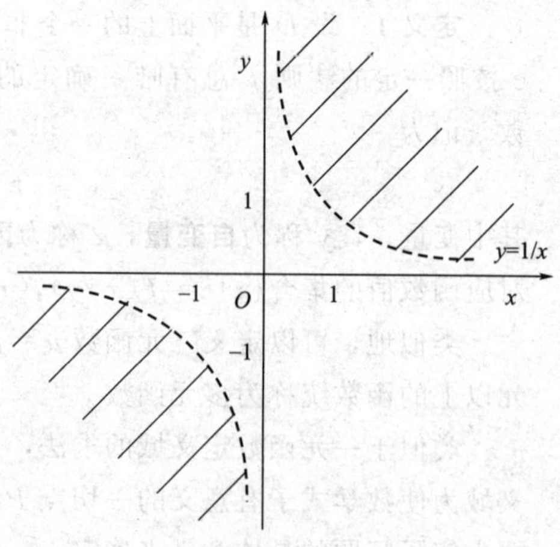

图 6.4

一般地，一元函数 $y=f(x)$ 在平面直角坐标系中表示一条平面曲线．而二元函数 $z=f(x,y)$ 表示空间直角坐标系中的一个曲面（图 6.5）.

例如，二元函数 $z=\sqrt{4-x^2-y^2}$ 表示以原点 O 为圆心，半径为 2 的上半球面（图 6.6）.

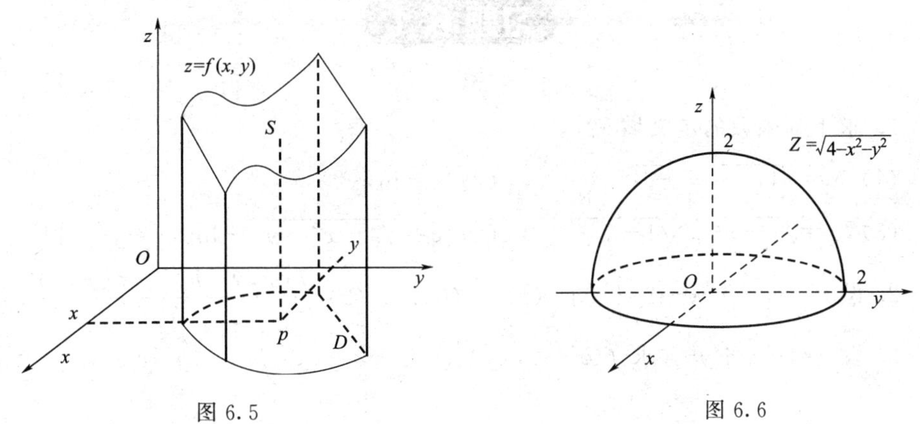

图 6.5　　　　图 6.6

二、二元函数的极限

为叙述二元函数相关概念的方便，先把数轴上邻域的概念推广到平面上．

称以 $P_0(x_0,y_0)$为圆心，$\delta(>0)$为半径的圆形开区域叫做点 P_0 的 δ 邻域，它表示平面上的点集$\{(x,y)\,|\,(x-x_0)^2+(y-y_0)^2<\delta,\ \delta>0\}$.

定义 2　设函数 $z=f(x,y)$在点 $P_0(x_0,y_0)$的某个邻域内有定义(在点 P_0 处可以没有定义)，当点 $p(x,y)$以任意方式趋近于点 $P_0(x_0,y_0)$时，如果对应的函数值 $f(x,y)$无限趋近于一个确定的常数 A，则称 A 是函数 $f(x,y)$当点 $p(x,y)$趋于点 $P_0(x_0,y_0)$时的极限，记作

$$\lim_{\substack{x\to x_0\\y\to y_0}} f(x,y)=A \quad \text{或} \quad \lim_{p\to p_0} f(p)=A.$$

应当注意，二元函数的极限存在，是指点 $p(x,y)$以任何路径趋于点 $P_0(x_0,y_0)$时，函数值都无限接近于常数 A. 也就是说，如果当点 $p(x,y)$沿两种不同的路径趋于点 $P_0(x_0,y_0)$时，函数趋于两个不同的值，那么就可以断定函数 $z=f(x,y)$在点 $P_0(x_0,y_0)$没有极限．

【例 2】　考察函数 $f(x,y)=\dfrac{xy}{x^2+y^2}$在点（0,0）的极限情况．

解：由于当点 $p(x,y)$ 沿直线 $y=x$ 趋于点（0,0）时，有

$$\lim_{\substack{x\to 0\\y\to 0}} f(x,y)=\lim_{\substack{x\to 0\\x\to 0}}\frac{xy}{x^2+y^2}=\lim_{x\to 0}\frac{x^2}{2x^2}=\frac{1}{2}$$

而当点 $p(x,y)$ 沿直线 $y=2x$ 趋于点（0,0）时，有

$$\lim_{\substack{x\to 0\\y\to 0}} f(x,y)=\lim_{\substack{x\to 0\\2x\to 0}}\frac{xy}{x^2+y^2}=\lim_{x\to 0}\frac{2x^2}{x^2+4x^2}=\frac{2}{5}$$

所以函数 $f(x,y)=\dfrac{xy}{x^2+y^2}$ 在点（0,0）没有极限．

一元函数的极限四则运算法则，对于二元函数仍然适用．

习题 6.1

1. 求下列函数的定义域．

(1) $z=\sqrt{4x^2+y^2-1}$　　(2) $z=\ln xy$

(3) $z=\sqrt{1-x^2}+\sqrt{1-y^2}$　　(4) $z=\sqrt{4-x^2-y^2}+\ln(x^2+y^2-1)$

2. 设 $z=x^2-2xy+3y^2$，求（1）$f(0,1)$；(2) $\dfrac{f(x,y+h)-f(x,y)}{h}$．

3. 设 $z=x^2y+y^2$，求 $f(x+y,xy)$．

第二节　二元函数的偏导数与全微分

一、偏导数

(1) 偏导数的概念

在研究一元函数的变化率时曾引入导数的概念，对于多元函数同样需要研究函数关于自变量的变化率问题．但多元函数的自变量不止一个，函数关系也比较复杂，通常的方法是只让一个变量变化，固定其他的变量（即视为常数），研究函数关于这个变量的变化率．我们把这种变化率称为**偏导数**．

定义 1　设函数 $z=f(x,y)$ 在点 (x_0,y_0) 的某个邻域内有定义，当 y 固定在 y_0 而 x 在 x_0 处有增量 Δx 时，相应地函数有偏增量

$$f(x_0+\Delta x,y_0)-f(x_0,y_0)$$

如果

$$\lim_{\Delta x\to 0}\frac{f(x_0+\Delta x,y_0)-f(x_0,y_0)}{\Delta x}$$

存在，则称此极限值为函数 $z=f(x,y)$ 在点 (x_0,y_0) 对 x 的偏导数，记作

$$\left.\frac{\partial z}{\partial x}\right|_{\substack{x=x_0\\y=y_0}},\quad \left.\frac{\partial f}{\partial x}\right|_{\substack{x=x_0\\y=y_0}},\quad \left.z_x\right|_{\substack{x=x_0\\y=y_0}}\quad 或\quad f_x(x_0,y_0)$$

类似地，如果

$$\lim_{\Delta y\to 0}\frac{f(x_0,y_0+\Delta y)-f(x_0,y_0)}{\Delta y}$$

存在，则称此极限值为函数 $z=f(x,y)$ 在点 (x_0,y_0) 对 y 的偏导数，记作

$$\left.\frac{\partial z}{\partial y}\right|_{\substack{x=x_0\\y=y_0}},\quad \left.\frac{\partial f}{\partial y}\right|_{\substack{x=x_0\\y=y_0}},\quad \left.z_y\right|_{\substack{x=x_0\\y=y_0}}\quad 或\quad f_y(x_0,y_0)$$

如果函数 $z=f(x,y)$ 在区域 D 内每一点 (x,y) 处对 x（或 y）的偏导数都

存在，这个偏导数仍然是 x、y 的函数，称此函数为 $z=f(x,y)$ 对自变量 x（或 y）的偏导函数，记作

$$\frac{\partial z}{\partial x}, \quad \frac{\partial f}{\partial x}, \quad z_x \quad 或 \quad f_x(x,y);$$

$$\frac{\partial z}{\partial y}, \quad \frac{\partial f}{\partial y}, \quad z_y \quad 或 \quad f_y(x,y).$$

显然，函数 $z=f(x,y)$ 在点 (x_0,y_0) 处关于 x 及 y 的偏导数 $f_x(x_0,y_0)$ 及 $f_y(x_0,y_0)$ 分别是偏导函数 $f_x(x,y)$ 及 $f_y(x,y)$ 在点 (x_0,y_0) 处的函数值，偏导函数也称为偏导数．

（2）偏导数的计算

从偏导数的定义中可以看出，偏导数的实质就是把一个变量固定，而将二元函数 $z=f(x, y)$ 看成另一个变量的一元函数的导数．因此求二元函数的偏导数，不需要引进新的方法，只需用一元函数的微分法，把一个自变量暂时视为常量，而对另一个自变量进行求导即可．即求$\frac{\partial z}{\partial x}$时，把 y 视为常数而对 x 求导数；求$\frac{\partial z}{\partial y}$时，把 x 视为常数而对 y 求导数．

$f(x,y)$ 在点 (x_0,y_0) 处的偏导数 $f'_x(x_0,y_0)$、$f'_y(x_0,y_0)$，就是偏导函数 $f'_x(x,y)$，$f'_y(x,y)$ 在 (x_0,y_0) 处的函数值．

【例 1】 $f(x,y)=x^2-2xy+3y^3$，求 $f_x(x,y),f_y(x,y)$．

解：把 y 看作常量，对 x 求导，得

$$f_x(x,y)=2x-2y$$

把 x 看作常量，对 y 求导得

$$f_y(x,y)=-2x+9y^2.$$

【例 2】 $f(x,y)=x^y(x>0, x\neq1)$，求 $f_x(x,y),f_y(x,y)$.

解：$f_x(x,y)=yx^{y-1}$

$f_y(x,y)=x^y\ln x$．

【例 3】 $f(x,y)=\mathrm{e}^x\sin(x-2y)$，求 $f_x\left(0,\frac{\pi}{6}\right)$与 $f_y\left(0,\frac{\pi}{6}\right)$．

解：$f_x(x,y)=\mathrm{e}^x\sin(x-2y)+\mathrm{e}^x\cos(x-2y)$，

$f_y(x,y)=-2\mathrm{e}^x\cos(x-2y)$.

将$\left(0,\frac{\pi}{6}\right)$代入上面的结果，得

$$f_x\left(0,\frac{\pi}{6}\right)=-\sin\frac{\pi}{3}+\cos\frac{\pi}{3}=\frac{1-\sqrt{3}}{2},$$

$$f_y\left(0,\frac{\pi}{6}\right)=-2\cos\left(\frac{\pi}{3}\right)=-1.$$

（3）高阶偏导数

一般来说，二元函数 $z=f(x,y)$ 对于 x 或 y 的偏导数$\frac{\partial z}{\partial x}$、$\frac{\partial z}{\partial y}$仍是 x、y

的二元函数．如果这两个函数对 x 和 y 的偏导也存在，它们的偏导数称为函数 $z=f(x,y)$ 的二阶偏导数，分别记为

$$\frac{\partial}{\partial x}\left(\frac{\partial z}{\partial x}\right)=\frac{\partial^2 z}{\partial x^2}=f_{xx}(x,y)$$

$$\frac{\partial}{\partial y}\left(\frac{\partial z}{\partial x}\right)=\frac{\partial^2 z}{\partial y\partial x}=f_{xy}(x,y)$$

$$\frac{\partial}{\partial x}\left(\frac{\partial z}{\partial y}\right)=\frac{\partial^2 z}{\partial x\partial y}=f_{yx}(x,y)$$

$$\frac{\partial}{\partial y}\left(\frac{\partial z}{\partial y}\right)=\frac{\partial^2 z}{\partial y^2}=f_{yy}(x,y)$$

其中$\frac{\partial^2 z}{\partial y\partial x}$和$\frac{\partial^2 z}{\partial x\partial y}$叫做二阶混合偏导数．同样可以定义三阶、四阶、…以及 n 阶偏导数．二阶及以上各阶偏导数统称为高阶偏导数．而$\frac{\partial z}{\partial x}$和$\frac{\partial z}{\partial y}$也称函数的一阶偏导数．

【例 4】 求函数 $z=x^3y^2-3xy^3-xy+1$ 的二阶偏导数．

解： 因为函数的一阶偏导数为

$$\frac{\partial z}{\partial x}=3x^2y^2-3y^3-y,\ \frac{\partial z}{\partial y}=2x^3y-9xy^2-x,$$

所以所求二阶偏导数为

$$\frac{\partial^2 z}{\partial x^2}=\frac{\partial}{\partial x}\left(\frac{\partial z}{\partial x}\right)=\frac{\partial}{\partial x}(3x^2y^2-3y^3-y)=6xy^2,$$

$$\frac{\partial^2 z}{\partial x\partial y}=\frac{\partial}{\partial y}\left(\frac{\partial z}{\partial x}\right)=\frac{\partial}{\partial y}(3x^2y^2-3y^3-y)=6x^2y-9y^2-1,$$

$$\frac{\partial^2 z}{\partial y\partial x}=\frac{\partial}{\partial x}\left(\frac{\partial z}{\partial y}\right)=\frac{\partial}{\partial x}(2x^3y-9xy^2-x)=6x^2y-9y^2-1,$$

$$\frac{\partial^2 z}{\partial y^2}=\frac{\partial}{\partial y}\left(\frac{\partial z}{\partial y}\right)=\frac{\partial}{\partial y}(2x^3y-9xy^2-x)=2x^3-18xy.$$

上例中，两个混合偏导数$\frac{\partial^2 z}{\partial y\partial x}$与$\frac{\partial^2 z}{\partial x\partial y}$相等．事实上，可以证明：当$\frac{\partial^2 z}{\partial y\partial x}$与$\frac{\partial^2 z}{\partial x\partial y}$连续时，它们一定相等．

二、全微分

一元函数 $y=f(x)$ 如果在点 x 处的增量 Δy 可表示为

$$\Delta y=A\Delta x+o(\Delta x)$$

其中 A 是不依赖于 Δx 而只与 x 有关，$o(\Delta x)$ 是较 Δx 的一个高阶无穷小．则称 $A\cdot\Delta x$为函数 $y=f(x)$ 的微分，即 $dy=A\cdot\Delta x$. 对于二元函数，也有类似的情况．

定义 2 若函数 $z=f(x,y)$ 在点 (x,y) 处的全增量 Δz，可表示为

$$\Delta z=A\Delta x+B\Delta y+o(\rho)\qquad(\rho=\sqrt{(\Delta x)^2+(\Delta y)^2})$$

其中 A、B 不依赖于 Δx、Δy 而仅与 x、y 有关，$o(\rho)$ 是较 ρ 的高阶无穷小，则称 $A\Delta x+B\Delta y$ 为 $z=f(x,y)$ 在点（x,y）处的全微分．记作 dz，即

$$dz=A\Delta x+B\Delta y$$

这时，我们称函数 $z=f(x,y)$ 在点（x,y）处可微．

当函数 $z=f(x,y)$ 在区域 D 内的每一点处都可微时，称这个函数在区域 D 内可微．

思考：二元函数在某点极限、连续、可导、可微之间的关系？

可以证明：若函数 $z=f(x,y)$ 在点（x,y）可微，则函数在点（x,y）的偏导数 $\frac{\partial z}{\partial x}$、$\frac{\partial z}{\partial y}$ 必存在；而当函数 $z=f(x,y)$ 的偏导数 $\frac{\partial z}{\partial x}$、$\frac{\partial z}{\partial y}$ 在点（x,y）连续时，则函数在该点可微．且

$$dz=\frac{\partial z}{\partial x}\Delta x+\frac{\partial z}{\partial y}\Delta y$$

习惯上，将自变量的增量 Δx、Δy 分别记作 dx、dy，分别称为自变量 x、y 的微分．

于是，函数 $z=f(x,y)$ 在点（x,y）处的全微分可以写成

$$dz=\frac{\partial z}{\partial x}dx+\frac{\partial z}{\partial y}dy$$

或 $$df(x,y)=f_x(x,y)dx+f_y(x,y)dy$$

式中，$\frac{\partial z}{\partial x}dx$ 与 $\frac{\partial z}{\partial y}dy$ 分别称为函数 $z=f(x,y)$ 对 x 与 y 的偏微分．上式表明：全微分等于偏微分之和．

【例 5】 求函数 $z=e^{x+y}\sin(x-y)$ 的全微分．

解：因为 $\frac{\partial z}{\partial x}=e^{x+y}\sin(x-y)+e^{x+y}\cdot\cos(x-y)$

$$\frac{\partial z}{\partial y}=e^{x+y}\sin(x-y)-e^{x+y}\cdot\cos(x-y)$$

所以

$$dz=e^{x+y}[\sin(x-y)+\cos(x-y)]dx+e^{x+y}[\sin(x-y)-\cos(x-y)]dy$$

【例 6】 求函数 $z=x^2-xy^2$ 在点（1，2）处全微分.

解：因为 $\frac{\partial z}{\partial x}=2x-y^2$，　　$\frac{\partial z}{\partial y}=-2xy$

$$\left.\frac{\partial z}{\partial x}\right|_{\substack{x=1\\y=2}}=-2,\qquad \left.\frac{\partial z}{\partial y}\right|_{\substack{x=1\\y=2}}=-4$$

所以　$dz=-2dx-4dy$.

由二元函数全微分的定义可知，当函数 $z=f(x,y)$ 在点（x,y）可微，且 $|\Delta x|$、$|\Delta y|$ 很小时，有近似等式

$$\Delta z\approx dz=f_x(x,y)\Delta x+f_y(x,y)\Delta y \tag{1}$$

以及 $$f(x+\Delta x,y+\Delta y)\approx f(x,y)+f_x(x,y)\Delta x+f_y(x,y)\Delta y \tag{2}$$

利用以上两式，可以分别计算二元函数全增量的近似值与某点处函数值的近似值.

【例 7】 有一圆锥体，其底半径 r 由 30cm 增大到 30.1cm，高 h 由 60cm 减小到 59.5cm，求体积改变量的近似值.

解： 设圆锥体的体积为 v，则有

$$v=\frac{1}{3}\pi r^2 h$$

$$\left.\frac{\partial v}{\partial r}\right|_{\substack{r=30\\h=60}}=\frac{2}{3}\pi\times30\times60=1200\pi$$

$$\left.\frac{\partial v}{\partial h}\right|_{\substack{r=30\\h=60}}=\frac{1}{3}\pi(30)^2=300\pi$$

由题意知　$\Delta r=0.1$，$\Delta h=-0.5$

由（1）式得　$\Delta v\approx dv=1200\pi\times0.1+300\pi\times(-0.5)=-30\pi(\text{cm})^3$

即此圆锥体的体积约减少了 $30\pi(\text{cm})^3$.

【例 8】 计算$(1.04)^{2.02}$的近似值.

解： 设 $f(x,y)=x^y$.

取　$x=1$，$y=2$，$\Delta x=0.04$，$\Delta y=0.02$

$f_x(x,y)=yx^{y-1}$，　$f_y(x,y)=x^y\ln x$，

$f_x(1,2)=2$，　$f_y(1,2)=0$，　$f(1,2)=1$

由式（2）得　$(1.04)^{2.02}\approx1+2\times0.04+0\times0.02=1.08$.

习题 6.2

1. 求下列函数的偏导数．

（1）$z-x^3+y^3-3xy$　（2）$z=\dfrac{x}{\sqrt{x^2+y^2}}$　（3）$z=e^{-\frac{x}{y}}$

（4）$z=y^{2x}$　（5）$z=\dfrac{1}{y}\cos x^2$

2. 设 $z=(1+xy)^y$，求$\left.\dfrac{\partial z}{\partial x}\right|_{(1,1)}$，$\left.\dfrac{\partial z}{\partial y}\right|_{(1,1)}$.

3. 求下列函数的二阶偏导数．

（1）$z=e^{xy}+x$　（2）$z=\ln(x+\sqrt{x^2+y^2})$

4. 求下列函数的全微分．

（1）$z=\ln(x^2+y^2)$　（2）$z=\sqrt{\dfrac{x}{y}}$

（3）$z=\sin(x-y)$　（4）$z=x^y$

5. 求函数 $z=\ln\left(1+\frac{x}{y}\right)$，当 $x=1$，$y=1$，$\Delta x=0.15$，$\Delta y=-0.25$ 时全微分的值.

第三节　二元复合函数的求导法则

在实际问题中经常遇到二元复合函数及其求导问题，本节将从一元函数微分学中的复合函数求导法则推广到二元复合函数的求导法则.

一般地，称函数 $z=f[u(x,y),v(x,y)]$ 是由 $z=f(u,v)$ 与 $u=u(x,y)$，$v=v(x,y)$ 复合而成的 x、y 的复合函数，其中，u，v 叫做中间变量，x、y 叫做自变量.

定理 1　如果函数 $u=u(x,y)$、$v=v(x,y)$ 在点 (x,y) 有连续偏导数 $\frac{\partial u}{\partial x}$、$\frac{\partial u}{\partial y}$ 和 $\frac{\partial v}{\partial x}$、$\frac{\partial v}{\partial y}$，函数 $z=f(u,v)$ 在对应点 (u,v) 有连续偏导数 $\frac{\partial z}{\partial u}$、$\frac{\partial z}{\partial v}$，那么复合函数 $z=f[u(x,y),v(x,y)]$ 在点 (x,y) 有对 x 和 y 的连续偏导数，且

$$\frac{\partial z}{\partial x}=\frac{\partial z}{\partial u}\cdot\frac{\partial u}{\partial x}+\frac{\partial z}{\partial v}\cdot\frac{\partial v}{\partial x}$$

$$\frac{\partial z}{\partial y}=\frac{\partial z}{\partial u}\cdot\frac{\partial u}{\partial y}+\frac{\partial z}{\partial v}\cdot\frac{\partial v}{\partial y}$$

$\frac{\partial z}{\partial x}$，$\frac{\partial z}{\partial y}$ 这两个计算公式由图 6.7 可以清楚地表示出来.

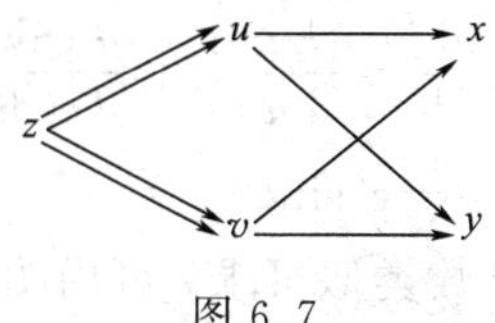

图 6.7

【例 1】　$z=e^{xy}\cdot\sin(x-y)$，求 $\frac{\partial z}{\partial x}$，$\frac{\partial z}{\partial y}$.

解：设 $u=xy$，$v=(x-y)$，则 $z=e^u\cdot\sin v$.

$$\begin{aligned}\frac{\partial z}{\partial x}&=\frac{\partial z}{\partial u}\cdot\frac{\partial u}{\partial x}+\frac{\partial z}{\partial v}\cdot\frac{\partial v}{\partial x}\\&=(e^u\cdot\sin v)y+e^u\cdot\cos v\\&=e^{xy}[y\sin(x-y)+\cos(x-y)]\end{aligned}$$

$$\begin{aligned}\frac{\partial z}{\partial y}&=\frac{\partial z}{\partial u}\cdot\frac{\partial u}{\partial y}+\frac{\partial z}{\partial v}\cdot\frac{\partial v}{\partial y}\\&=(e^u\cdot\sin v)\cdot x+(e^u\cdot\cos v)\cdot(-1)\\&=e^{xy}[x\sin(x-y)-\cos(x-y)].\end{aligned}$$

【例 2】 $z=f(u,v)$，且 $f(u,v)$ 可微，$u=x\cdot y^2$，$v=\frac{x}{y}$，求$\frac{\partial z}{\partial x}$，$\frac{\partial z}{\partial y}$.

解：
$$\frac{\partial z}{\partial x}=\frac{\partial z}{\partial u}\cdot\frac{\partial u}{\partial x}+\frac{\partial z}{\partial v}\cdot\frac{\partial v}{\partial x}$$
$$=f_u(u,v)\cdot y^2+f_v(u,v)\frac{1}{y}$$
$$=y^2f_u(u,v)+\frac{1}{y}f_v(u,v)$$
$$\frac{\partial z}{\partial y}=\frac{\partial z}{\partial u}\cdot\frac{\partial u}{\partial y}+\frac{\partial z}{\partial v}\cdot\frac{\partial v}{\partial y}$$
$$=f_u(u,v)\cdot 2xy+f_v(u,v)\cdot\left(-\frac{x}{y^2}\right)$$
$$=2xyf_u(u,v)-\frac{x}{y^2}f_v(u,v)$$

定理 2 如果函数 $u=\varphi(t)$ 及 $v=\psi(t)$ 都在点 t 可导，函数 $z=f(u,v)$ 在对应点 (u,v) 具有连续偏导数，则复合函数 $z=f[\varphi(t),\psi(t)]$在点 t 可导，且有：
$$\frac{\mathrm{d}z}{\mathrm{d}t}=\frac{\partial z}{\partial u}\frac{\mathrm{d}u}{\mathrm{d}t}+\frac{\partial z}{\partial v}\frac{\mathrm{d}v}{\mathrm{d}t}\quad（全导数）$$

全导数的公式可用图 6.8 清楚地表示出来. $z=f(u,v)$，z 有两个直接变量 u 和 v，画两个箭头，u 和 v 都有变量 t，画两个箭头. 箭头表示求偏导数，两个箭头连起来是相乘关系，z 关于 t 的导数就是的两条路径之和.

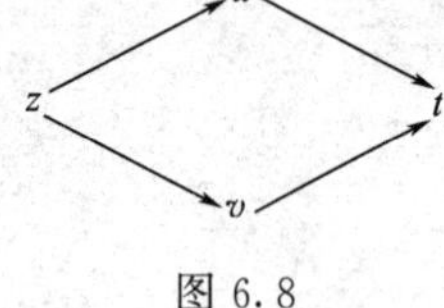

图 6.8

【例 3】 设 $z=uv$，而 $u=\mathrm{e}^t$，$v=\cos t$，求全导数$\frac{\mathrm{d}z}{\mathrm{d}t}$.

解：
$$\frac{\mathrm{d}z}{\mathrm{d}t}=\frac{\partial z}{\partial u}\frac{\mathrm{d}u}{\mathrm{d}t}+\frac{\partial z}{\partial v}\frac{\mathrm{d}v}{\mathrm{d}t}=ve^t-u\sin t=\mathrm{e}^t\cos t-\mathrm{e}^t\sin t$$

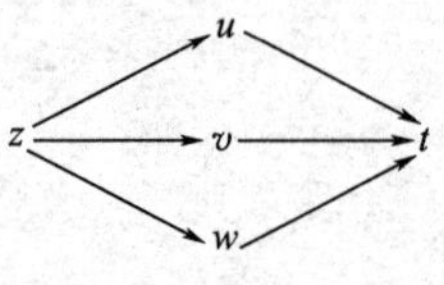

图 6.9

对两个以上中间变量的全导数类似可求，可用图 6.9 表示出来，例如有三个中间变量，$z=f(u,v,w)$，u，v，w 都是 t 的函数，则
$$\frac{\mathrm{d}z}{\mathrm{d}t}=\frac{\partial z}{\partial u}\frac{\mathrm{d}u}{\mathrm{d}t}+\frac{\partial z}{\partial v}\frac{\mathrm{d}v}{\mathrm{d}t}+\frac{\partial z}{\partial w}\frac{\mathrm{d}w}{\mathrm{d}t}$$

习题 6.3

1. 设 $z=u^v$，而 $u=3x^2+y^2$，$v=4x+2y$，求$\frac{\partial z}{\partial x}$，$\frac{\partial z}{\partial y}$.

2. 设 $z=\arctan(xy)$，$y=\mathrm{e}^x$，求$\frac{\mathrm{d}z}{\mathrm{d}x}$.

3. 设 $z=u\cdot v+\sin t$，而 $u=e^t$，$v=\cos t$，求$\frac{dz}{dt}$.

第四节　二元函数的极值

在一元函数微分学中，运用导数讨论了函数极值及最值的求法. 类似地，本节将介绍如何利用偏导数研究二元函数的极值及最值问题.

一、二元函数的极值及最值

定义　设函数 $z=f(x,y)$ 在点 $p_0(x_0,y_0)$的某邻域内有定义，如果对于该邻域内的任一点 $p(x,y)$（点 p_0 除外），总有 $f(x,y)<f(x_0,y_0)$，则称函数在点 $p_0(x_0,y_0)$取得极大值 $f(x_0,y_0)$；如果总有 $f(x,y)>f(x_0,y_0)$，则称函数在点 $p_0(x_0,y_0)$取得极小值 $f(x_0,y_0)$. 极大值、极小值统称为极值. 使函数取得极值的点称为极值点.

比如函数 $f(x,y)=\sqrt{4-x^2-y^2}$ 在点 (0, 0) 处取得极大值，$f(0,0)=2$. 因为对于点 (0,0) 某邻域内任一异于 (0,0) 的点 (x,y)，总有 $f(x,y)=\sqrt{4-x^2-y^2}<\sqrt{4}=2$. 而函数 $f(x,y)=x^2+y^2$ 在点 (0,0) 处取得极小值 $f(0,0)=0$. 因为对于点 (0,0) 某邻域内任一异于 (0,0) 的点 (x,y)，总有 $f(x,y)=x^2+y^2>0$.

类似于一元函数极值的讨论，下面的定理给出了通过二元函数的偏导数帮助解决二元函数的极值问题.

定理 1　(极值存在的必要条件) 设函数 $z=f(x,y)$ 在点 $p_0(x_0,y_0)$具有偏导数，且在点 $p_0(x_0,y_0)$取得极值，则必有 $f_x(x_0,y_0)=0$，$f_y(x_0,y_0)=0$.

称使 $f_x(x,y)=0$，$f_y(x,y)=0$ 的点(x_0,y_0)为函数 $z=f(x,y)$ 的驻点. 也就是说，当函数存在偏导数时，极值点必为驻点.

需要注意：驻点不一定是极值点. 比如函数 $z=xy$ 在点 (0,0) 处，$f_x(0,0)=0$，$f_y(0,0)=0$，(0, 0) 为函数 $z=xy$ 的驻点且 $f(0,0)=0$，但当点 (x,y) 在第一、三象限时，$f(x,y)>0$. 当点 (x,y) 在第二、四象限时，$f(x,y)<0$. 根据极值定义，点 (0,0) 仅是驻点不是极值点. 另外，二元函数的极值也可能在连续但偏导数不存在的点处取得.

定理 2　(极值存在的充分条件) 设函数 $z=f(x,y)$在点 (x_0,y_0) 的某邻域内具有二阶连续偏导数，且 $f_x(x_0,y_0)=0$，$f_y(x_0,y_0)=0$. 记

$$f_{xx}(x_0,y_0)=A,\quad f_{xy}(x_0,y_0)=B,\quad f_{yy}(x_0,y_0)=C$$

则　(1) 当 $\Delta=B^2-AC<0$ 时，$f(x_0,y_0)$ 是极值，其中当 $A<0$ 时，为极大值；当 $A>0$ 时，为极小值.

(2) 当 $\Delta=B^2-AC>0$ 时，$f(x_0,y_0)$ 不是极值.

(3) 当 $\Delta=B^2-AC=0$ 时，不能判定 $f(x_0,y_0)$ 是否为极值.

【例 1】 求函数 $f(x,y)=x^3-4x^2+2xy-y^2$ 的极值.

解：由方程组

$$\begin{cases} f_x(x,y)=3x^2-8x+2y=0 \\ f_y(x,y)=2x-2y=0 \end{cases}$$

求得驻点为 (0,0)、(2,2).

二阶偏导数为：

$$f_{xx}(x,y)=6x-8,\quad f_{xy}(x,y)=2,\quad f_{yy}(x,y)=-2$$

在点 (0，0) 处，$A=-8$，$B=2$，$C=-2$，所以 $\Delta=B^2-AC=-12<0$，又 $A=-8<0$，所以点 (0，0) 为函数的极大值点，极大值为 $f(0,0)=0$.

在点 (2，2) 处，$A=4$，$B=2$，$C=-2$，所以 $\Delta=B^2-AC=12>0$，故 (2，2) 不是极值点.

二、二元函数的最值

与一元函数相类似，对于有界闭区域 D 上连续的二元函数 $f(x,y)$，一定能在该区域上取得最大值和最小值．使函数取得最值的点既可能在 D 的内部，也可能在 D 的边界上．

若函数的最值在区域 D 的内部取得，这个最值也是函数的极值，它必在函数的驻点或偏导数不存在的点处取得．

若函数的最值在区域 D 的边界上取得，往往比较复杂，在实际应用中可根据问题的具体性质来判断.

综上所述，求有界闭区域 D 上的连续函数 $f(x,y)$ 的最值的方法和步骤为：

(1) 求出在 D 的内部的可能的极值点，并计算出在这些点处的函数值；

(2) 求出 $f(x,y)$ 在 D 的边界上的最值；

(3) 比较上述函数值的大小，最大者就是函数的最大值；最小值就是函数的最小值．

【例 2】 有盖长方体水箱长、宽、高分别为 x，y，z. 若 $xyz=V=2$，怎样用料最省？

解：用料 $S=2(xy+yz+zx)=2\left(xy+\dfrac{2}{x}+\dfrac{2}{y}\right)$，$x$，$y>0$.

令 $\begin{cases} S_x=2\left(x-\dfrac{2}{x^2}\right)=0, \\ S_y=2\left(x-\dfrac{2}{y^2}\right)=0. \end{cases} \Rightarrow \begin{cases} x=\sqrt[3]{2} \\ y=\sqrt[3]{2} \end{cases}$ 同时 $z=\dfrac{2}{xy}=\sqrt[3]{2}$.

据实际情况可知，长、宽、高均为 $\sqrt[3]{2}$ 时，用料最省．

习题 6.4

1. 求下列函数的极值．

(1) $z=x^2+xy+y^2+x-y+1$ (2) $z=x^3+y^3-3xy$

(3) $z=(6x-x^2)(4y-y^2)$

2. 求 $z=x^2y(5-x-y)$ 在闭区域 D，$x\geqslant 0$，$y\geqslant 0$，$x+y\leqslant 4$ 的最大、最小值.

复习题六

一、选择题

1. 二元函数 $z=\dfrac{1}{\ln(xy)}$ 的定义域为（ ）.

A. $x>0$，$y>0$　　B. $x<0$，$y<0$

C. $xy\neq 1$　　D. $x>0$，$y>0$ 或 $x<0$，$y<0$，且 $xy\neq 1$

2. 设 $z=y^{2x}$，则 $\dfrac{\partial z}{\partial y}=$（ ）.

A. $2xy$　　B. $2y^x$　　C. $2xy^{2x-1}$　　D. $y^{2x}\ln y$

3. 设函数 $f(x,y)=f_1(x)f_2(y)$ 在点 (x_0,y_0) 的某邻域内有定义，且存在一阶连续的偏导数，则 $f_x(x_0, y_0)$ 等于（ ）.

A. $\lim\limits_{h\to 0}\dfrac{f_1(x_0+h)-f_1(x_0)}{h}$

B. $\lim\limits_{h\to 0}\dfrac{f_1(x_0+h)-f_1(x_0)}{h}\cdot f_2(x_0)$

C. $\lim\limits_{h\to 0}\dfrac{f_1(x_0,y_0+h)-f_1(x_0,y_0)}{h}$

D. $\lim\limits_{h\to 0}\dfrac{f_1(x_0+h,y_0+h)-f_1(x_0,y_0)}{h}$

4. 已知 $f(xy, x+y)=x^2+y^2$，则 $\dfrac{\partial f(x,y)}{\partial x}+\dfrac{\partial f(x,y)}{\partial y}=$（ ）.

A. $-2+2y$　　B. $2-2y$　　C. $2x+2y$　　D. $2x-2y$

5. 设 $z=x^2+2xy+2y^2$，则 $\mathrm{d}z\Big|_{\substack{x=1\\y=-1}}=$（ ）.

A. $2\mathrm{d}x$　　B. $\mathrm{d}x-\mathrm{d}y$　　C. $-2\mathrm{d}y$　　D. -2

6. 下列说法错误的是（ ）.

A. 多元函数与一元函数一样，函数在某点连续时，在该点必有极限

B. 多元函数在某点可导一定连续

C. 多元函数在某点可微一定连续

D. 两个二元混合偏导数 $\dfrac{\partial^2 z}{\partial y\partial x}$，$\dfrac{\partial^2 z}{\partial x\partial y}$ 不一定相等，它们连续时必相等

二、填空题

(1) 若 $f\left(x+y,\dfrac{y}{x}\right)=x^2-y^2$，则 $f(1,1)=$________.

(2) 已知 $f(x,y)=(xy)^{x+y}$，则 $f(x-y,x+y)=$________.

(3) 已知 $f(x-y,xy)=x^3-y^3$，则 $f(x,y)=$________.

(4) 设函数 $z=f(x,y)$ 存在一阶连续的偏导数$\frac{\partial z}{\partial x}$，$\frac{\partial z}{\partial x}$，则 $\mathrm{d}z=$________.

(5) 函数 $z=\ln(1+x+y)$ 的全微分 $\mathrm{d}z\Big|_{\substack{x=1\\y=0}}=$________.

(6) 满足________条件的点称为 $z=f(x,y)$ 的驻点.

(7) 设 $z=(x+y)^3$，则 $z_{xy}=$________.

三、求下列函数的定义域

(1) $z=\dfrac{1}{(x^2+y^2)\sqrt{4x^2-y^2}}$　　(2) $z=\arccos\dfrac{x}{4}+\arcsin\dfrac{y}{2}$

(3) $z=\dfrac{1}{\sqrt{x}}+\dfrac{1}{\sqrt{y}}$　　(4) $z=\dfrac{1}{\sqrt{\ln(xy)}}$

四、求下列函数的偏导数

(1) $z=xy+\ln\sqrt{x^2+y^2}$　　(2) $z=\left(\dfrac{1}{2}\right)^{\frac{x}{y}}$

(3) $z=\arctan\dfrac{x-y}{x+y}$　　(4) $z=f\left(\dfrac{y}{x^2}\right)$，其中 $f(x)$可导

(5) $z=(3x+2y)^y$　　(6) $z=\sqrt{\ln(xy)}$

(7) $u=x^{\frac{y}{z}}$　　(8) $z=\tan(xy)$

(9) $z=\sin(xy)+2x^2+y$

五、求下列隐函数的偏导数$\dfrac{\partial z}{\partial x}$，$\dfrac{\partial z}{\partial y}$

(1) 函数 $z=f(x,y)$ 由方程 $xz=y+\mathrm{e}^z$ 确定；

(2) 函数 $z=f(x,y)$ 由方程 $x^2+2y^2+3z^3+yz=1$ 确定；

(3) 函数 $z=f(x,y)$ 由方程 $x^2+z^2=y^2\mathrm{e}^z$ 确定.

六、求下列函数的全微分或全导数

(1) 设 $z=x^y$，$x=\sin t$，$y=\mathrm{e}^t$，求$\dfrac{\mathrm{d}z}{\mathrm{d}t}$；

(2) 设 $z=\sin(xy)+2x^2+y$，求 $\mathrm{d}z$；

(3) 设 $z=\mathrm{e}^{2x+y}$，求 $\mathrm{d}z$；

(4) 设 $z=y\ln x$，求 $\mathrm{d}z$.

七、求下列函数的二阶偏导数

(1) $z=x^2+\sin y$　　(2) $z=\mathrm{e}^{x+y^2}$

八、求下列函数的极值

(1) $z=f(x,\ y)=4(x-y)-x^2-y^2$

(2) $f(x,\ y)=\dfrac{1}{2}x^2-xy+y^2+3x$

(3) $z=x^2+xy-y^2-3ax-3bx$（a，b 为常数）

九、试求从原点到曲面 π: $z^2=xy+x-y+5$ 的距离的最小值.

十、斜边长为 c 的所有直角三角形中，求周长最大的直角三角形.

习题与复习题参考答案

习题 6.1

1. (1) $D=\{(x,y)\mid 4x^2+y^2\geqslant 1\}$　(2) $D=\{(x,y)\mid xy>1\}$

(3) $D=\{(x,y)\mid x^2\leqslant 1,\ y^2\leqslant 1\}$　(4) $D=\{(x,y)\mid 1<x^2+y^2\leqslant 4\}$

2. (1)3; (2) $-2x+6y+h$

3. $x^3y+3x^2y^2+xy^3$

习题 6.2

1. (1) $\frac{\partial z}{\partial x}=3x^2-3y$, $\frac{\partial z}{\partial y}=3y^2-3x$

(2) $\frac{\partial z}{\partial x}=y^2(x^2+y^2)^{-\frac{3}{2}}$, $\frac{\partial z}{\partial y}=-xy(x^2+y^2)^{-\frac{3}{2}}$

(3) $\frac{\partial z}{\partial x}=-e^{-\frac{x}{y}}\frac{1}{y}$, $\frac{\partial z}{\partial y}=e^{-\frac{x}{y}}\frac{x}{y^2}$

(4) $\frac{\partial z}{\partial x}=2y^{2x}\ln y$, $\frac{\partial z}{\partial y}=2xy^{2x-1}$

(5) $\frac{\partial z}{\partial x}=-\frac{2x\sin x^2}{y}$, $\frac{\partial z}{\partial y}=-\frac{\cos x^2}{y^2}$

2. 1; 2ln2.

3. (1) $f_{xx}(x,y)=y^2e^{xy}$, $f_{xy}(x,y)=f_{yx}(x,y)=e^{xy}(1+xy)$, $f_{yy}(x,y)=x^2e^{xy}$;

(2) $f_{xx}(x,y)=\frac{-x}{(x^2+y^2)^{\frac{3}{2}}}$, $f_{xy}(x,y)=f_{yx}(x,y)=\frac{-y}{(x^2+y^2)^{\frac{3}{2}}}$,

$f_{yy}(x,y)=\frac{x^2+2xy^2}{y^2(x^2+y^2)^{\frac{3}{2}}}-\frac{1}{y^2}$

4. (1) $\frac{2}{x^2+y^2}(x\mathrm{d}y+y\mathrm{d}x)$　(2) $\frac{\sqrt{xy}}{2xy^2}(y\mathrm{d}x-x\mathrm{d}y)$

(3) $\cos(x-y)(\mathrm{d}x-\mathrm{d}y)$　(4) $yx^{y-1}\mathrm{d}x+x^y\ln x\,\mathrm{d}y$.

5. 0.2

习题 6.3

1. $\left.\frac{\partial z}{\partial x}\right|=6x(4x+2y)(3x^2+y^2)^{4x+2y-1}+4(3x^2+2y^2)^{4x+2y}\ln(3x^2+y^2)$

$\left.\frac{\partial z}{\partial y}\right|=2y(4x+2y)(3x^2+y^2)^{4x+2y-1}+2(3x^2+2y^2)^{4x+2y}\ln(3x^2+y^2)$

2. $\frac{\mathrm{d}z}{\mathrm{d}x}=\frac{xe^x+e^x}{1+x^2e^{2x}}$.

3. $\frac{\mathrm{d}z}{\mathrm{d}t}=e^t(\cos t-\sin t)+\cos t$.

习题 6.4

1. (1) 极小值 $f(-1,1)=0$; (2) 极小值 $f(1,1)=-1$;

(3) 极大值 $f(3,2)=38$.

2. 最大值 $z=\frac{625}{64}$，最小值 $z=0$.

复习题六

一、(1) D；(2) C；(3) B；(4) A；(5) C；(6) B

二、(1) 0；(2) $(x^2-y^2)^{2x}$；(3) x^3+3xy；(4) $\frac{\partial z}{\partial x}\mathrm{d}x+\frac{\partial z}{\partial y}\mathrm{d}y$；

(5) $\frac{1}{2}(\mathrm{d}x+\mathrm{d}y)$；(6) $\frac{\partial z}{\partial x}=0$；$\frac{\partial z}{\partial y}=0$；(7) $6(x+y)$.

三、(1) $y^2<4x^2$ 且 $x^2+y^2\neq 0$；(2) $-4\leqslant x\leqslant 4$ 且 $-2\leqslant y\leqslant 2$；

(3) $x>0$ 且 $y>0$；(4) $xy>1$.

四、(1) $\frac{\partial z}{\partial x}=y+\frac{x}{x^2+y^2}$，$\frac{\partial z}{\partial y}=x+\frac{y}{x^2+y^2}$；

(2) $\frac{\partial z}{\partial x}=\frac{1}{y}\left(\frac{1}{2}\right)^{\frac{x}{y}}\ln\frac{1}{2}$，$\frac{\partial z}{\partial y}=\frac{-x}{y^2}\left(\frac{1}{2}\right)^{\frac{x}{y}}\ln\frac{1}{2}$；

(3) $\frac{\partial z}{\partial x}=\frac{y}{x^2+y^2}$，$\frac{\partial z}{\partial y}=\frac{-x}{x^2+y^2}$；

(4) $\frac{\partial z}{\partial x}=-\frac{2yf_u}{x^3}$，$\frac{\partial z}{\partial y}=\frac{f_u}{x^2}$ ；

(5) $\frac{\partial z}{\partial x}=3y(3x+2y)^{y-1}$，$\frac{\partial z}{\partial y}=2y(3x+2y)^{y-1}+(3x+2y)^y\ln(3x+2y)$；

(6) $\frac{\partial z}{\partial x}=\frac{1}{2x\sqrt{\ln(xy)}}$，$\frac{\partial z}{\partial y}=\frac{1}{2y\sqrt{\ln(xy)}}$；

(7) $\frac{\partial u}{\partial x}=\frac{y}{z}x^{\frac{y}{x}-1}\ln\frac{1}{2}$，$\frac{\partial u}{\partial y}=x^{\frac{y}{x}}\ln x\ \frac{1}{x}$，$\frac{\partial u}{\partial z}=x^{\frac{y}{x}}\ln x\ \frac{-y}{x^2}$；

(8) $\frac{\partial z}{\partial x}=y\sec^2(xy)$，$\frac{\partial z}{\partial y}=x\sec^2(xy)$；

(9) $\frac{\partial z}{\partial x}=y\cos(xy)+4x$，$\frac{\partial z}{\partial y}=x\cos(xy)+1$.

五、(1) $\frac{\partial z}{\partial x}=\frac{x}{\mathrm{e}^x-x}$，$\frac{\partial z}{\partial y}=\frac{1}{\mathrm{e}^x-x}$；

(2) $\frac{\partial z}{\partial x}=\frac{-2x}{6x+y}$，$\frac{\partial z}{\partial y}=\frac{4y+z}{6x+y}$；

(3) $\frac{\partial z}{\partial x}=\frac{-2x}{2x-y^2\mathrm{e}^x}$，$\frac{\partial z}{\partial y}=\frac{2y\mathrm{e}^x}{2x-y^2\mathrm{e}^x}$.

六、略

七、略

八、略

九、2.

十、$a=b=\frac{c}{\sqrt{2}}$时，周长最大 .

第七章

微分方程初步

函数是客观事物的内部联系在数量方面的反映，利用函数关系可以对客观事物的规律性进行研究．因此如何寻找出所需要的函数关系，在实践中具有重要意义．在许多复杂的实际问题中，往往需要寻找与问题有关的各个变量之间的函数关系，从而分析某些现象的变化过程，这些变量间的函数关系式也就构成了方程．在实际问题中，往往只能列出含有未知函数及其导数或微分的关系式，也就是所谓的微分方程．

第一节　微分方程的一般概念

在本节中，首先从两个例子中认识微分方程，进而了解微分方程的阶、线性微分方程、微分方程的通解和特解等概念．通过本节的学习，要求理解微分方程的相关概念．并能判断函数是不是微分方程的解，能够解一些形式较简单的微分方程．

我们先来看两个例子：

【例 1】 已知曲线上任一点处的切线斜率为 $x-1$，且该曲线过点 (2,1)，求此曲线方程．

解： 设所求曲线方程为 $y=f(x)$，根据导数的几何意义，有

$$y'=x-1 \tag{1}$$

又由于曲线过点 (2，1)，因此曲线方程还满足条件

$$y|_{x=2}=1 \tag{2}$$

所以所求曲线方程满足下面的关系：

$$f(x)=\begin{cases}y'=x-1\\ y|_{x=2}=1\end{cases} \tag{3}$$

我们知道，已知导数求原函数是积分的过程，将方程 (1) 两边积分得

$$y=\frac{1}{2}x^2-x+C(C\text{ 为任意常数}) \tag{4}$$

又由于方程还满足条件 $y|_{x=2}=1$，解得 $C=1$，所以所求曲线方程为

$$y=\frac{1}{2}x^2-x+1 \tag{5}$$

【例 2】 列车在平直线路上以 20m/s（相当于 72km/h）的速度行驶；当制动

时列车获得加速度-0.4m/s^2. 问开始制动后多少时间列车才能停住，以及列车在这段时间里行驶了多少路程？

解：设列车在开始制动后 t 秒时行驶了 s 米．根据题意，反映制动阶段列车运动规律的函数 $s=s(t)$应满足关系式

$$\frac{d^2 s}{dt^2}=-0.4 \tag{6}$$

此外，未知函数 $s=s(t)$还应满足下列条件：

$$t=0\text{ 时}, s=0, v=\frac{ds}{dt}=20. \text{ 简记为 } s|_{t=0}=0, s'|_{t=0}=20 \tag{7}$$

把式（6）两端积分一次，得

$$v=\frac{ds}{dt}=-0.4t+C_1 \tag{8}$$

再积分一次，得

$$s=-0.2t^2+C_1 t+C_2 \tag{9}$$

这里 C_1、C_2都是任意常数．

把条件$v|_{t=0}=20$ 代入式（6）得 $C_1=20$；把条件$s|_{t=0}=0$ 代入式（7）得 $C_2=0$. 把 C_1、C_2的值代入式（8）及式（9）得

$$v=-0.4t+20, s=-0.2t^2+20t \tag{10}$$

上面的两个例子中，方程（1）、方程（6）都是含有未知函数的导数的方程.

定义 1 含有未知函数的导数或微分的方程，称为微分方程．未知函数是一元函数的微分方程，称为常微分方程. 未知函数是多元函数的微分方程，称为偏微分方程.

如方程（1）、（6）均为常微分方程，又如：

$$\frac{d^2 y}{d x^2}-5(x+y)\frac{dy}{dx}=y \tag{11}$$

$$2y'''+7(y')^3-9=0 \tag{12}$$

$$\left(\frac{\partial u}{\partial x}\right)^2-2\frac{\partial u}{\partial x}=0 \tag{13}$$

其中，方程（11）、(12）为常微分方程，方程（13）为偏微分方程.

定义 2 微分方程中出现的未知函数的导数或微分的最高阶数，称为微分方程的阶．

如方程（1）和（13）为一阶微分方程；方程（6）和（11）为二阶微分方程；方程（12）为三阶微分方程．

本章之讨论常微分方程的问题，为方便起见，将常微分方程简称为“微分方程”或“方程”．

定义 3 在微分方程中，若含有未知函数及其各阶导数的项都是关于它们的一次项，则称之为**线性微分方程**，否则称之为**非线性微分方程**．

如方程（1）和（6）为一阶线性微分方程，方程（11）和（12）为非线性微分方程．

注意：这里是指"未知函数及其各阶导数"都是一次的，不包括自变量及自变量表示的函数．

在线性微分方程中，除了未知函数及其各阶导数都是一次的，也不含未知函数及其各阶导数之间的乘积．如方程（11）中，如去掉括号，其中 $5x\dfrac{dy}{dx}$ 的部分为线性的，而 $5y\dfrac{dy}{dx}$ 的部分为非线性的，所以方程（11）为非线性微分方程．

定义 4 若将一个函数代入微分方程中，能使得该微分方程成为恒等式，则此函数称为该微分方程的解．求微分方程解的过程，称为解微分方程．

如：例 1 中，显然式（4）和式（5）都是方程（1）的解．但是，式（4）中含有任意常数 C，它表示的是一组函数，而不是一个函数，$y=\dfrac{1}{2}x^2-x+5$，$y=\dfrac{1}{2}x^2-x-\sqrt{2}$ 等等都是方程（1）的解，要确定原问题的解，还必须利用问题中给出的附加条件，将任意常数 C 确定为一个定值．

定义 5 若微分方程的解中含有相互独立的任意常数（即它们不能合并而使得任意常数的个数减少），且所含有的任意数的个数与微分方程的阶数相同，则称这样的解为微分方程的**通解**．在通解中，利用附加条件确定出所含常数的取值，使得解中不含任意常数，就得到微分方程的**特解**．而确定特解的条件，称为**定解条件**，常见的定解条件是由系统在某一瞬间所处的状态给出的，称为**初始条件**．求微分方程满足初始条件的特解的问题，称为**初值问题**．

如式（4）是方程（1）的通解，而式（5）是方程（1）满足初始条件（2）的特解，这个初值问题可以表示为式（3）.

例 2 是方程（6）满足初始条件（7）的初值问题，表示为式（8）. 式（9）是方程（6）的通解，而式（10）是初值问题（8）的解，是方程（6）的一个特解．

【例 3】 验证下列给定的函数是否为所给微分方程的解．若是解，指出是通解还是特解（其中C_1、C_2为任意常数）.

（1）$y''+2y'+y=3x$，$y=2e^{-x}+3x-6$

（2）$y'-xy''+(y'')^2$，$y=\dfrac{C_1}{2}x^2+C_1^2x+C_2$

（3）$y''+(y')^2-2y'=-1$，$y=\ln x-x$

解：（1）由于 $y'=-2e^{-x}+3$，$y''=2e^{-x}$，代入方程左端，得

$$y''+2y'+y=2e^{-x}+2(-2e^{-x}+3)+(2e^{-x}+3x+6)=3x$$

方程成为一个恒等式，所以 $y=2e^{-x}+3x-6$ 是方程 $y''+2y'+y=3x$ 的解．

由于所给函数中不含任意常数，所以它是方程的特解．

（2）因为 $y'=C_1x+C_1^2$，$y''=C_1$，$y'=C_1x+C_1^2$，$y''=C_1$，代入方程右端，得

$$xy''+(y'')^2=xC_1+C_1^2=y'$$

方程成为一个恒等式，所以 $y=\dfrac{C_1}{2}x^2+C_1^2x+C_2$ 是方程 $y'-xy''+(y'')^2$

的解.

由于所给函数中含有两个相互独立的任意常数，且方程是二阶微分方程，所以该函数是方程的通解.

(3) 因为 $y'=\frac{1}{x}-1$，$y''=-\frac{1}{x^2}$代入方程左端，得

$$y''+(y')^2-2y'=-\frac{1}{x^2}+\left(\frac{1}{x}-1\right)^2-2\left(\frac{1}{x}-1\right)=-\frac{4}{x}+3\neq-1$$

方程不能成为恒等式，所以 $y=\ln x-x$ 不是方程 $y''+(y')^2-2y'=-1$ 的解.

一般来说，求微分方程的解释比较困难的，但是形如

$$y^{(n)}=f(x)$$

的微分方程，右端是仅含有自变量 x 的已知函数，此方程可以经过 n 次积分得到通解.

【例 4】 求微分方程 $y'''=\cos x+6x+1$ 的通解.

解：这是一个三阶微分方程，经过三次积分可以得到通解.

$$y''=\sin x+3x^2+x+2C_1\text{（}C_1\text{ 为任意常数）}$$

$$y'=-\cos x+x^3+\frac{x^2}{2}+2C_1x+C_2\text{（}C_1\text{、}C_2\text{ 为任意常数）}$$

$$y=-\sin x+\frac{x^4}{4}+\frac{x^3}{6}+C_1x^2+C_2x+C_3\text{（}C_1\text{、}C_2\text{、}C_3\text{ 为任意常数）}$$

即微分方程 $y'''=\cos x+6x+1$ 的通解为：

$$y=-\sin x+\frac{x^4}{4}+\frac{x^3}{6}+C_1x^2+C_2x+C_3\text{（}C_1\text{、}C_2\text{、}C_3\text{ 为任意常数）}$$

习题 7.1

1. 指出下列微分方程的阶数，并说明它们是线性的还是非线性的.

(1) $xy-\frac{y'}{2x}+2=0$

(2) $\frac{\mathrm{d}^2x}{\mathrm{d}t^2}+t\left(\frac{\mathrm{d}x}{\mathrm{d}t}\right)^3+tx=0$

(3) $\frac{\mathrm{d}^5x}{\mathrm{d}x^5}-4\frac{\mathrm{d}^3x}{\mathrm{d}x^3}+7\frac{\mathrm{d}y}{\mathrm{d}x}=\sin x+2$

(4) $yy''+3(x-y')y'''=0$

2. 验证下列给定的函数是否为所给微分方程的解，若是解，指出通解还是特解（其中C_1、C_2、C_3为任意常数).

(1) $y''-2y'-3y=2x+1$，$y=-\frac{2}{3}xy+\frac{1}{9}$

(2) $\frac{\mathrm{d}y}{\mathrm{d}y}=y^2\cos y$，$y=-\frac{1}{\sin y+C}$

(3) $y''+y=y$，$y=C_1\cos y+C_2\sin y+y$

(4) $y'-\dfrac{y}{y+1}=\mathrm{e}^y(y+1)$，$y=(y+1)(\mathrm{e}^y+4)$

3. 验证 $y=C_1\mathrm{e}^{3y}+C_2\mathrm{e}^{4y}$ 是微分方程 $y''-7y'+12y=0$ 的通解，并求微分方程满足初始条件$y|_{y=0}=1$，$y'|_{y=0}=2$ 的特解．

4. 已知二阶微分方程 $y''=2y+3$，求：

(1) 该微分方程的通解；

(2) 该微分方程满足初始条件$y|_{y=1}=3$，$y'|_{y=1}=5$ 的特解．

第二节　一阶微分方程

从微分方程诞生之日起，人们就试图寻找所遇到的一些类型的微分方程的解法．最基本的想法就是将微分方程的求解问题转化为积分问题．但是，一般的微分方程未必能使用这种方法求解．在本节中，我们只讨论一些特殊的一阶微分方程及其解法．通过本节的学习，要求掌握可分离变量的微分方程的解法，并能将一些特殊形式的微分方程转化为可分离变量的微分方程求解；能够正确求解一阶齐次线性微分方程，了解用常数变易法求一阶非次线性微分方程的方法，并会用通解公式法求解一阶非齐次线性微分方程．

一、可分离变量的微分方程

定义 6　形如

$$\frac{\mathrm{d}y}{\mathrm{d}x}=g(x)h(y) \tag{14}$$

或

$$g_1(x)h_1(y)\mathrm{d}x=g_2(x)h_2(y)\mathrm{d}y \tag{15}$$

的微分方程称为**可分离变量的微分方程.**

这类方程的特点是：方程经过适当的变形，可以将含有同一变量的函数与微分分离到等式的同一端，之后便可以两端分别积分，得到微分方程的通解. 方程(14) 和 (15) 可分别分离变量为：

$$\frac{\mathrm{d}y}{h(y)}=g(x)\mathrm{d}x$$

和

$$\frac{g_1(x)}{g_2(x)}\mathrm{d}x=\frac{h_2(y)}{h_1(y)}\mathrm{d}y$$

讨论：下列方程中哪些是可分离变量的微分方程?

(1) $y'=2xy$　　是　$\Rightarrow y^{-1}\mathrm{d}y=2x\mathrm{d}x$.

(2) $3x^2+5x-y'=0$　　是　$\Rightarrow \mathrm{d}y=(3x^2+5x)\mathrm{d}x$.

(3) $(x^2+y^2)\mathrm{d}x-xy\mathrm{d}y=0$　不是．

(4) $y'=1+x+y^2+xy^2$　　是　$\Rightarrow y'=(1+x)(1+y^2)$.

(5) $y'=10^{x+y}$　　　　　　是　$\Rightarrow 10^{-y}\mathrm{d}y=10^{x}\mathrm{d}x$

【规律总结】

解这类方程的方法称为分离变量法：

(1) 分离变量，将方程变形为 $u(y)\mathrm{d}y=v(x)\mathrm{d}x$ 的形式；

(2) 两边积分，得 $\int u(y)\mathrm{d}y=\int v(x)\mathrm{d}x$ ；

(3) 求出积分，得通解 $U(y)=V(x)+C$，其中 $U(y)$和 $V(x)$ 分别是 $u(y)$和 $v(x)$的一个原函数，C 为任意常数.

【例 1】 求微分方程$\frac{\mathrm{d}y}{\mathrm{d}x}=3x^2y$ 的通解.

解：这是可分离变量的微分方程

分离变量，得$\frac{\mathrm{d}y}{y}=3x^2\mathrm{d}x$

两边积分，得 $\int\frac{\mathrm{d}y}{y}=\int 3x^2\mathrm{d}x$，

即 $\ln|y|=x^3+C_1$ (C_1为任意常数)，

所以 $y=\pm e^{x^3+C_1}=\pm e^{C_1}e^{x^3}$

因为$\pm e^{C_1}$是不为零的任意常数，把它记作 C，便得到方程得通解

$$y=Ce^{x^3}\ (C\text{ 为任意常数})$$

【例 2】 求解初值问题$\begin{cases}\sin x\cdot\cos y\,\mathrm{d}x=\cos x\cdot\sin y\,\mathrm{d}y\\ y|_{x=0}=\frac{\pi}{3}\end{cases}$

解：分离变量，得$\frac{\sin x}{\cos x}\mathrm{d}x=\frac{\sin y}{\cos y}\mathrm{d}y$，

两边积分，得 $\int\frac{\sin x}{\cos x}\mathrm{d}x=\int\frac{\sin y}{\cos y}\mathrm{d}y$ ，

即 $\ln|\cos x|=\ln|\cos y|+\ln|C|$

这里将微积分常数写成 $\ln|C|$是为了以后运算方便.

化简，得通解为 $\cos x=C\cos y$

将 $x=0$，$y=\frac{\pi}{3}$代入，得 $C=2$.

所以，原初值问题的解为 $\cos x=2\cos y$.

有的微分方程不是可分离变量的，但是我们可以通过适当的变换，将所给方程化为可分离变量的微分方程.

注意：以后对任意常数我们不再像例 2 这样详细讨论. 为了运算方便，可以将积分常数用 $\ln|C|$等形式表示.

【例 3】 求微分方程$\frac{\mathrm{d}y}{\mathrm{d}x}=x+y+1$ 的通解.

解：令 $u=x+y$，则$\frac{\mathrm{d}u}{\mathrm{d}x}=1+\frac{\mathrm{d}y}{\mathrm{d}x}$，所以$\frac{\mathrm{d}y}{\mathrm{d}x}=\frac{\mathrm{d}u}{\mathrm{d}x}-1$.

将之代入原方程，得$\frac{du}{dx}-1=u+1$，即$\frac{du}{dx}=u+2$

分离变量，得$\frac{du}{u+2}=dx$

两边积分，得

$\int\frac{du}{u+2}=\int dx$，即 $\ln|u+2|=x+\ln|C|$

化简得 $u+2=Ce^x$.

将 $u=x+y$ 代入，得原方程的通解为：

$y=Ce^x-x-2$.

下面再介绍一类可化为可分离变量的微分方程的一阶微分方程，叫做“齐次方程”.

定义 7 形如

$$\frac{dy}{dx}=f\left(\frac{y}{x}\right)$$

的微分方程称为**齐次方程**.

如：方程$\frac{dy}{dx}=\frac{x+y}{x-y}$可化为$\frac{dy}{dx}=\frac{1+\frac{y}{x}}{1-\frac{y}{x}}$，方程$(y^2+xy)dx+(x^2-xy)dy=0$可化为$\frac{dy}{dx}=\frac{\left(\frac{y}{x}\right)^2+\frac{y}{x}}{\frac{y}{x}-1}$，所以它们都是齐次方程.

【规律总结】

解齐次方程的一般方法是：

(1) 令 $u=\frac{y}{x}$，则 $y=ux$，$\frac{dy}{dx}=u+x\frac{du}{dx}$；

(2) 代入原齐次方程，便得到方程 $u+x\frac{du}{dx}=f(u)$；

(3) 分离变量，得$\frac{du}{f(u)-u}=\frac{dx}{x}$；

(4) 两边分别积分，然后用$\frac{y}{x}$代替 u，便得到原齐次方程的通解.

【例 4】 求微分方程 $xy^3dy=(x^3+y^3)dx$ 满足初始条件$y|_{x=1}=1$ 的特解.

解：原方程可变形为$\frac{dy}{dx}=\frac{1+\left(\frac{y}{x}\right)^3}{\left(\frac{y}{x}\right)^2}$，它是齐次方程.

令 $u=\frac{y}{x}$，得

$$u+x\frac{du}{dx}=\frac{1+u^3}{u^2}$$

分离变量，得

$$u^2du=\frac{dx}{x}$$

两边积分，得

$$\frac{1}{3}u^3=\ln|x|+C.$$

将 $u=\frac{y}{x}$ 代入上式，得原方程的通解

$$y^3=3x^3(\ln|x|+C).$$

当 $x=1$ 时 $y=1$，所以 $C=\frac{1}{3}$，故所求特解为

$$y^3=3x^3\left(\ln|x|+\frac{1}{3}\right).$$

二、一阶线性微分方程

定义 8 形如 $\frac{dy}{dx}+p(x)y=q(x)$ (16)

的方程，称为**一阶线性微分方程**，其中 $p(x)$、$q(x)$ 为已知函数．若 $q(x)=0$，则方程

$$\frac{dy}{dx}+p(x)y=0 \tag{17}$$

称为**一阶齐次线性微分方程**．若 $q(x)$ 不恒等于 0，则方程（16）称为**一阶非齐次线性微分方程**．

注意：(1) 所谓线性，是指在方程中含有未知函数 y 和它的导数 y' 的项都是关于 y、y' 的一次项，$q(x)$ 称为自由项．

(2) 不要混淆这里的“齐次线性方程”与前面介绍的齐次方程．

1. 一阶齐次线性微分方程的通解

方程 $\frac{dy}{dx}+p(x)y=0$ 是可分离变量的微分方程，分离变量，得

$$\frac{dy}{y}=-p(x)dx$$

两边积分，得 $$\ln|y|=-\int p(x)dx+\ln|C| \tag{18}$$

这就是一阶齐次线性微分方程（17）的通解．

注意：这里不定积分 $\int p(x)dx$ 只表示 $p(x)$ 的一个原函数．

【例 5】 求一阶齐次线性微分方程 $\frac{dy}{dx}+\frac{xy}{\sqrt{1-x^2}}=0$ 满足初始条件 $y|_{x=-1}=2$

的特解.

解：分离变量，得

$$\frac{dy}{y}=-\frac{x}{\sqrt{1-x^2}}dx$$

两边积分，得

$$\ln|y|=\sqrt{1-x^2}+\ln|C|$$

于是得通解

$$y=Ce^{\sqrt{1-x^2}}$$

因为当 $x=-1$ 时 $y=2$，所以 $C=2$，故所求特解为

$$y=2e^{\sqrt{1-x^2}}.$$

2. 一阶非齐次线性微分方程的通解

一阶非齐次线性微分方程（16）的通解可以利用“常数变易法”得到.

首先求得方程（16）所对应的一阶其次线性微分方程（17）的通解（18），然后将其中的任意常数 C 换成 x 的未知函数 $u(x)$，即设 $y=u(x)e^{-\int p(x)dx}$，令 $y=u(x)e^{-\int p(x)dx}$ 为一阶非齐次线性微分方程（16）的解.

因为 $y'=u'(x)e^{-\int p(x)dx}-u(x)p(x)e^{-\int p(x)dx}$，

将 y 和 y' 代入方程（16），得

$$u'(x)e^{-\int p(x)dx}-u(x)p(x)e^{-\int p(x)dx}+p(x)u(x)e^{-\int p(x)dx}=q(x)$$

整理，得

$$u'(x)=q(x)e^{\int p(x)dx}$$

两边积分，得

$$u(x)=\int q(x)\,e^{\int p(x)dx}dx+C(C\text{ 为任意常数}).$$

代入 $y=u(x)e^{-\int p(x)dx}$ 中，得方程（16）的通解.

$$y=e^{-\int p(x)dx}\int q(x)e^{\int p(x)dx}dx+Ce^{-\int p(x)dx} \tag{19}$$

将式（9）写成两项之和：

$$y=e^{-\int p(x)dx}\int q(x)e^{\int p(x)dx}dx+Ce^{-\int p(x)dx}+ce^{-\int p(x)dx}$$

上式右端第一项是一阶非齐次线性微分方程（16）的一个特解（$C=0$ 时的解）；第二项是它对应的一阶其次线性微分方程（17）的通解. 由此可知，一阶非齐次线性微分方程的通解等于对应的一阶齐次线性微分方程的通解与该非齐次方程的一个特解的和.

对一阶非齐次线性微分方程既可以直接使用通解公式（19）求解，也可以运用常数变易法求解.

【例 6】 求微分方程 $x^2y'+2xy=x-1$ 的通解.

解：方法一：常数变易法.

原方程变形为$\frac{dy}{dx}+\frac{2}{x}y=\frac{x-1}{x^2}$，这是一个一阶非齐次线性微分方程．先求对应的一阶齐次线性微分方程$\frac{dy}{dx}+\frac{2}{x}y=0$的通解．

分离变量，得$\frac{dy}{y}=-\frac{2}{x}dx$

两边积分，得 $\ln|y|=-2\ln|x|+\ln|C|$，即

$$y=\frac{C}{x^2}(C\text{ 为任意常数})$$

令 $y=\frac{u(x)}{x^2}$，则 $y'=\frac{u'(x)}{x^2}-\frac{2u(x)}{x^3}$

将它们代入原方程，并化简得

$$u'(x)=x-1.$$

两边积分，得

$$u(x)=\frac{1}{2}x^2-x+C$$

代入 $y=\frac{u(x)}{x^2}$，所以原方程的通解为

$$y=\frac{1}{2}-\frac{1}{x}+\frac{C}{x^2}\qquad(C\text{ 为任意常数})$$

方法二：通解公式法．

原方程变形为$\frac{dy}{dx}+\frac{2}{x}y=\frac{x-1}{x^2}$，则 $p(x)=\frac{2}{x}$ ，$q(x)=\frac{x-1}{x^2}$. 将它们代入通解公式（19），得

$$y=e^{-\int\frac{2}{x}dx}\left(\int\frac{x-1}{x^2}e^{\int\frac{2}{x}dx}dx+C\right)=e^{-2\ln|x|}\left(\int\frac{x-1}{x^2}e^{2\ln|x|}dx+C\right)$$

$$=\frac{1}{x^2}\left[\int(x-1)dx+C\right]=\frac{1}{x^2}\left(\frac{1}{2}x^2-x+C\right)=\frac{1}{2}-\frac{1}{x}+\frac{C}{x^2}$$

即原方程的通解为：

$$y=\frac{1}{2}-\frac{1}{x}+\frac{C}{x^2}(C\text{ 为任意常数})$$

注意：在使用通解公式（19）时，必须先把方程化为（16）的标准形式，以正确找出 $p(x)$ 和 $q(x)$．

【例 7】 求微分方程 $y\,dx=(e^y-x)dy$ 满足初始条件$y|_{x=0}=1$的特解．

解：原方程可变形为$\frac{dy}{dx}=\frac{y}{e^y-x}$，它不是一阶线性微分方程. 但如果它们把 y 看做自变量，把 $x=x(y)$ 看做未知函数，则原方程变形为$\frac{dx}{dy}+\frac{1}{y}x=\frac{e^y}{y}$. 此方程

是关于 x 的一阶线性微分方程，其中 $p(y)=\frac{1}{y}$，$q(y)=\frac{e^y}{y}$.

将它们代入相应的通解公式，得：

$$x=e^{-\int\frac{1}{y}dy}\left(\int\frac{e^y}{y}e^{\int\frac{1}{y}dy}dy+C_1\right)=e^{-\ln|y|}\left(\int\frac{e^y}{y}e^{\ln|y|}dy+C_1\right)$$

$$=\frac{1}{y}\left(\int e^y dy+C\right)=\frac{e^y+C}{y}$$

当 $x=0$ 时，$y=1$，由此得 $C=-e$，故所求特解为 $xy=e^y-e$.

【例 8】 已知曲线 $y=f(x)$ 上每一点的切线斜率为 $x-2y$，且曲线过点 (0，0)，求该曲线方程.

解：由导数的几何意义可得 $\frac{dy}{dx}=x-2y$，且 $y|_{x=0}=0$.

上式变形为 $\frac{dy}{dx}+2y=x$，这是一个一阶非齐次线性微分方程，其中 $p(x)=2$，$q(x)=x$，所以

$$y=e^{-\int 2dx}\left(\int xe^{\int 2dx}dx+C\right)=e^{-2x}\left(\int xe^{2x}dx+C\right)$$

$$=e^{-2x}\left(\frac{1}{2}\int x de^{2x}+C\right)=e^{-2x}\left(\frac{1}{2}xe^{2x}-\frac{1}{2}\int e^{2x}dx+C\right)$$

$$=e^{-2x}\left(\frac{1}{2}xe^{2x}-\frac{1}{4}e^{2x}+C\right)=\frac{1}{2}x-\frac{1}{4}+Ce^{-2x}$$

将初始条件 $y|_{x=0}=0$ 代入上式，得 $C=\frac{1}{4}$. 故所求曲线方程为

$$y=\frac{1}{2}x-\frac{1}{4}+\frac{1}{4}e^{-2x}$$

习题 7.2

1. 求下列微分方程的通解.

(1) $3x^2+6x-5yy'=0$　　(2) $(1+y)dx-(1-x)dy=0$

(3) $y'=x\sqrt{1-y^2}$　　(4) $\frac{dy}{dx}=xe^{2y+x^2}$

(5) $\frac{dy}{dx}=\frac{1}{x-y}+1$　　(6) $y'=\frac{y}{x}+e^{\frac{y}{x}}$

2. 求下列初值问题的解.

(1) $\begin{cases}\frac{x}{1+y}dx-\frac{y}{1+x}dy=0\\ y|_{x=0}=1\end{cases}$　　(2) $\begin{cases}\sin x\,dy=2y\cos x\,dx\\ y|_{x=\frac{\pi}{2}}=2\end{cases}$

(3) $\begin{cases} e^y(1+x^2)\,dy = 2x(1+e^y)\,dx \\ y|_{x=1}=0 \end{cases}$　　(4) $\begin{cases} \dfrac{dy}{dx} = 2\sqrt{y}\ln x \\ y|_{x=0}=1 \end{cases}$

3. 求下列微分方程的通解.

(1) $y'+\dfrac{x}{x+1}y=0$　　(2) $y'+2y=4x$

(3) $y'+\dfrac{y}{x}=\dfrac{\sin x}{x}$　　(4) $\dfrac{dy}{dx}=\dfrac{2y}{x+1}+(x+1)^{\frac{5}{2}}$

(5) $(x^2-1)y'+2xy-\cos x=0$　　(6) $y\ln y\,dx+(x-\ln y)\,dy=0$

4. 求下列微分方程满足所给初始条件的特解.

(1) $y'+2xy=xe^{-x^2}$，$y|_{x=0}=1$

(2) $x\dfrac{dy}{dx}-2y=x^3e^x$，$y|_{x=1}=0$

(3) $y'-y\tan x=\sec x$，$y|_{x=0}=0$

(4) $(y^2-6x)\dfrac{dy}{dx}+2y=0$，$y|_{x=0}=1$

第三节　二阶常系数线性微分方程

在实际中应用较多的一类高阶微分方程是二阶常系数线性微分方程．对于这类微分方程，我们只不加证明地给出它们的解得结论，大家利用这些结论进行求解即可. 通过本节的学习，要求了解二阶常系数线性微分方程解的结构，能写出二阶常系数其次线性微分方程的特征方程，并求其特征根，会根据所给解得结论计算二阶常系数线性微分方程的解.

一、二阶常系数线性微分方程的概念

定义 9　形如

$$y''+py'+qy=f(x) \tag{20}$$

的微分方程称为**二阶常系数线性微分方程**，其中 p、q 为常数，$f(x)$ 为已知函数，当 $f(x)=0$ 时，方程

$$y''+py'+qy=0 \tag{21}$$

称为**二阶常系数齐次线性微分方程**．当 $f(x)$ 不恒为零时，方程（20）称为**二阶常系数非齐次线性微分方程**.

二、二阶常系数齐次线性微分方程

先来讨论二阶常系数其次线性微分方程（21）的通解.

定理 1　若y_1、y_2是二阶常系数齐次线性微分方程（21）的两个解，则

$$y=C_1y_1+C_2y_2$$

也是方程（21）的解，其中C_1、C_2为任意常数．

定理1可利用导数运算的线性性质得证．例如，$y_1=e^x$和$y_2=e^{-x}$都是方程$y''-y=0$的解，不难验证$y=C_1y_1+C_2y_2=C_1e^x+C_2e^{-x}$（$C_1$、$C_2$为任意常数）也是方程$y''-y=0$的解．而$y_1=e^x$和$y_3=2e^x$也都是方程$y''-y=0$的解，于是$\overline{y}=C_1y_1+C_3y_3=C_1e^x+2C_3e^x$（$C_1$、$C_3$为任意常数）也是方程$y''-y=0$的解．虽然从形式上看，$y=C_1e^x+C_2e^{-x}$和$\overline{y}=C_1e^x+2C_3e^x$都含有两个任意常数，但由于$\overline{y}=C_1e^x+2C_3e^x=(C_1+2C_3)e^x=Ce^x$，其中$C=C_1+2C_3$，$\overline{y}$只含有一个任意常数，显然不是方程$y''-y=0$的通解．

那么，在什么样的情况下$y=C_1y_1+C_2y_2$才是方程（21）的通解呢？我们不加证明地给出如下定理：

定理2 若y_1、y_2是二阶常系数齐次线性微分方程（21）的两个特解，且$\frac{y_1}{y_2}$不恒为常数，则

$$y=C_1y_1+C_2y_2$$

是方程（21）的通解，其中C_1、C_2为任意常数．

注意：$\frac{y_1}{y_2}$不恒为常数这个条件是非常重要的．一般地，对于任意两个函数y_1、y_2，若它们的比$\frac{y_1}{y_2}$恒为常数，则称它们是线性相关的，否则成它们是线性无关的．于是我们知道，若y_1、y_2是方程（21）的两个线性无关的特解，则$y=C_1y_1+C_2y_2$（C_1、C_2为任意常数）是方程（21）的通解．

由定理2可知，要求二阶常系数齐次线性微分方程的通解，只需求出方程的两个线性无关的特解．为此，我们给出特征方程和特征根的概念．

定义10 方程$r^2+pr+q=0$称为二阶常系数齐次线性微分方程$y''+py'+qy=0$的**特征方程**，特征方程的根r_1、r_2称为**特征根**.

由特征方程$r^2+pr+q=0$可以求得特征根，而根据特征根分别是两个相异实根、重实根、一对共轭复根，二阶常系数齐次线性微分方程$y''+py'+qy=0$的特解有不同的形式，从而它的通解也对应不同的形式．我们略去各种情况下对于特解形式的讨论，而直接给出如下结论.

【规律总结】

求二阶常系数齐次线性微分方程$y''+py'+qy=0$的通解的步骤：

（1）写出微分方程的特征方程$r^2+pr+q=0$；

（2）求出特征根r_1，r_2；

（3）根据特征根的不同情况，按照下表写出微分方程的通解：

特征根r_1,r_2	微分方程$y''+py'+qy=0$的通解
相异实根$r_1=\frac{-b\pm\sqrt{b^2-4ac}}{2a},r_2=\frac{-b\pm\sqrt{b^2-4ac}}{2a}$	$y=C_1e^{r_1x}+C_2e^{r_2x}$

续表

特征根r_1,r_2	微分方程 $y''+py'+qy=0$ 的通解
重实根$r_1=r_2=-\frac{p}{2}$	$y=(C_1+C_2x)e^{r_1x}$
共轭复根$r_{1,2}=\alpha\pm i\beta$	$y=e^{\alpha x}(C_1\cos\beta x+C_2\sin\beta x)$

【例 1】 求微分方程 $y''-2y'-3y=0$ 的通解．

解：所给微分方程的特征方程为

$$r^2-2r-3=0$$

即
$$(r+1)(r-3)=0.$$

其根 $r_1=-1$，$r_2=3$ 是两个不相等的实根，因此所求通解为

$$y=C_1e^{-x}+C_2e^{3x}$$

【例 2】 求方程 $y''+2y'+y=0$ 满足初始条件 $y|_{x=0}=4$，$y'|_{x=0}=-2$ 的特解．

解：所给方程的特征方程为

$$r^2+2r+1=0$$

即 $(r+1)^2=0$.

其根 $r_1=r_2=-1$ 是两个相等的实根，因此所给微分方程的通解为

$$y=(C_1+C_2x)e^{-x}.$$

将条件 $y|_{x=0}=4$ 代入通解，得 $C_1=4$，从而

$$y=(4+C_2x)e^{-x}.$$

将上式对 x 求导，得

$$y'=(C_2-4-C_2x)e^{-x}.$$

再把条件 $y'|_{x=0}=-2$ 代入上式，得 $C_2=2$. 于是所求特解为

$$x=(4+2x)e^{-x}.$$

【例 3】 求微分方程 $y''-2y'+5y=0$ 的通解．

解：所给方程的特征方程为

$$r^2-2r+5=0.$$

特征方程的根为 $r_1=1+2i$，$r_2=1-2i$，是一对共轭复根，因此所求通解为

$$y=e^x(C_1\cos2x+C_2\sin2x).$$

三、二阶常系数非齐次线性微分方程

二阶常系数线性微分方程 (20) 的通解的结构满足下面的定理．

定理 3 若 y^* 是二阶常系数齐次线性微分方程 (20) 的一个特解，y 是与方程 (20) 对应的二阶常系数齐次线性微分方程 (21) 的通解，则

$$y=Y+y^*$$

是方程（20）的通解．

我们已经知道二阶常系数齐次线性微分方程（21）的通解的求法，于是求二阶常系数非齐次线性微分方程（20）的通解就归结为求它的一个特解的问题．下面仅就方程（20）右端的函数 $f(x)$ 的两种常见形式，给出用待定系数法求特解的方法．

1. $f(x)=P_m(x)e^{\lambda x}$（$P_m(x)$ 为 x 的 m 次多项式，λ 为常数）

在实际应用中，二阶常系数非齐次线性微分方程（20）的右端函数 $f(x)$ 的一种常见形式为 $f(x)=P_m(x)e^{\lambda x}$，其中 $P_m(x)$ 为 x 的 m 次多项式，λ 为常数．我们不加证明地给出如下结论，见下表．

$f(x)$的形式	条件	特解y^*的形式
$f(x)=P_m(x)e^{\lambda x}$	λ 不是特征方程的根	$y^*=Q_m(x)e^{\lambda x}$
	λ 是特征方程的单根	$y^*=xQ_m(x)e^{\lambda x}$
	λ 是特征方程的复根	$y^*=x^2Q_m(x)e^{\lambda x}$

式中，$Q_m(x)$ 也是 x 的 m 次多项式．

【规律总结】

求二阶常系数非齐次线性微分方程 $y''+py'+qy=p_m(x)e^{\lambda x}$ 的通解的步骤：

（1）求其对应的二阶常系数齐次线性微分方程 $y''+py'+qy=0$ 的通解 Y；

（2）根据表中的结论设出原方程的特解y^*，代入原方程，利用待定系数法求出特解；

（3）得到所求方程的通解 $y=Y+y^*$．

【例 4】 求微分方程 $y''+y=2x^2-3$ 的通解．

解：所给微分方程为二阶常系数非齐次线性微分方程，先求它对应的二阶常系数齐次线性微分方程 $y''+y=0$ 的通解．特征方程$r^2+1=0$ 的根为$r_{1,2}=\pm i$，所以 $y''+y=0$ 的通解为

$$Y=C_1\cos x+C_2\sin x\ (C_1,C_2\text{为任意常数})$$

再求微分方程 $y''+y=2x^2-3$ 的一个特解．右端 $f(x)=2x^2-3$ 是$P_m(x)e^{\lambda x}$型函数，其中 $m=2$，$\lambda=0$ 不是特征方程的根，所以

$$\text{设 } y^*=Q_2(x)e^0=Ax^2+Bx+C$$

则
$$y^{*\prime}=2Ax+b,y^{*\prime\prime}=2A.$$

将 $y^{*\prime}$，$y^{*\prime\prime}$代入原方程，得

$$2A+Ax^2+Bx+C=2x^2-3.$$

比较两端 x 同次幂的系数，得

$$\begin{cases}A=2,\\B=0,\\2A+C=-3.\end{cases}$$

解得
$$A=2,B=0,C=-7,y^*=2x^2-7.$$

于是可得原方程的通解为

$$y=Y+y^*=C_1\cos x+C_2\sin x+2x^2-7(C_1,C_2\text{为任意常数}).$$

【例 5】 求解初值问题$\begin{cases}y''-4y'+4y=\mathrm{e}^{2x}\\ y|_{x=0}=2,\ y'|_{x=0}=5\end{cases}$

解： 所给微分方程为二阶常系数非齐次线性微分方程，先求它对应的二阶常系数齐次线性微分方程 $y''-4y'+4y=0$ 的通解，特征方程$r^2-4r+4=0$ 的根为$r_1=r_2=2$，所以 $y''-4y'+4y=0$ 的通解为

$$Y=(C_1+C_2x)\mathrm{e}^{2x}(C_1,C_2\text{为任意常数}).$$

再求微分方程 $y''-4y'+4y=\mathrm{e}^{2x}$ 的一个特解．右端 $f(x)=\mathrm{e}^{2x}$ 是$P_m(x)\mathrm{e}^{\lambda x}$ 型函数，其中 $m=0$，$\lambda=2$．因为$\lambda=2$ 是特征方程的重根，所以设$y^*=x^2Q_0(x)\mathrm{e}^{2x}=Ax^2\mathrm{e}^{2x}$，则

$$y^{*\prime}=A(2x+2x^2)\mathrm{e}^{2x},y^{*\prime\prime}=A(2+8x+4x^2)\mathrm{e}^{2x}$$

将 y^*、$y^{*\prime}$、$y^{*\prime\prime}$代入原方程，整理得 $2A\mathrm{e}^{2x}=\mathrm{e}^{2x}$，所以

$$A=\frac{1}{2},\ y^*=\frac{1}{2}x^2\mathrm{e}^{2x}$$

于是可得原方程的通解为

$$y=Y+y^*=\left(C_1+C_2x+\frac{1}{2}x^2\right)\mathrm{e}^{2x}(C_1,C_2\text{为任意常数})$$

由$y'|_{x=0}=2$ 得$C_1=2$，于是

$$y'=[C_2+4+(2C_2+1)x+x^2]\mathrm{e}^{2x}$$

由$y'|_{x=0}=5$ 得$C_2=1$，因此所求初值问题的解为

$$y=\left(2+x+\frac{1}{2}x^2\right)\mathrm{e}^{2x}.$$

注意：$Q_0(x)$ 表示 x 的 0 次多项式，即一个常数．

【例 6】 求微分方程 $y''-4y'+3y=x\mathrm{e}^x$ 的通解．

解： 所给方程为二阶常系数非齐次线性微分方程，它对应的齐次线性微分方程为 $y''-4y'+3y=0$. 其特征方程$r^2-4r+3=0$ 的根为$r_1=1$，$r_2=3$，所以 $y''-4y'+3y=0$ 的通解为

$$Y=C_1\mathrm{e}^x+C_2\mathrm{e}^{3x}(C_1,C_2\text{为任意常数})$$

微分方程 $y''-4y'+3y=x\mathrm{e}^x$ 中，右端 $f(x)=x\mathrm{e}^x$ 是$P_m(x)\mathrm{e}^{\lambda x}$ 型函数，其中 $m=1$，$\lambda=1$. 因为$\lambda=1$ 是特征方程的单根，所以设$y^*=xQ_1(x)\mathrm{e}^x=x(Ax+B)\mathrm{e}^x$，则

$$y^{*\prime}=(Ax^2+2Ax+Bx+B)\mathrm{e}^x,y^{*\prime\prime}=(Ax^2+4Ax+Bx+2A+2B)\mathrm{e}^x$$

将 y^*，$y^{*\prime}$，$y^{*\prime\prime}$代入原方程，整理得

$$(-4Ax+2A-2B)\mathrm{e}^x=x\mathrm{e}^x$$

比较两端同类项的系数，得

$$\begin{cases}-4A=1,\\ 2A-2B=0.\end{cases}$$

解得 $A=-\frac{1}{4}$，$B=-\frac{1}{4}$，于是

$$y^{*}=x\left(-\frac{1}{4}x-\frac{1}{4}\right)e^{x}=-\frac{1}{4}x(x+1)e^{x}$$

于是可得原方程的通解为

$$y=Y+y^{*}=C_1e^{x}+C_2e^{3x}-\frac{1}{4}x(x+1)e^{x}\quad(C_1,C_2\text{为任意常数})$$

2. $f(x)=e^{\lambda x}(a\cos\omega x+b\sin\omega x)$($\lambda,a,b,\omega$ 为常数)

当二阶常系数非齐次线性微分方程(20)的右端函数为 $f(x)=e^{\lambda x}(a\cos\omega x+b\sin\omega x)$,其中 λ,a,b,ω 为常数时,方程(20)的特解为表中的形式.其中,A、B 是待定系数.

$f(x)$的形式	条件	特解y^{*}的形式
$f(x)=e^{\lambda x}(a\cos\omega+b\sin\omega x)$	$\lambda\pm\omega i$ 不是特征根	$y^{*}=e^{\lambda x}(A\cos\omega+B\sin\omega x)$
	$\lambda\pm\omega i$ 是特征根	$y^{*}=xe^{\lambda x}(A\cos\omega+B\sin\omega x)$

【例 7】 求微分方程 $y''+4y=\sin 2x$ 的特解.

解: 所给微分方程为二阶常系数非齐次线性微分方程,它的右端 $f(x)=\sin 2x$ 是 $e^{\lambda x}(a\cos\omega+b\sin\omega x)$型函数,其中 $\lambda=0$,$a=0$,$b=1$,$\omega=2$.

因为特征方程$r^2+4=0$ 的根为$r_{1,2}=\pm 2i$,而 $\lambda\pm\omega i=\pm 2i$ 正好是特征根,所以设特解 $y^{*}=xe^{0}(A\cos 2x+B\sin 2x)=x(A\cos 2x+B\sin 2x)$

则

$$y^{*\prime}=(A+2Bx)\cos 2x+(B-2Ax)\sin 2x$$

$$y^{*\prime\prime}=4(b-Ax)\cos 2x-4(A+Bx)\sin x$$

$y^{*\prime}$,$y^{*\prime\prime}$代入原方程,整理得

$$4B\cos 2x-4A\sin 2x=\sin 2x$$

比较两端同类项的系数,得 $A=\frac{1}{4}$,$B=0$. 所以所求特解为

$$y^{*}=-\frac{1}{4}x\cos 2x$$

【例 8】 求微分方程 $y''+2y'=e^{-x}\cos x$ 的通解.

解: 所给微分方程为二阶常系数非齐次线性微分方程,其对应的齐次微分方程为 $y''+2y'=0$. 特征方程$r^2+2r=0$ 的根为$r_1=0$,$r_2=-2$,所以 $y''+2y'=0$ 的通解为

$$Y=C_1e^{0}+C_2e^{-2x}=C_1+C_2e^{-2x}(C_1,C_2\text{为任意常数}).$$

原方程右端函数 $f(x)=e^{-x}\cos x$ 是 $e^{\lambda x}(a\cos\omega+b\sin\omega x)$型函数,其中 $\lambda=-1$,$a=1$,$b=0$,$\omega=1$. 因为 $\lambda\pm\omega i=-1\pm i$ 不是特征根,所以设特解 $y^{*}=e^{-x}(A\cos x+B\sin x)$. 则

$$y^{*\prime}=e^{-x}[(-A+B)\cos x+(-A+B)\sin x]$$

$$y^{*\prime\prime}=e^{-x}(-2B\cos x+2A\sin x)$$

将 $y^{*\prime}$,$y^{*\prime\prime}$代入原方程,整理得

$$e^{-x}(-2A\cos x-2B\sin x)=e^{-x}\cos x$$

比较两端同类项的系数，得 $A=-\frac{1}{2}$，$B=0$.

于是$y^*=-\frac{1}{2}e^{-x}\cos x$，则所求微分方程的通解为

$$y=Y+y^*=C_1+C_2e^{-2x}-\frac{1}{2}e^{-x}\cos x\ (C_1, C_2\text{为任意常数})$$

习题 7.3

1. 求下列微分方程的通解．

(1) $y''-2y'+y=0$　　(2) $3y''-2y'-8y=0$

(3) $4\frac{d^2y}{dx^2}+4\frac{dy}{dx}+y=0$　　(4) $y''+2y'+5y=0$

2. 求下列初值问题的解．

(1) $\begin{cases}y''-4y'=0\\ y|_{x=0}=-1,\ y'|_{x=0}=2\end{cases}$　　(2) $\begin{cases}y''+4y'+29y=0\\ y|_{x=0}=-1,\ y'|_{x=0}=15\end{cases}$

3. 求下列微分方程的通解．

(1) $y''+4y'=8$　　(2) $y''+3y'+2y=3xe^{-x}$

(3) $y''-8y'+16y=e^{4x}$　　(4) $y''-2y'+5y=e^x\sin 2x$

4. 求下列微分方程满足所给初始条件的特解．

(1) $y''-y'+2y=4e^2$，$y|_{x=0}=0$，$y'|_{x=0}=2$

(2) $y''-2y'+2y=\sin x$，$y|_{x=0}=\frac{4}{5}$，$y'|_{x=0}=\frac{4}{5}$

5. 由方程 $y''-9y=0$ 确定的一条曲线 $y=f(x)$ 通过点$(\pi,-1)$，且在该点和直线 $y+1=x-\pi$相切，求这条曲线．

复习题七

一、填空题

1. 微分方程$\left(\frac{dy}{dx}\right)^4+\frac{d^2y}{dx^2}+5y^3+2x^5=0$ 为________阶微分方程．

2. 微分方程 $y'''=8\sin 2x+6$ 的通解是________．

3. 微分方程 $e^x(e^y-1)dx+e^y(e^x+1)dy=0$ 满足初始条件$y|_{x=0}=1$ 的特解是________．

4. 微分方程 $y'=\frac{y}{x}+\frac{x}{y}$的通解是________．

5. 一阶线性微分方程 $xy'=y+x^3$ 的通解是______，满足初始条件$y|_{x=0}=$

$-\frac{1}{2}$的特解是________.

二、单项选择题

1. 函数 $y=e^{-x}+x-1$ 是微分方程$\frac{dy}{dx}+y=x$ 的（　　）.

A. 特解　　B. 通解

C. 是解，但既非通解也非特解　　D. 不是解

2. 微分方程$(x+1)dy-[(x+1)^3+2y]dx=0$ 是（　　）.

A. 可分离变量的微分方程　　B. 一阶齐次线性微分方程

C. 一阶非齐次线性微分方程　　D. 一阶非线性微分方程

3. 微分方程 $3y^{(4)}-2(y'')^3+5x^2y=4$ 的通解中，含有相互独立的任意常数的个数是（　　）.

A. 3　　B. 4　　C. 5　　D. 6

4. 下列函数不是微分方程 $y''+y'-2y=0$ 的解的是（　　）.

A. $3e^{-2x}$　　B. $5e^x$

C. $\frac{3}{2}e^{-2x}-\frac{1}{4}e^x$　　D. $2e^x+4$

5. 已知$y^*=xe^{-x}$是一阶非齐次线性微分方程$\frac{dy}{dx}+y=e^{-x}$的一个特解，则该微分方程的通解是（　　）.

A. $y=e^{-x}(x+C)$　　B. $y=Cxe^{-x}$

C. $y=e^{-x}(C-x)$　　D. $y=e^x(x+C)$

三、求下列微分方程的通解

1. $y''=e^{-x}+\cos x$　　2. $(xy^2+x)dx+(y-x^2y)dy=0$

3. $x^2\frac{dy}{dx}=xy\frac{dy}{dx}-y^2$　　4. $y'\cos x+y\sin x=2$

四、证明题

证明：一阶非齐次线性微分方程$\frac{dy}{dx}+p(x)y=q(x)$的通解等于对应的一阶齐次线性微分方程$\frac{dy}{dx}+p(x)y=0$ 的通解 Y 与该非齐次方程的一个特解y^*的和.

习题与复习题参考答案

习题 7.1

1. (1) 一阶线性微分方程　　(2) 二阶非线性微分方程

(3) 五阶线性微分方程　　(4) 三阶非线性微分方程

2. (1) 特解　(2) 通解　(3) 通解　(4) 特解

3. $y=2e^{3x}-e^{4x}$

4. (1) $y=\frac{x^3}{3}+\frac{3x^2}{2}+C_1x+C_2$ (2) $y=\frac{x^3}{3}+\frac{3x^2}{2}+x+\frac{1}{6}$

习题 7.2

1. (1) $5y^2=2x^3+6x^2+C$ (2) $(1-x)(1-y)=C$

(3) $y=\sin\left(\frac{x^2}{2}+C\right)$ (4) $e^{x^2}+e^{-2y}=C$

(5) $(x-y)^2=-2x+C$ (6) $\ln|x|+e^{-\frac{y}{x}}=C$

2. 略

3. (1) $y=C(x+1)e^{-x}$ (2) $y=Ce^{-2x}+2x-1$

(3) $y=-\frac{\cos x+C}{x}$ (4) $y=C(x+1)^2+\frac{2}{3}(x+1)^{\frac{7}{2}}$

(5) $y=\frac{\sin x+C}{x^2-1}$ (6) $2x\ln y=(\ln y)^2+C$

4. (1) $y=e^{-x^2}\left(\frac{x^2}{2}+1\right)$ (2) $y=x^2(e^x-e)$

(3) $y=\frac{x}{\cos x}$ (4) $x=-\frac{1}{2}y^3+\frac{1}{2}y^2$

习题 7.3

1. (1) $y=(C_1+C_2x)e^x$ (2) $y=C_1e^{-\frac{4}{3}x}+C_2e^{2x}$

(3) $y=(C_1+C_2x)e^{-\frac{x}{2}}$ (4) $y=e^{-x}(C_1\cos 2x+C_2\sin 2x)$

2. (1) $y=-\frac{3}{2}+\frac{1}{2}e^{4x}$ (2) $y=3e^{-2x}\sin 5x$

3. (1) $y=C_1\cos 2x+C_2\sin 2x+2$ (2) $y=C_1e^{-x}+C_2e^{-2x}+\frac{3}{2}x^2e^{-x}$

(3) $y=\left(C_1+C_2x+\frac{1}{2}x^2\right)e^{4x}$ (4) $y=e^x\left(C_1\cos 2x+C_2\sin 2x-\frac{1}{4}x\cos 2x\right)$

4. (1) $y=2e^{-x}+e^{2x}-2x^2+2x-3$

(2) $y=(e^x+1)\left(\frac{2}{5}\cos x+\frac{1}{5}\sin x\right)$

5. $y=\cos 3x-\frac{1}{3}\sin 3x$

复习题七

一、1. 二 2. $y=\cos 2x+x^3+C_1x^2+C_2x+C_3$

3. $(e^x+1)(e^y-1)=2(e-1)$ 4. $y^2=2x^2(\ln|x|+c)$

5. $y=\frac{3}{2}x^3+Cx$，$y=\frac{3}{2}x^3-x$

二、1. A 2. C 3. B 4. D 5. A

三、1. $y=e^{-x}-\cos x+C_1x+C_2$ 2. $y^2+1=C(x^2-1)$

3. $y=Ce^{\frac{y}{x}}$ 4. $y=(x+2)\left(\frac{1}{2}x^2+1\right)$

四、略

第八章

线性代数初步

线性代数与生活、生产和工作有着密切相关的联系，具有广泛的应用空间，本章主要介绍行列式的概念、性质及运算，矩阵的概念及运算，逆矩阵及矩阵的秩，利用矩阵的初等变换解线性方程组等内容.

第一节　行列式的概念

一、二阶和三阶行列式

行列式的概念起源于解线性方程组，它是从二元与三元线性方程组的解的公式引出来的. 因此我们首先讨论解方程组的问题.

设有二元线性方程组

$$\begin{cases} a_{11}x_1+a_{12}x_1=b_1 \\ a_{21}x_1+a_{22}x_2=b_2 \end{cases} \tag{1}$$

式中，a_{11}，a_{12}，a_{21}，a_{22}和b_1，b_2均为常数；x_1，x_2为未知量. 利用消元法可知，若$a_{11}a_{22}-a_{12}a_{21}\neq 0$，则二元线性方程组（1）有唯一解

$$\begin{cases} x_1=\dfrac{b_1a_{22}-a_{12}b_2}{a_{11}a_{22}-a_{12}a_{21}} \\ x_2=\dfrac{a_{11}b_2-b_1a_{21}}{a_{11}a_{22}-a_{12}a_{21}} \end{cases} \tag{2}$$

显然，由（2）给出的二元线性方程组的求解公式，从形式上看，不利于记忆. 为方便记忆，引入记号$D=\begin{vmatrix} a_{11} & a_{12} \\ a_{21} & a_{22} \end{vmatrix}$，并规定

$$D=\begin{vmatrix} a_{11} & a_{12} \\ a_{21} & a_{22} \end{vmatrix}=a_{11}a_{22}-a_{12}a_{21} \tag{3}$$

称（3）定义的D为二阶行列式.

二阶行列式含有两行，两列. 横的叫行，纵的叫列. 行列式中的数叫做行列式的元素. 每个元素a_{ij}用两个下标表明其在行列式中的具体位置，第一个下标i表示该元素所在的行，第二个下标j表示该元素所在的列. 在二阶行列式中，称左上

角到右下角的连线为主对角线，左下角到右上角的连线为副对角线．由（3）可知，二阶行列式是一个数，可以由主对角线上的元素乘积与副对角线上的元素乘积相减而得．

将（3）中定义的二阶行列式的第一列和第二列分别用（1）的右端项 b_1、b_2 替换得到两个新的二阶行列式，记为

$$D_1=\begin{vmatrix} b_1 & a_{12} \\ b_2 & a_{22} \end{vmatrix},\ D_2=\begin{vmatrix} a_{11} & b_1 \\ a_{21} & b_2 \end{vmatrix}.$$

由公式（2），若 $D\neq0$，则二元线性方程组（1）的解可表示为

$$x_1=\frac{D_1}{D},\quad x_2=\frac{D_2}{D}.$$

注意到行列式 D 中的元素来源于二元线性方程组（1）中未知量前面的系数，常将 D 称为线性方程组的系数行列式．

【例 1】 用二阶行列式解线性方程组

$$\begin{cases} 2x_1+4x_2=1 \\ x_1+3x_2=2 \end{cases}$$

解：这时 $D=\begin{vmatrix} 2 & 4 \\ 1 & 3 \end{vmatrix}=2\times3-4\times1=2\neq0$

$$D_1=\begin{vmatrix} 1 & 4 \\ 2 & 3 \end{vmatrix}=1\times3-4\times2=-5$$

$$D_2=\begin{vmatrix} 2 & 1 \\ 1 & 2 \end{vmatrix}=2\times2-1\times1=3$$

因此，方程组的解是

$$x_1=\frac{D_1}{D}=\frac{-5}{2},\ x_2=\frac{D_2}{D}=\frac{3}{2}.$$

类似地，为求解三元线性方程组

$$\begin{cases} a_{11}x_1+a_{12}x_2+a_{13}x_3=b_1, \\ a_{21}x_1+a_{22}x_2+a_{23}x_3=b_2, \\ a_{31}x_1+a_{32}x_2+a_{33}x_3=b_3, \end{cases} \tag{4}$$

引入由三行三列共九个数构成的三阶行列式，仍记为 D，即

$$D=\begin{vmatrix} a_{11} & a_{12} & a_{13} \\ a_{21} & a_{22} & a_{23} \\ a_{31} & a_{32} & a_{33} \end{vmatrix}, \tag{5}$$

其值定义为

$$D=\begin{vmatrix} a_{11} & a_{12} & a_{13} \\ a_{21} & a_{22} & a_{23} \\ a_{31} & a_{32} & a_{33} \end{vmatrix}=a_{11}a_{22}a_{33}+a_{12}a_{23}a_{31}+a_{13}a_{21}a_{32}$$

$$-a_{13}a_{22}a_{31}-a_{12}a_{21}a_{33}-a_{11}a_{23}a_{32}. \tag{6}$$

三阶行列式的值也可按如下“对角线法则”求出，其中用实线相连的三项乘积在三阶行列式的求值公式中带正号，虚线相连的三项乘积带负号．

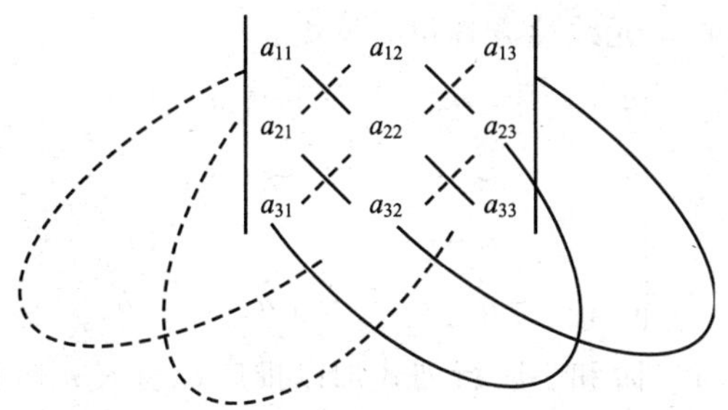

为讨论三元线性方程组的解，将（5）的第一列、第二列与第三列分别用线性方程组的右端项替换，得到

$$D_1=\begin{vmatrix} b_1 & a_{12} & a_{13} \\ b_2 & a_{22} & a_{23} \\ b_3 & a_{32} & a_{33} \end{vmatrix},\ D_2=\begin{vmatrix} a_{11} & b_1 & a_{13} \\ a_{21} & b_2 & a_{23} \\ a_{31} & b_3 & a_{33} \end{vmatrix},\ D_3=\begin{vmatrix} a_{11} & a_{12} & b_1 \\ a_{21} & a_{22} & b_2 \\ a_{31} & a_{32} & b_3 \end{vmatrix}. \tag{7}$$

利用消元法容易验证，若 $D\neq 0$，则三元线性方程组（4）有唯一解

$$x_1=\frac{D_1}{D},\quad x_2=\frac{D_2}{D},\quad x_3=\frac{D_3}{D}. \tag{8}$$

由以上讨论可知，利用二阶和三阶行列式表示二元和三元线性方程组的解，形式更简单，使用也更方便．

【例 2】 解三阶行列式 $\begin{vmatrix} 2 & 1 & 2 \\ -4 & 3 & 1 \\ 2 & 3 & 5 \end{vmatrix}$.

解：$\begin{vmatrix} 2 & 1 & 2 \\ -4 & 3 & 1 \\ 2 & 3 & 5 \end{vmatrix}$

$=2\times3\times5+1\times1\times2+(-4)\times3\times2-2\times3\times2-1\times(-4)\times5-2\times3\times1$

$=30+2-24-12+20-6$

$=10$

【例 3】 解线性方程组 $\begin{cases} 2x_1-x_2+x_3=0 \\ 3x_1+2x_2-5x_3=1 \\ x_1+3x_2-2x_3=4 \end{cases}$

解：$D=\begin{vmatrix} 2 & -1 & 1 \\ 3 & 2 & -5 \\ 1 & 3 & -2 \end{vmatrix}=28$，$D_1=\begin{vmatrix} 0 & -1 & 1 \\ 1 & 2 & -5 \\ 4 & 3 & -2 \end{vmatrix}=13$，

$D_2=\begin{vmatrix} 2 & 0 & 1 \\ 3 & 1 & -5 \\ 1 & 4 & -2 \end{vmatrix}=47$，$D_3=\begin{vmatrix} 2 & -1 & 0 \\ 3 & 2 & 1 \\ 1 & 3 & 4 \end{vmatrix}=21$.

所以，$x_1=\frac{D_1}{D}=\frac{13}{28}$，$x_2=\frac{D_2}{D}=\frac{47}{28}$，$x_3=\frac{D_3}{D}=\frac{21}{28}=\frac{3}{4}$.

另外，实际应用中出现的线性方程组所含有的未知量个数通常多于三个，因此，有必要考虑一般的 n 元线性方程组

$$\begin{cases}a_{11}x_1+a_{12}x_2+\cdots+a_{1n}x_n=b_1,\\a_{21}x_1+a_{22}x_2+\cdots+a_{2n}x_n=b_2,\\\quad\cdots\cdots\\a_{n1}x_1+a_{n2}x_2+\cdots+a_{nn}x_n=b_n\end{cases}$$

的解法．为此，需要将二阶和三阶行列式加以推广，引入 n 阶行列式的概念．

二、全排列及其逆序数

在 n 阶行列式的定义中，要用到排列的某些知识，为此先介绍排列的一些基本知识.

把 n 个不同的元素按一定顺序排成一行，称为这 n 个元素的一个排列. 例如 2 3 1就是自然数 1，2，3 的一个排列.

为方便起见，今后把自然数 1，2，…，n 视为 n 个不同元素的代表.

定义 1 由 1，2，…，n 排成的一个有序数组，称为一个 n 阶排列．

n 阶排列的一般形式可记为 $j_1 j_2\cdots j_n$，其中 j_i 为 $1,2,\cdots,n$ 中的某个数，且 $j_1,j_2,\cdots,j_n$ 互不相同．

由排列组合的知识可知，n 阶排列的总数为 $n!$．

【例 4】 写出所有三阶排列．

解： 所有三阶排列总数应为 $3!=6$，分别为

1 2 3，1 3 2，2 1 3，2 3 1，3 1 2，3 2 1.

在所有的 n 阶排列中，排列 $1\,2\cdots n$ 具有自然顺序，故称其为自然排列．显然，除自然排列以外，其他 n 阶排列中都会出现某些大数排在小数之前的情形．

定义 2 在一个 n 阶排列中，如果一个大数排在小数之前，则称这两个数构成一个逆序．一个排列中的逆序总数称为这个排列的逆序数．排列 $j_1 j_2\cdots j_n$ 的逆序数记为 $\sigma(j_1 j_2\cdots j_n)$.

若排列的逆序数为奇数，则称此排列为奇排列，若排列的逆序数为偶数，则称此排列为偶排列．

显然，自然排列的逆序数为 0，为偶排列．

【例 5】 计算下列排列的逆序数，并说明排列的奇偶性．

(1) 3 2 4 1 5；

(2) 3 2 4 5 1；

(3) n 阶倒序排列 $n\ n-1\cdots 2\ 1$.

解： (1) $\sigma(3\,2\,4\,1\,5)=4$，偶排列．

(2) $\sigma(3\,2\,4\,5\,1)=5$，奇排列．

(3) $\sigma(n\ n-1\cdots 2\ 1)=\frac{n(n-1)}{2}$，当 $n=4k$，$4k+1$ 时，为偶排列；当 $n=4k+2$，$4k+3$ 时，为奇排列，其中 k 为任意自然数．

在一个排列中，交换其中任意两个数的位置，而保持其他数的位置不变，则得到一个新排列，这种操作称为一个对换．两个相邻数的对换称为相邻对换．上例中的排列（2）是由排列（1）经过对换 1、5 得到的，这是相邻对换．由于排列（1）是偶排列，而排列（2）是奇排列，所以排列（1）经过对换 1、5 改变了奇偶性．

定理 1 任一排列经过对换后必改变奇偶性．

证明：先考虑相邻对换的情形．设 n 阶排列

$$\cdots k\ l\cdots \tag{9}$$

经过对换 k、l 变成排列

$$\cdots l\ k\cdots, \tag{10}$$

这里“…”表示那些在对换下位置保持不变的其他数．由于排列中只有 k、l 两个数的位置改变，其他数位置保持不动，因此其他数之间以及其他数与 k、l 之间是否构成逆序在（9）和（10）中是相同的．要判定（9）和（10）是否有相反的奇偶性，只要考虑数对 k、l 即可. 若 k、l 在（9）中不构成逆序，则它们在（10）中构成逆序；反之，若 k、l 在（9）中构成逆序，则它们在（10）中不构成逆序．由此可见，无论哪种情况，排列（9）和（10）的逆序数总相差 1，故排列（9）和（10）有相反的奇偶性．

再考虑一般情形. 设排列

$$\cdots k\ j_1\ j_2\cdots j_s\ l\cdots \tag{11}$$

经过对换 k、l 变成排列

$$\cdots l\ j_1\ j_2\cdots j_s\ k\cdots \tag{12}$$

可以看出，k、l 之间的对换可以通过如下 $2s+1$ 次相邻对换来实现：

$$\cdots k\ j_1\ j_2\cdots j_s\ l\cdots \xrightarrow{s+1\text{ 次相邻对换}} \cdots l\ k\ j_1\ j_2\cdots j_s\cdots \xrightarrow{s\text{ 次相邻对换}} \cdots l\ j_1\ j_2\cdots j_s\ k\cdots$$

由于相邻对换改变排列的奇偶性，而 $2s+1$ 是奇数，因此排列（11）和（12）也有相反的奇偶性，从而结论成立．

由定理 1 可得如下结论．

推论 1 所有 n 阶排列中，奇排列与偶排列各占一半，均为$\frac{n!}{2}$.

推论 2 任一 n 阶排列均可通过若干次对换化为自然排列，并且所作对换次数的奇偶性与排列的奇偶性相同．

三、n 阶行列式

利用排列及逆序的概念，可以对前述二阶和三阶行列式给出新的解释. 根据二阶行列式的定义

$$D=\begin{vmatrix} a_{11} & a_{12} \\ a_{21} & a_{22} \end{vmatrix}=a_{11}a_{22}-a_{12}a_{21}.$$

二阶行列式的值是两项的代数和，每一项是来自于不同行不同列两个元素的乘积，并且每个这样的乘积都出现在右边的展开式中. 在展开式中，一项带正号，一项带负号. 不难直接验证，带正号的项，其列指标构成的排列为偶排列；而带负号的项，其列指标构成的排列为奇排列，因此二阶行列式的值可重新描述为

$$\begin{aligned} D&=\begin{vmatrix} a_{11} & a_{12} \\ a_{21} & a_{22} \end{vmatrix}=a_{11}a_{22}-a_{12}a_{21} \\ &=(-1)^{\sigma(1\,2)}a_{11}a_{22}+(-1)^{\sigma(2\,1)}a_{12}a_{21}=\sum_{j_1j_2}(-1)^{\sigma(j_1j_2)}a_{1j_1}a_{2j_2} \end{aligned}$$

其中求和符号表示对所有二阶排列求和.

类似地，三阶行列式的值可重新写为

$$D=\begin{vmatrix} a_{11} & a_{12} & a_{13} \\ a_{21} & a_{22} & a_{23} \\ a_{31} & a_{32} & a_{33} \end{vmatrix}=\sum_{j_1j_2j_3}(-1)^{\sigma(j_1j_2j_3)}a_{1j_1}a_{2j_2}a_{3j_3}$$

上式中，求和符号表示对所有三阶排列求和.

通过以上分析可知，二阶和三阶行列式都是来自于不同行不同列的 n 个元素乘积的代数和（$n=2,3$），求和总数为 $n!$；每一项乘积前面带有正负号，当该乘积项 n 个元素的行标成自然排列时，其符号由这些元素的列标所构成排列的奇偶性确定.

受以上分析的启发，给出 n 阶行列式的定义.

定义 3　n 阶行列式

$$\begin{vmatrix} a_{11} & a_{12} & \cdots & a_{1n} \\ a_{21} & a_{22} & \cdots & a_{2n} \\ \vdots & \vdots & & \vdots \\ a_{n1} & a_{n2} & \cdots & a_{nn} \end{vmatrix}$$

定义为所有取自于不同行不同列的 n 个元素的乘积

$$a_{1j_1}a_{2j_2}\cdots a_{nj_n} \tag{13}$$

的代数和，每个项前面带有正负号，式（13）所带正负号由$(-1)^{\sigma(j_1j_2\cdots j_n)}$确定，即

$$\begin{vmatrix} a_{11} & a_{12} & \cdots & a_{1n} \\ a_{21} & a_{22} & \cdots & a_{2n} \\ \vdots & \vdots & & \vdots \\ a_{n1} & a_{n2} & \cdots & a_{nn} \end{vmatrix}=\sum_{j_1j_2\cdots j_n}(-1)^{\sigma(j_1j_2\cdots j_n)}a_{1j_1}a_{2j_2}\cdots a_{nj_n} \tag{14}$$

式中，$\sum\limits_{j_1j_2\cdots j_n}$ 表示对所有 n 阶排列求和.

式（14）称为 n 阶行列式的完全展开式，式（13）称为完全展开式的一般项.

注意：当 $n=1$ 时，一阶行列式$|a_{11}|=a_{11}$，不要与绝对值记号混淆.

由定义 3 和 n 阶排列的性质，(14) 中求和的总项数为 $n!$；求和式中带正号与负号的项数相等，均为$\frac{n!}{2}$.

通常用 D 表示 n 阶行列式，在不致引起混淆的情况下，定义 3 中的行列式也可简记为 $D=|a_{ij}|$.

在 n 阶行列式 $D=|a_{ij}|$ 中，称左上角到右下角的连线（即过元素 $a_{11}, a_{22}, \cdots, a_{nn}$ 的直线）为主对角线，左下角到右上角的连线（即过元素 a_{n1}，a_{n-12}，$\cdots$，a_{1n} 的直线）为副对角线. 主对角线以下（上）的元素都是零的行列式称为上（下）三角行列式.

【例 6】 计算 n 阶上三角行列式

$$D=\begin{vmatrix} a_{11} & a_{12} & \cdots & a_{1n} \\ 0 & a_{22} & \cdots & a_{2n} \\ \vdots & \vdots & \ddots & \vdots \\ 0 & 0 & \cdots & a_{nn} \end{vmatrix}.$$

解：由 n 阶行列式的定义，其值为所有来自于不同行与不同列的 n 个元素乘积的代数和构成，如果构成某一项乘积的 n 个元素中有一个元素为零，则此项乘积的结果为零. 由此，考虑如下取法：第一列中可能不为零的元素只有 a_{11}，其余取法均得到为零的结果，一旦取了 a_{11}，则第一行和第一列中的元素均不会出现在此项乘积中，故第二列中可能非零的元素只有 a_{22} 可供选择，一旦取了 a_{22}，则第二行、第二列中元素均不能再取，如此继续下去，最后一列可供选择的元素只有 a_{nn}，因此，按定义 3 需考虑的所有 $n!$ 项中，可能不为零的只有一项 $a_{11}a_{22}\cdots a_{nn}$，其符号为$(-1)^{\sigma(1\,2\cdots n)}=1$，从而

$$D=a_{11}a_{22}\cdots a_{nn}=\prod_{i=1}^{n}a_{ii},$$

式中，"Π" 为连乘符号.

n 阶上三角行列式通常省去左下角的零元素，简记为

$$D=\begin{vmatrix} a_{11} & a_{12} & \cdots & a_{1n} \\ & a_{22} & \cdots & a_{2n} \\ & & \ddots & \vdots \\ & & & a_{nn} \end{vmatrix}.$$

例 6 的结果可表述为 n 阶上三角行列式为其主对角线上 n 个元素的连乘积，此结论应当牢记并熟练使用.

类似地，可求得 n 阶下三角行列式

$$D=\begin{vmatrix} a_{11} & & & \\ a_{21} & a_{22} & & \\ \vdots & \vdots & \ddots & \\ a_{n1} & a_{n2} & \cdots & a_{nn} \end{vmatrix}=a_{11}a_{22}\cdots a_{nn}=\prod_{i=1}^{n}a_{ii}.$$

【例 7】 计算 n 阶行列式

$$D=\begin{vmatrix} 0 & 0 & 0 & \cdots & a_{1n} \\ 0 & 0 & \cdots & a_{2,n-1} & a_{2n} \\ \vdots & \vdots & \vdots & \vdots & \vdots \\ 0 & a_{n-1,2} & \cdots & \cdots & a_{n-1,n} \\ a_{n1} & \cdots & \cdots & \cdots & a_{nn} \end{vmatrix}.$$

解：此行列式中完全展开式中可能不为零的项只有 $a_{1n}a_{2,n-1}\cdots a_{n1}$，其符号为 $(-1)^{\sigma(n\,n-1\cdots 1)}=(-1)^{\frac{n(n-1)}{2}}$，因此 $D=(-1)^{\frac{n(n-1)}{2}}a_{1n}a_{2,n-1}\cdots a_{n1}$.

最后给出 n 阶行列式的另一等价定义.

事实上，由于数的乘法满足交换律，所以一般项 $a_{1j_1}a_{2j_2}\cdots a_{nj_n}$ 中 n 个元素的次序可以任意排列，特别地，可以通过适当调换将 $a_{1j_1}a_{2j_2}\cdots a_{nj_n}$ 改写成

$$a_{i_11}a_{i_22}\cdots a_{i_nn}.$$

在调换过程中，一般项的列指标所构成的排列 $j_1j_2\cdots j_n$ 通过若干次对换变成了自然排列，而行指标所构成的自然排列通过同样次数的对换变成排列 $i_1i_2\cdots i_n$. 由定理 1 可知

$$(-1)^{\sigma(j_1j_2\cdots j_n)}=(-1)^{\sigma(i_1i_2\cdots i_n)}$$

因此 n 阶行列式的完全展开式（14）又可写为

$$\begin{vmatrix} a_{11} & a_{12} & \cdots & a_{1n} \\ a_{21} & a_{22} & \cdots & a_{2n} \\ \vdots & \vdots & & \vdots \\ a_{n1} & a_{n2} & \cdots & a_{nn} \end{vmatrix}=\sum_{i_1i_2\cdots i_n}(-1)^{\sigma(i_1i_2\cdots i_n)}a_{i_11}a_{i_12}\cdots a_{i_nn} \tag{15}$$

习题 8.1

1. 利用对角线法则计算下列三阶行列式.

(1) $\begin{vmatrix} 2 & 0 & 1 \\ 1 & -4 & -1 \\ -1 & 8 & 3 \end{vmatrix}$　(2) $\begin{vmatrix} a & b & c \\ b & c & a \\ c & a & b \end{vmatrix}$

(3) $\begin{vmatrix} 1 & 1 & 1 \\ a & b & c \\ a^2 & b^2 & c^2 \end{vmatrix}$　(4) $\begin{vmatrix} x & y & x+y \\ y & x+y & x \\ x+y & x & y \end{vmatrix}$

2. 按自然数从小到大为标准次序，求下列各排列的逆序数.

(1) 1 2 3 4　(2) 4 1 3 2　(3) 3 4 2 1　(4) 2 4 1 3

3. 写出四阶行列式中含有因子 $a_{11}a_{23}$ 的项.

第二节　n 阶行列式的性质

对任给的 n 阶行列式，若其不具有特殊形状，如上三角或者下三角，利用定义求值会非常繁琐，例如对于五阶行列式，若利用五阶行列式的定义求值，求和符号中共需计算 5！=120 项，每一项都是五个数的连乘积，工作量比较大．因此，需要讨论 n 阶行列式性质，以达到简化计算的目的，这是本节讨论的主要内容．

定义 4　设有 n 阶行列式

$$D=\begin{vmatrix} a_{11} & a_{12} & \cdots & a_{1n} \\ a_{21} & a_{22} & \cdots & a_{2n} \\ \vdots & \vdots & & \vdots \\ a_{n1} & a_{n2} & \cdots & a_{nn} \end{vmatrix},$$

称 n 阶行列式

$$\begin{vmatrix} a_{11} & a_{21} & \cdots & a_{n1} \\ a_{12} & a_{22} & \cdots & a_{n2} \\ \vdots & \vdots & & \vdots \\ a_{1n} & a_{2n} & \cdots & a_{nn} \end{vmatrix}$$

为 D 的转置行列式，记为 D^{T}.

上述定义中转置行列式可视为将 D 的第 i 行作为一个新行列式的第 i 列得到，称对 D 作的这种操作为对行列式作转置．

性质 1　行列式的值等于其转置行列式的值，即 $D=D^{\mathrm{T}}$.

证明：记

$$D=\begin{vmatrix} a_{11} & a_{12} & \cdots & a_{1n} \\ a_{21} & a_{22} & \cdots & a_{2n} \\ \vdots & \vdots & & \vdots \\ a_{n1} & a_{n2} & \cdots & a_{nn} \end{vmatrix},\ D^{\mathrm{T}}=\begin{vmatrix} b_{11} & b_{12} & \cdots & b_{1n} \\ b_{21} & b_{22} & \cdots & b_{2n} \\ \vdots & \vdots & & \vdots \\ b_{n1} & b_{n2} & \cdots & b_{nn} \end{vmatrix},$$

则由 D 和 D^{T} 元素间的关系可知

$$b_{ij}=a_{ji},\ i=1,\cdots,n,\ j=1,\cdots,n.$$

对 D^{T} 按式（15）展开得

$$D^{\mathrm{T}}=\sum_{i_1i_2\cdots i_n}(-1)^{\sigma(i_1i_2\cdots i_n)}b_{i_11}b_{i_12}\cdots b_{i_nn}=\sum_{i_1i_2\cdots i_n}(-1)^{\sigma(i_1i_2\cdots i_n)}a_{1i_1}a_{2i_2}\cdots a_{ni_n}=D.$$

性质 1 表明，在行列式中，行和列的地位是对称的，关于行成立的性质，对于列也同样成立，反之亦然．

性质 2　将行列式中任意两行（列）位置互换，行列式的值变号，即

$$\begin{vmatrix} a_{11} & a_{12} & \cdots & a_{1n} \\ \vdots & \vdots & & \vdots \\ a_{s1} & a_{s2} & \cdots & a_{sn} \\ \vdots & \vdots & & \vdots \\ a_{t1} & a_{t2} & \cdots & a_{tn} \\ \vdots & \vdots & & \vdots \\ a_{n1} & a_{n2} & \cdots & a_{nn} \end{vmatrix} = - \begin{vmatrix} a_{11} & a_{12} & \cdots & a_{1n} \\ \vdots & \vdots & & \vdots \\ a_{t1} & a_{t2} & \cdots & a_{tn} \\ \vdots & \vdots & & \vdots \\ a_{s1} & a_{s2} & \cdots & a_{sn} \\ \vdots & \vdots & & \vdots \\ a_{n1} & a_{n2} & \cdots & a_{nn} \end{vmatrix}.$$

证明：由行列式的定义可知

$$\begin{vmatrix} a_{11} & a_{12} & \cdots & a_{1n} \\ \vdots & \vdots & & \vdots \\ a_{s1} & a_{s2} & \cdots & a_{sn} \\ \vdots & \vdots & & \vdots \\ a_{t1} & a_{t2} & \cdots & a_{tn} \\ \vdots & \vdots & & \vdots \\ a_{n1} & a_{n2} & \cdots & a_{nn} \end{vmatrix} = \sum_{j_1 \cdots j_s \cdots j_t \cdots j_{n_n}} (-1)^{\sigma(j_1 \cdots j_s \cdots j_t \cdots j_n)} a_{1j_1} \cdots a_{sj_s} \cdots a_{tj_t} \cdots a_{nj_n}$$

$$= - \sum_{j_1 \cdots j_s \cdots j_t \cdots j_n} (-1)^{\sigma(j_1 \cdots j_s \cdots j_t \cdots j_n)} a_{1j_1} \cdots a_{tj_t} \cdots a_{sj_s} \cdots a_{nj_n}$$

$$= - \begin{vmatrix} a_{11} & a_{12} & \cdots & a_{1n} \\ \vdots & \vdots & & \vdots \\ a_{t1} & a_{t2} & \cdots & a_{tn} \\ \vdots & \vdots & & \vdots \\ a_{s1} & a_{s2} & \cdots & a_{sn} \\ \vdots & \vdots & & \vdots \\ a_{n1} & a_{n2} & \cdots & a_{nn} \end{vmatrix}.$$

对互换两列的情形可类似地证明．

性质 3　若行列式中两行（列）对应元素相同，行列式值为零．

证明：记行列式为 D，将其对应元素相同的行（列）互换得到的行列式记为 D_1，则由性质 2 可知，$D=-D_1$. 另外，由于互换的两行（列）元素相同，故 $D=D_1$，因此 $D=0$.

性质 4　若行列式中某一行（列）有公因子 k，则公因子 k 可提取到行列式符号外，即

$$\begin{vmatrix} a_{11} & a_{12} & \cdots & a_{1n} \\ \vdots & \vdots & & \vdots \\ ka_{s1} & ka_{s2} & \cdots & ka_{sn} \\ \vdots & \vdots & & \vdots \\ a_{n1} & a_{n2} & \cdots & a_{nn} \end{vmatrix} = k \begin{vmatrix} a_{11} & a_{12} & \cdots & a_{1n} \\ \vdots & \vdots & & \vdots \\ a_{s1} & a_{s2} & \cdots & a_{sn} \\ \vdots & \vdots & & \vdots \\ a_{n1} & a_{n2} & \cdots & a_{nn} \end{vmatrix}.$$

证明：由行列式的定义，有

$$\begin{vmatrix} a_{11} & a_{12} & \cdots & a_{1n} \\ \vdots & \vdots & & \vdots \\ ka_{s1} & ka_{s2} & \cdots & ka_{sb} \\ \vdots & \vdots & & \vdots \\ a_{n1} & a_{n2} & \cdots & a_{nn} \end{vmatrix} = \sum_{j_1 j_2 \cdots j_n} (-1)^{\sigma(j_1 j_2 \cdots j_n)} a_{1j_1} \cdots (ka_{sj_s}) \cdots a_{nj_n}$$

$$= k \sum_{j_1 j_2 \cdots j_n} (-1)^{\sigma(j_1 j_2 \cdots j_n)} a_{1j_1} \cdots a_{sj_s} \cdots a_{nj_n}$$

$$= k \begin{vmatrix} a_{11} & a_{12} & \cdots & a_{1n} \\ \vdots & \vdots & & \vdots \\ a_{s1} & a_{s2} & \cdots & a_{sb} \\ \vdots & \vdots & & \vdots \\ a_{n1} & a_{n2} & \cdots & a_{nn} \end{vmatrix}.$$

由性质 4，若用数 k 去乘一个行列式，相当于用 k 乘行列式的一行或者一列．

性质 5 行列式中若一行（列）均为零元素，则此行列式值为零．

证明：在性质 4 中取 $k=0$ 即得．

性质 6 行列式中若两行（列）元素对应成比例，则行列式值为零．

证明：仅证明两行元素对应成比例的情形．不失一般性，假设行列式中 s、t 两行元素对应成比例，即

$$\begin{vmatrix} a_{11} & a_{12} & \cdots & a_{1n} \\ \vdots & \vdots & & \vdots \\ a_{s1} & a_{s2} & \cdots & a_{sn} \\ \vdots & \vdots & & \vdots \\ ka_{s1} & ka_{s2} & \cdots & ka_{sn} \\ \vdots & \vdots & & \vdots \\ a_{n1} & a_{n2} & \cdots & a_{nn} \end{vmatrix}.$$

由性质 3，有

$$\begin{vmatrix} a_{11} & a_{12} & \cdots & a_{1n} \\ \vdots & \vdots & & \vdots \\ a_{s1} & a_{s2} & \cdots & a_{sn} \\ \vdots & \vdots & & \vdots \\ ka_{s1} & ka_{s2} & \cdots & ka_{sn} \\ \vdots & \vdots & & \vdots \\ a_{n1} & a_{n2} & \cdots & a_{nn} \end{vmatrix} = k \begin{vmatrix} a_{11} & a_{12} & \cdots & a_{1n} \\ \vdots & \vdots & & \vdots \\ a_{s1} & a_{s2} & \cdots & a_{sn} \\ \vdots & \vdots & & \vdots \\ a_{s1} & a_{s2} & \cdots & a_{sn} \\ \vdots & \vdots & & \vdots \\ a_{n1} & a_{n2} & \cdots & a_{nn} \end{vmatrix} = 0.$$

数学

性质 7 行列式中若某行（列）的元素可以写为两个元素的和，则行列式可以写为两个行列式和的形式，即

$$\begin{vmatrix} a_{11} & a_{12} & \cdots & a_{1n} \\ \vdots & \vdots & & \vdots \\ a_{s1}+a'_{s1} & a_{s2}+a'_{s2} & \cdots & a_{sb}+a'_{sn} \\ \vdots & \vdots & & \vdots \\ a_{n1} & a_{n2} & \cdots & a_{nn} \end{vmatrix} = \begin{vmatrix} a_{11} & a_{12} & \cdots & a_{1n} \\ \vdots & \vdots & & \vdots \\ a_{s1} & a_{s2} & \cdots & a_{sn} \\ \vdots & \vdots & & \vdots \\ a_{n1} & a_{n2} & \cdots & a_{nn} \end{vmatrix} +$$

$$\begin{vmatrix} a_{11} & a_{12} & \cdots & a_{1n} \\ \vdots & \vdots & & \vdots \\ a'_{s1} & a'_{s2} & \cdots & a'_{sn} \\ \vdots & \vdots & & \vdots \\ a_{n1} & a_{n2} & \cdots & a_{nn} \end{vmatrix}.$$

证明：由行列式的定义式（14），有

$$\begin{vmatrix} a_{11} & a_{12} & \cdots & a_{1n} \\ \vdots & \vdots & & \vdots \\ a_{s1}+a'_{s1} & a_{s2}+a'_{s2} & \cdots & a_{sn}+a'_{sn} \\ \vdots & \vdots & & \vdots \\ a_{n1} & a_{n2} & \cdots & a_{nn} \end{vmatrix}$$

$$= \sum_{j_1j_2\cdots j_n} (-1)^{\sigma(j_1j_2\cdots j_n)} a_{1j_1}\cdots(a_{sj_s}+a'_{si_s})\cdots a_{nj_n}$$

$$= \sum_{j_1j_2\cdots j_n} (-1)^{\sigma(j_1j_2\cdots j_n)} a_{1j_1}\cdots a_{sj_s}\cdots a_{nj_n} + \sum_{j_1j_2\cdots j_n} (-1)^{\sigma(j_1j_2\cdots j_n)} a_{1j_1}\cdots a'_{si_s}\cdots a_{nj_n}$$

$$= \begin{vmatrix} a_{11} & a_{12} & \cdots & a_{1n} \\ \vdots & \vdots & & \vdots \\ a_{s1} & a_{s2} & \cdots & a_{sn} \\ \vdots & \vdots & & \vdots \\ a_{n1} & a_{n2} & \cdots & a_{nn} \end{vmatrix} + \begin{vmatrix} a_{11} & a_{12} & \cdots & a_{1n} \\ \vdots & \vdots & & \vdots \\ a'_{s1} & a'_{s2} & \cdots & a'_{sn} \\ \vdots & \vdots & & \vdots \\ a_{n1} & a_{n2} & \cdots & a_{nn} \end{vmatrix}.$$

事实上，性质 7 可以推广到更一般的情形，即行列式的某一行（列）可写成 m 个元素求和的形式，则此行列式可写为 m 个行列式的和．使用性质 7 时，必须注意，每次只能考虑其中的一行或者一列，不能同时考虑若干行或者若干列．

性质 8 将行列式的某行（列）的 k 倍加到另一行（列），行列式的值不变，即

$$\begin{vmatrix} a_{11} & a_{12} & \cdots & a_{1n} \\ \vdots & \vdots & & \vdots \\ a_{s1} & a_{s2} & \cdots & a_{sn} \\ \vdots & \vdots & & \vdots \\ a_{t1}+ka_{s1} & a_{t2}+ka_{s2} & \cdots & a_{tn}+a_{sn} \\ \vdots & \vdots & & \vdots \\ a_{n1} & a_{n2} & \cdots & a_{nn} \end{vmatrix} = \begin{vmatrix} a_{11} & a_{12} & \cdots & a_{1n} \\ \vdots & \vdots & & \vdots \\ a_{s1} & a_{s2} & \cdots & a_{sn} \\ \vdots & \vdots & & \vdots \\ a_{t1} & a_{t2} & \cdots & a_{tn} \\ \vdots & \vdots & & \vdots \\ a_{n1} & a_{n2} & \cdots & a_{nn} \end{vmatrix}.$$

证明：由性质 7，有

$$\begin{vmatrix} a_{11} & a_{12} & \cdots & a_{1n} \\ \vdots & \vdots & & \vdots \\ a_{s1} & a_{s2} & \cdots & a_{sn} \\ \vdots & \vdots & & \vdots \\ a_{t1}+ka_{s1} & a_{t2}+ka_{s2} & \cdots & a_{tn}+ka_{sn} \\ \vdots & \vdots & & \vdots \\ a_{n1} & a_{n2} & \cdots & a_{nn} \end{vmatrix}$$

$$= \begin{vmatrix} a_{11} & a_{12} & \cdots & a_{1n} \\ \vdots & \vdots & & \vdots \\ a_{s1} & a_{s2} & \cdots & a_{sn} \\ \vdots & \vdots & & \vdots \\ a_{t1} & a_{t2} & \cdots & a_{tn} \\ \vdots & \vdots & & \vdots \\ a_{n1} & a_{n2} & \cdots & a_{nn} \end{vmatrix} + \begin{vmatrix} a_{11} & a_{12} & \cdots & a_{1n} \\ \vdots & \vdots & & \vdots \\ a_{s1} & a_{s2} & \cdots & a_{sn} \\ \vdots & \vdots & & \vdots \\ ka_{s1} & ka_{s2} & \cdots & ka_{sn} \\ \vdots & \vdots & & \vdots \\ a_{n1} & a_{n2} & \cdots & a_{nn} \end{vmatrix} = \begin{vmatrix} a_{11} & a_{12} & \cdots & a_{1n} \\ \vdots & \vdots & & \vdots \\ a_{s1} & a_{s2} & \cdots & a_{sn} \\ \vdots & \vdots & & \vdots \\ a_{t1} & a_{t2} & \cdots & a_{tn} \\ \vdots & \vdots & & \vdots \\ a_{n1} & a_{n2} & \cdots & a_{nn} \end{vmatrix}.$$

将行列式的某行的 k 倍加到另一行称为对该行列式进行一次行倍加运算；类似地，将行列式的某列的 k 倍加到另一列称为对该行列式进行一次列倍加运算.

利用行列式的性质可以简化行列式的计算，由于 n 阶行列式若具有上（下）三角形状，则其计算将非常简单．因此，求行列式值的一种重要方法是利用行列式的性质将一个一般的 n 阶行列式化为上（下）三角行列式．在转化过程中，通常要明确写出对行列式所作操作．本书作如下约定，引用第 i 行记为 r_i，例如行列式的第 i 行乘以 k 记为 kr_i，行列式的第 i 行的 k 倍加到第 j 行记为 r_j+kr_i，交换行列式的第 i 行和第 j 行记为 $r_i \leftrightarrow r_j$．类似地，引用第 j 列记为 c_j.

【例 1】 计算 4 阶行列式

$$D=\begin{vmatrix}1&1&1&1\\2&3&4&1\\3&4&1&2\\4&1&2&3\end{vmatrix}.$$

解：$D=\begin{vmatrix}1&1&1&1\\2&3&4&1\\3&4&1&2\\4&1&2&3\end{vmatrix}\xlongequal[r_4-4r_1]{r_2-2r_1 \atop r_3-3r_1}\begin{vmatrix}1&1&1&1\\0&1&2&-1\\0&1&-2&-1\\0&-3&-2&-1\end{vmatrix}\xlongequal[r_4+3r_2]{r_3-r_2}\begin{vmatrix}1&1&1&1\\0&1&2&-1\\0&0&-4&0\\0&0&4&-4\end{vmatrix}$

$\xlongequal{r_4+r_3}\begin{vmatrix}1&1&1&1\\0&1&2&-1\\0&0&-4&0\\0&0&0&-4\end{vmatrix}=16.$

注意，当借助于某个元素将此行（列）其他元素化为零时，为避免引入分数运算，通常先将此元素化为 1 或者 -1.

【例 2】 计算 n 阶行列式

$$D=\begin{vmatrix}a_1+x&a_2&\cdots&a_n\\a_1&a_2+x&\cdots&a_n\\\vdots&\vdots&&\vdots\\a_1&a_2&\cdots&a_n+x\end{vmatrix}.$$

解：注意到此行列式中每一行 n 个元素之和相等，从而

$$D\xlongequal{c_1+c_2+\cdots+c_n}\begin{vmatrix}\sum_{i=1}^{n}a_i+x&a_2&\cdots&a_n\\\sum_{i=1}^{n}a_i+x&a_2+x&\cdots&a_n\\\vdots&\vdots&&\vdots\\\sum_{i=1}^{n}a_i+x&a_2&\cdots&a_n+x\end{vmatrix}$$

$$\xlongequal{\frac{1}{\left(\sum_{i=1}^{n}a_i+x\right)}c_1}\left(\sum_{i=1}^{n}a_i+x\right)\begin{vmatrix}1&a_2&\cdots&a_n\\1&a_2+x&\cdots&a_n\\\vdots&\vdots&&\vdots\\1&a_2&\cdots&a_n+x\end{vmatrix}$$

$$\xlongequal[\cdots \atop r_n-r_1]{r_2-r_1 \atop r_3-r_1}\left(\sum_{i=1}^{n}a_i+x\right)\begin{vmatrix}1&a_2&\cdots&a_n\\0&x&\cdots&0\\\vdots&\vdots&&\vdots\\0&0&\cdots&x\end{vmatrix}=\left(\sum_{i=1}^{n}a_i+x\right)x^{n-1}.$$

习题 8.2

计算下列各行列式.

(1) $\begin{vmatrix} 4 & 1 & 2 & 4 \\ 1 & 2 & 0 & 2 \\ 10 & 5 & 2 & 0 \\ 0 & 1 & 1 & 7 \end{vmatrix}$　　(2) $\begin{vmatrix} 2 & 1 & 4 & 1 \\ 3 & -1 & 2 & 1 \\ 1 & 2 & 3 & 2 \\ 5 & 0 & 6 & 2 \end{vmatrix}$

(3) $\begin{vmatrix} -ab & ac & ae \\ bd & -cd & de \\ bf & cf & -ef \end{vmatrix}$　　(4) $\begin{vmatrix} a & 1 & 0 & 0 \\ -1 & b & 1 & 0 \\ 0 & -1 & c & 1 \\ 0 & 0 & -1 & d \end{vmatrix}$

第三节　矩阵的概念及运算

一、矩阵的概念

矩阵是从许多实际问题中抽象出来的一个数学概念. 除了我们所熟知的线性方程组的系数及常数项可用矩阵来表示外，在一些经济活动中，也常常用到矩阵.

【例 1】 某种物资有三个产地、四个销地，调配方案如下表：

调运量表（单位：千吨）

销地 / 产地	甲	乙	丙	丁
Ⅰ	1	2	3	4
Ⅱ	3	1	2	0
Ⅲ	4	5	1	2

则表中的数据可构成一个三行四列的矩阵

$$\begin{pmatrix} 1 & 2 & 3 & 4 \\ 3 & 1 & 2 & 0 \\ 4 & 5 & 1 & 2 \end{pmatrix}$$

矩阵中每一个数据（元素）都表示从某个产地运往某个销地的物资的吨数.

定义 5　由 $s\times n$ 个数 $a_{ij}(i=1,2,\cdots,s;j=1,2,\cdots,n)$ 排成的 s 行 n 列的矩形数表

$$\begin{pmatrix} a_{11} & a_{12} & \cdots & a_{1n} \\ a_{21} & a_{22} & \cdots & a_{2n} \\ \vdots & \vdots & & \vdots \\ a_{s1} & a_{s2} & \cdots & a_{sn} \end{pmatrix}$$

称为一个 $s\times n$ 矩阵，其中 a_{ij} 称为矩阵的第 i 行第 j 列的元素．

通常用黑体大写英文字母 $\boldsymbol{A}$、$\boldsymbol{B}$、$\boldsymbol{C}$ 等表示矩阵，例如，定义 5 中的矩阵可以写作 $\boldsymbol{A}=(a_{ij})_{s\times n}$．在不需要表示出矩阵的元素时，也可以写作 $\boldsymbol{A}_{s\times n}$．

二、矩阵的相等

两个矩阵如果其行数和列数均相等，那么称这两个矩阵为**同型矩阵**.

定义 6 设 $\boldsymbol{A}=(a_{ij})_{s\times n}$ 与 $\boldsymbol{B}=(b_{ij})_{s\times n}$ 是两个同型矩阵．如果对应的元素都相等，即

$$a_{ij}=b_{ij}\,(i=1,2,\cdots,s;\ j=1,2,\cdots,n),$$

则称矩阵 $\boldsymbol{A}$ 与矩阵 $\boldsymbol{B}$ 相等，记为 $\boldsymbol{A}=\boldsymbol{B}$.

例如，$\boldsymbol{A}=\begin{pmatrix}1 & 2\\ -3 & 4\\ 5 & 0\end{pmatrix}$ 与 $\boldsymbol{B}=\begin{pmatrix}a & b\\ c & d\\ e & f\end{pmatrix}$ 是同型矩阵，当且仅当 $a=1$，$b=2$，$c=-3$，$d=4$，$e=5$，$f=0$ 时，$\boldsymbol{A}=\boldsymbol{B}$.

三、几种常用的特殊矩阵

（1）**行矩阵和列矩阵** 仅有一行的矩阵称为行矩阵（也称为行向量），行矩阵

$$\boldsymbol{A}=(a_{11}\ a_{12}\cdots\ a_{1n})$$

也可用希腊字母记为 $\boldsymbol{\alpha}=(a_{11},a_{12},\cdots,a_{1n})$.

仅有一列的矩阵称为列矩阵（也称为列向量），列矩阵

$$\boldsymbol{A}=\begin{pmatrix}a_{11}\\ a_{21}\\ \vdots\\ a_{s1}\end{pmatrix}$$

也可用希腊字母记为 $\boldsymbol{\beta}=\begin{pmatrix}a_{11}\\ a_{21}\\ \vdots\\ a_{s1}\end{pmatrix}$.

（2）**零矩阵** 若一个矩阵的所有元素都为零，则称这个矩阵为零矩阵．例如，一个 $s\times n$ 零矩阵

$$\begin{pmatrix}0 & 0 & \cdots & 0\\ 0 & 0 & \cdots & 0\\ \vdots & \vdots & & \vdots\\ 0 & 0 & \cdots & 0\end{pmatrix}$$

记为 $\boldsymbol{0}_{s\times n}$，在不会引起混淆的情形下，常记为 $\boldsymbol{0}$.

（3）**阶梯形矩阵** 若一个矩阵的零行（如果有的话）均在非零行的下方，并且每个非零行左起的第一个非零元素所在列的下标随着行标的增大而严格增大，则称此矩阵为阶梯形矩阵．

例如

$$\begin{pmatrix}0 & 1 & 2 & -1\\0 & 0 & 0 & 1\\0 & 0 & 0 & 0\end{pmatrix},\begin{pmatrix}1 & 0 & -1\\0 & 2 & 1\\0 & 0 & 3\end{pmatrix}$$

都是阶梯形矩阵．

（4）**方阵** 若一个矩阵的行数 s 和列数 n 相等，即

$$\boldsymbol{A}=\begin{pmatrix}a_{11} & a_{12} & \cdots & a_{1n}\\a_{21} & a_{22} & \cdots & a_{2n}\\\vdots & \vdots & & \vdots\\a_{n1} & a_{n2} & \cdots & a_{nn}\end{pmatrix}$$

为 $n\times n$ 矩阵，常称为 n 阶方阵或 n 阶矩阵．按 n 阶方阵 $\boldsymbol{A}$ 的元素的排列方式所构造的行列式

$$\begin{vmatrix}a_{11} & a_{12} & \cdots & a_{1n}\\a_{21} & a_{22} & \cdots & a_{2n}\\\vdots & \vdots & & \vdots\\a_{n1} & a_{n2} & \cdots & a_{nn}\end{vmatrix}$$

称为 n 阶方阵 $\boldsymbol{A}$ 的行列式，记为 $|\boldsymbol{A}|$ 或 $\det\boldsymbol{A}$．在 n 阶方阵 $\boldsymbol{A}$ 中，过元素 $a_{11},a_{22},\cdots,a_{nn}$ 的直线，称为方阵的主对角线．元素 $a_{11},a_{22},\cdots,a_{nn}$ 称为主对角元．

如果方阵 $\boldsymbol{A}$ 的行列式 $|\boldsymbol{A}|\neq0$，则称矩阵 $\boldsymbol{A}$ 为非奇异（非退化）矩阵；如果方阵 $\boldsymbol{A}$ 的行列式 $|\boldsymbol{A}|=0$，则称矩阵 $\boldsymbol{A}$ 为奇异（退化）矩阵．后面将看到方阵 $\boldsymbol{A}$ 的行列式是否为零能反映方阵的某种特性．

（5）**三角矩阵** 主对角线下（上）方的元素全为零的方阵称为上（下）三角矩阵．例如 $n\times n$ 矩阵

$$\begin{pmatrix}a_{11} & a_{12} & \cdots & a_{1n}\\0 & a_{22} & \cdots & a_{2n}\\\vdots & \vdots & & \vdots\\0 & 0 & \cdots & a_{nn}\end{pmatrix}$$

为 n 阶上三角矩阵．又例如 $n\times n$ 矩阵

$$\begin{pmatrix}a_{11} & 0 & \cdots & 0\\a_{21} & a_{22} & \cdots & 0\\\vdots & \vdots & & \vdots\\a_{n1} & a_{n2} & \cdots & a_{nn}\end{pmatrix}$$

为 n 阶下三角矩阵．

（6）**对角矩阵** 主对角元以外的元素全为零的方阵称为对角矩阵．例如 $n\times n$ 矩阵

$$\begin{pmatrix}a_{11} & 0 & \cdots & 0\\0 & a_{22} & \cdots & 0\\\vdots & \vdots & & \vdots\\0 & 0 & \cdots & a_{nn}\end{pmatrix}$$

为 n 阶对角矩阵，通常简记为 $\boldsymbol{A}=\mathrm{diag}(a_{11},a_{22},\cdots,a_{nn})$．

（7）**数量矩阵**　主对角线元素全相等的对角矩阵称为数量矩阵．例如 $n\times n$ 矩阵

$$\begin{pmatrix} a & 0 & \cdots & 0 \\ 0 & a & \cdots & 0 \\ \vdots & \vdots & & \vdots \\ 0 & 0 & \cdots & a \end{pmatrix}$$

为 n 阶数量矩阵．

（8）**单位矩阵**　主对角线上元素全为 1 的数量矩阵称为单位矩阵．例如 $n\times n$ 矩阵

$$\begin{pmatrix} 1 & 0 & \cdots & 0 \\ 0 & 1 & \cdots & 0 \\ \vdots & \vdots & & \vdots \\ 0 & 0 & \cdots & 1 \end{pmatrix}$$

为 n 阶单位矩阵，记为 $\boldsymbol{E}_n$．在不会引起混淆的情况下，常简记为 $\boldsymbol{E}$．

后面将看到零矩阵和单位矩阵在矩阵运算中起着类似于数域里数字 0 和 1 的作用．

四、矩阵的运算

1．矩阵的加法

定义 7　设 $\boldsymbol{A}=(a_{ij})_{s\times n}$ 与 $\boldsymbol{B}=(b_{ij})_{s\times n}$ 是两个同型矩阵，称 $s\times n$ 矩阵 $\boldsymbol{C}=(a_{ij}+b_{ij})_{s\times n}$ 为矩阵 $\boldsymbol{A}$ 与矩阵 $\boldsymbol{B}$ 的和，记为 $\boldsymbol{A}+\boldsymbol{B}$．

称 $s\times n$ 矩阵

$$\begin{pmatrix} -a_{11} & -a_{12} & \cdots & -a_{1n} \\ -a_{21} & -a_{22} & \cdots & -a_{2n} \\ \vdots & \vdots & & \vdots \\ -a_{s1} & -a_{s2} & \cdots & -a_{sn} \end{pmatrix}$$

为矩阵 $\boldsymbol{A}=(a_{ij})_{s\times n}$ 的负矩阵，记为 $-\boldsymbol{A}$．

称 $s\times n$ 矩阵 $\boldsymbol{A}+(-\boldsymbol{B})$ 为矩阵 $\boldsymbol{A}$ 与矩阵 $\boldsymbol{B}$ 的差，记为 $\boldsymbol{A}-\boldsymbol{B}$．

【例 2】　某种物资（单位：千吨）从两个产地运往三个销地，两次调运方案分别用矩阵 A 和矩阵 B 表示：$A=\begin{pmatrix} 2 & 1 & 4 \\ 0 & 3 & 3 \end{pmatrix}$，$B=\begin{pmatrix} 3 & 3 & 1 \\ 4 & 0 & 3 \end{pmatrix}$，则从各产地运往各销地两次的物资调运总量为：

$$A+B=\begin{pmatrix} 2 & 1 & 4 \\ 0 & 3 & 3 \end{pmatrix}+\begin{pmatrix} 3 & 3 & 1 \\ 4 & 0 & 3 \end{pmatrix}=\begin{pmatrix} 2+3 & 1+3 & 4+1 \\ 0+4 & 3+0 & 3+3 \end{pmatrix}=\begin{pmatrix} 5 & 4 & 5 \\ 4 & 3 & 6 \end{pmatrix}$$

设 $\boldsymbol{A}$，$\boldsymbol{B}$，$\boldsymbol{C}$，$\boldsymbol{0}$ 都是 $s\times n$ 矩阵，矩阵的加法满足下面的运算规律：

（1）$\boldsymbol{A}+\boldsymbol{B}=\boldsymbol{B}+\boldsymbol{A}$；

（2）$(\boldsymbol{A}+\boldsymbol{B})+\boldsymbol{C}=\boldsymbol{A}+(\boldsymbol{B}+\boldsymbol{C})$；

（3）$\boldsymbol{A}+\boldsymbol{0}=\boldsymbol{0}+\boldsymbol{A}=\boldsymbol{A}$；

（4）$\boldsymbol{A}+(-\boldsymbol{A})=\boldsymbol{0}$．

值得注意的是 n 阶矩阵的加法与行列式的加法是有本质区别的，矩阵相加是对应的每行的元素都相加，而行列式是在其他行对应元素都相同的情况下只对某一行对应的元素相加．一般来说 $|\boldsymbol{A}+\boldsymbol{B}|\neq|\boldsymbol{A}|+|\boldsymbol{B}|$．例如

$$\boldsymbol{A}=\begin{pmatrix}1 & 0\\0 & 0\end{pmatrix},\ \boldsymbol{B}=\begin{pmatrix}0 & 0\\0 & 1\end{pmatrix},\ |\boldsymbol{A}+\boldsymbol{B}|=\begin{vmatrix}1 & 0\\0 & 1\end{vmatrix}=1\neq0=|\boldsymbol{A}|+|\boldsymbol{B}|.$$

2. 矩阵的数乘

定义 8 设 $\boldsymbol{A}=(a_{ij})_{s\times n}$ 是数域 F 上的矩阵，k 是数域 F 上的一个数，称 $s\times n$ 矩阵 $(ka_{ij})_{s\times n}$ 为数 k 与矩阵 $\boldsymbol{A}$ 的数量乘积，简称数乘，记为 $k\boldsymbol{A}$.

【例 3】 求矩阵 $\boldsymbol{X}$ 使 $2\boldsymbol{A}+3\boldsymbol{X}=2\boldsymbol{B}$，其中

$$\boldsymbol{A}=\begin{pmatrix}2 & 0 & 5\\-6 & 1 & 0\end{pmatrix},\ \boldsymbol{B}=\begin{pmatrix}1 & 3 & -1\\0 & -2 & 1\end{pmatrix}$$

解：由 $2\boldsymbol{A}+3\boldsymbol{X}=2\boldsymbol{B}$ 得

$$3\boldsymbol{X}=2\boldsymbol{B}-2\boldsymbol{A}=2(\boldsymbol{B}-\boldsymbol{A})$$

于是

$$\boldsymbol{X}=\frac{2}{3}(\boldsymbol{B}-\boldsymbol{A})$$

即

$$\boldsymbol{X}=\frac{2}{3}\left[\begin{pmatrix}1 & 3 & -1\\0 & -2 & 1\end{pmatrix}-\begin{pmatrix}2 & 0 & 5\\-6 & 1 & 0\end{pmatrix}\right]=\begin{pmatrix}-\frac{2}{3} & 2 & -4\\4 & -2 & \frac{2}{3}\end{pmatrix}$$

由定义 7 和定义 8 可知，矩阵的加法与数乘满足下列运算规律：

(1) $(k+l)\boldsymbol{A}=k\boldsymbol{A}+l\boldsymbol{A}$；

(2) $k(\boldsymbol{A}+\boldsymbol{B})=k\boldsymbol{A}+k\boldsymbol{B}$；

(3) $k(l\boldsymbol{A})=(kl)\boldsymbol{A}=k(l\boldsymbol{A})$；

(4) $l\boldsymbol{A}=\boldsymbol{A}$.

从定义 7 和定义 8 可以看出，当矩阵 $\boldsymbol{A}$ 与矩阵 $\boldsymbol{B}$ 都是一阶矩阵时，矩阵的和与数乘实际上就是数域 F 中数的加法与乘法运算．

$s\times n$ 矩阵 $\boldsymbol{0}$ 实际上是数 0 与 $s\times n$ 矩阵 $\boldsymbol{A}$ 的数量乘积；$s\times n$ 矩阵 $\boldsymbol{A}$ 的负矩阵 $-\boldsymbol{A}$ 实际上是数 -1 与矩阵 $\boldsymbol{A}$ 的数量乘积．

3. 矩阵的乘法

定义 9 设 $\boldsymbol{A}=(a_{ik})_{s\times m}$，$\boldsymbol{B}=(b_{kj})_{m\times n}$ 都是数域 F 上的矩阵．记 $s\times n$ 矩阵 $\boldsymbol{C}=(c_{ij})_{s\times n}$，其中

$$c_{ij}=a_{i1}b_{1j}+a_{i2}b_{2j}+\cdots+a_{im}b_{mj}=\sum_{k=1}^{m}a_{ik}b_{kj},$$

称矩阵 $\boldsymbol{C}$ 为矩阵 $\boldsymbol{A}$ 与矩阵 $\boldsymbol{B}$ 的乘积，记作 $\boldsymbol{C}=\boldsymbol{AB}$.

在矩阵乘积的定义中，只有当左边矩阵 $\boldsymbol{A}$ 的列数等于右边矩阵 $\boldsymbol{B}$ 的行数时，乘积 $\boldsymbol{AB}$ 才有意义．当乘积 $\boldsymbol{AB}$ 有意义时，$\boldsymbol{AB}$ 的行数等于 $\boldsymbol{A}$ 的行数，$\boldsymbol{AB}$ 的列数等于 $\boldsymbol{B}$ 的列数．

下面给出 n 阶方阵的行列式和矩阵乘积之间的关系．

定理 2 设 $\boldsymbol{A}$，$\boldsymbol{B}$ 都为 n 阶矩阵，则 $|\boldsymbol{AB}|=|\boldsymbol{A}||\boldsymbol{B}|$.

定理 2 的结论可以推广到多个矩阵相乘的情况：如果 $\boldsymbol{A}_1$，$\boldsymbol{A}_2$，…，$\boldsymbol{A}_s$ 都为 n 阶矩阵，则

$$|\boldsymbol{A}_1\boldsymbol{A}_2\cdots\boldsymbol{A}_s|=|\boldsymbol{A}_1||\boldsymbol{A}_2|\cdots|\boldsymbol{A}_s|.$$

为了更好地理解矩阵乘积的定义，先看下面的实例.

【例 4】 设 $\boldsymbol{A}=\begin{pmatrix}0&1\\0&0\end{pmatrix}$，$\boldsymbol{B}=\begin{pmatrix}0&0\\0&1\end{pmatrix}$，求 $\boldsymbol{AB}$，$\boldsymbol{BA}$.

解： $\boldsymbol{AB}=\begin{pmatrix}0&1\\0&0\end{pmatrix}\begin{pmatrix}0&0\\0&1\end{pmatrix}=\begin{pmatrix}0&1\\0&0\end{pmatrix}$，

$\boldsymbol{BA}=\begin{pmatrix}0&0\\0&1\end{pmatrix}\begin{pmatrix}0&1\\0&0\end{pmatrix}=\begin{pmatrix}0&0\\0&0\end{pmatrix}$.

例 4 的启示有两点：一是即便矩阵 $\boldsymbol{AB}$ 和 $\boldsymbol{BA}$ 都有意义，但是一般推不出 $\boldsymbol{AB}=\boldsymbol{BA}$，即矩阵的乘法不满足交换律；二是当 $\boldsymbol{AB}=\boldsymbol{0}$ 时，一般推不出 $\boldsymbol{A}=\boldsymbol{0}$ 或者 $\boldsymbol{B}=\boldsymbol{0}$，即矩阵的乘法不满足消去律.

根据定义，矩阵的乘法满足下列运算规律（假设运算都是可行的）：

(1) 结合律 $(\boldsymbol{AB})\boldsymbol{C}=\boldsymbol{A}(\boldsymbol{BC})$；

(2) 分配律 $(\boldsymbol{A}+\boldsymbol{B})\boldsymbol{C}=\boldsymbol{AC}+\boldsymbol{BC}$，$\boldsymbol{C}(\boldsymbol{A}+\boldsymbol{B})=\boldsymbol{CA}+\boldsymbol{CB}$；

(3) $k(\boldsymbol{AB})=(k\boldsymbol{A})\boldsymbol{B}=\boldsymbol{A}(k\boldsymbol{B})$；

(4) $k\boldsymbol{A}=(k\boldsymbol{E})\boldsymbol{A}=\boldsymbol{A}(k\boldsymbol{E})$.

五、矩阵的转置

定义 10 称 $n\times s$ 矩阵

$$\begin{pmatrix}a_{11}&a_{21}&\cdots&a_{s1}\\a_{12}&a_{22}&\cdots&a_{s2}\\\vdots&\vdots&&\vdots\\a_{1n}&a_{2n}&\cdots&a_{sn}\end{pmatrix}$$

为 $s\times n$ 矩阵 $\boldsymbol{A}=(a_{ij})_{s\times n}$ 的转置矩阵，简称为矩阵 $\boldsymbol{A}$ 的转置，记为 $\boldsymbol{A}^{\mathrm{T}}$.

设 $\boldsymbol{A}$，$\boldsymbol{B}$，$\boldsymbol{C}$ 是矩阵，k 为常数，则矩阵的转置满足下面的一些性质（假设运算都有意义）：

(1) $(\boldsymbol{A}^{\mathrm{T}})^{\mathrm{T}}=\boldsymbol{A}$；

(2) $(\boldsymbol{A}+\boldsymbol{B})^{\mathrm{T}}=\boldsymbol{A}^{\mathrm{T}}+\boldsymbol{B}^{\mathrm{T}}$；

(3) $(k\boldsymbol{A})^{\mathrm{T}}=k\boldsymbol{A}^{\mathrm{T}}$；

(4) $(\boldsymbol{AB})^{\mathrm{T}}=\boldsymbol{B}^{\mathrm{T}}\boldsymbol{A}^{\mathrm{T}}$.

【例 5】 设 $\boldsymbol{A}=\begin{pmatrix}-1&1&2\\0&1&1\end{pmatrix}$，$\boldsymbol{B}=\begin{pmatrix}-1&0\\1&3\\2&1\end{pmatrix}$，求 $(\boldsymbol{AB})^{\mathrm{T}}$ 和 $\boldsymbol{A}^{\mathrm{T}}\boldsymbol{B}^{\mathrm{T}}$

解： 因为 $\boldsymbol{A}^{\mathrm{T}}=\begin{pmatrix}-1&0\\1&1\\2&1\end{pmatrix}$，$\boldsymbol{B}^{\mathrm{T}}=\begin{pmatrix}-1&1&2\\0&3&1\end{pmatrix}$

所以 $(\boldsymbol{AB})^{\mathrm{T}}=\boldsymbol{B}^{\mathrm{T}}\boldsymbol{A}^{\mathrm{T}}=\begin{pmatrix}-1 & 1 & 2\\ 0 & 3 & 1\end{pmatrix}\begin{pmatrix}1 & 0\\ -1 & 1\\ 2 & 1\end{pmatrix}=\begin{pmatrix}2 & 3\\ -1 & 4\end{pmatrix}$

$$\boldsymbol{A}^{\mathrm{T}}\boldsymbol{B}^{\mathrm{T}}=\begin{pmatrix}1 & 0\\ -1 & 1\\ 2 & 1\end{pmatrix}\begin{pmatrix}-1 & 1 & 2\\ 0 & 3 & 1\end{pmatrix}=\begin{pmatrix}-1 & 1 & 2\\ 1 & 2 & -1\\ -2 & 5 & 5\end{pmatrix}$$

习题 8.3

1. 计算下列乘积.

(1) $\begin{pmatrix}4 & 3 & 1\\ 1 & -2 & 3\\ 5 & 7 & 0\end{pmatrix}\begin{pmatrix}7\\ 2\\ 1\end{pmatrix}$　　(2) $(1\quad 2\quad 3)\begin{pmatrix}3\\ 2\\ 1\end{pmatrix}$

(3) $\begin{pmatrix}2\\ 1\\ 3\end{pmatrix}(-1\quad 2)$　　(4) $\begin{pmatrix}2 & 1 & 4 & 0\\ 1 & -1 & 3 & 4\end{pmatrix}\begin{pmatrix}1 & 3 & 1\\ 0 & -1 & 2\\ 1 & -3 & 1\\ 4 & 0 & -2\end{pmatrix}$

2. 设 $\boldsymbol{A}=\begin{pmatrix}1 & 1 & 1\\ 1 & 1 & -1\\ 1 & -1 & 1\end{pmatrix}$，$\boldsymbol{B}=\begin{pmatrix}1 & 2 & 3\\ -1 & -2 & 4\\ 0 & 5 & 1\end{pmatrix}$，求 $3\boldsymbol{AB}-2\boldsymbol{A}$ 及 $\boldsymbol{A}^{\mathrm{T}}\boldsymbol{B}$.

第四节　可逆矩阵

之前已详细介绍了矩阵的加法、乘法. 根据加法，我们定义了减法. 因此我们要问有了乘法，能否定义矩阵的除法，即矩阵的乘法是否存在一种逆运算？如果这种逆运算存在，它的存在应该满足什么条件？下面，我们将探索什么样的矩阵存在这种逆运算，以及这种逆运算如何去实施等问题.

因此本节从 n 阶矩阵 $\boldsymbol{A}$ 满足上述条件给出可逆矩阵的概念.

定义 11　设 $\boldsymbol{A}$ 为 n 阶矩阵，若存在 n 阶矩阵 $\boldsymbol{B}$ 使得

$$\boldsymbol{AB}=\boldsymbol{BA}=\boldsymbol{E},$$

则称矩阵 $\boldsymbol{A}$ 是可逆的，矩阵 $\boldsymbol{B}$ 称为 $\boldsymbol{A}$ 的逆矩阵.

【例 1】　已知矩阵 $\boldsymbol{A}=\begin{pmatrix}2 & 0\\ 3 & 1\end{pmatrix}$，$\boldsymbol{B}=\begin{pmatrix}\frac{1}{2} & 0\\ -\frac{3}{2} & 1\end{pmatrix}$

因为

$$\boldsymbol{AB}=\begin{pmatrix}2 & 0\\ 3 & 1\end{pmatrix}\begin{pmatrix}\frac{1}{2} & 0\\ -\frac{3}{2} & 1\end{pmatrix}=\begin{pmatrix}1 & 0\\ 0 & 1\end{pmatrix}$$

$$BA=\begin{pmatrix}\frac{1}{2} & 0\\ -\frac{3}{2} & 1\end{pmatrix}\begin{pmatrix}2 & 0\\ 3 & 1\end{pmatrix}=\begin{pmatrix}1 & 0\\ 0 & 1\end{pmatrix}$$

故 $\boldsymbol{A}$ 为可逆矩阵，$\boldsymbol{B}$ 为 $\boldsymbol{A}$ 的逆矩阵.

根据定义 11 易得下列性质：

(1) 若矩阵 $\boldsymbol{A}$ 可逆，则逆矩阵 $\boldsymbol{B}$ 是唯一的，记为 $\boldsymbol{A}^{-1}$. 当矩阵 $\boldsymbol{A}$ 可逆时，逆矩阵 $\boldsymbol{A}^{-1}$ 也可逆且 $(\boldsymbol{A}^{-1})^{-1}=\boldsymbol{A}$；

(2) 若矩阵 $\boldsymbol{A}$ 可逆，则矩阵 $\boldsymbol{A}^{\mathrm{T}}$ 也可逆且 $(\boldsymbol{A}^{\mathrm{T}})^{-1}=(\boldsymbol{A}^{-1})^{\mathrm{T}}$；

(3) 若 $\boldsymbol{A}$，$\boldsymbol{B}$ 都是 n 阶可逆矩阵，则 $\boldsymbol{AB}$ 也可逆且 $(\boldsymbol{AB})^{-1}=\boldsymbol{B}^{-1}\boldsymbol{A}^{-1}$；

(4) 若矩阵 $\boldsymbol{A}$ 可逆，k 为任意非零的数，则 $k\boldsymbol{A}$ 可逆且 $(k\boldsymbol{A})^{-1}=\frac{1}{k}\boldsymbol{A}^{-1}$.

证明：(1) 设 $\boldsymbol{C}$ 也为 $\boldsymbol{A}$ 的逆矩阵，则 $\boldsymbol{AC}=\boldsymbol{CA}=\boldsymbol{E}$. 于是

$$\boldsymbol{C}=\boldsymbol{CE}=\boldsymbol{C}(\boldsymbol{AB})=(\boldsymbol{CA})\boldsymbol{B}=\boldsymbol{EB}=\boldsymbol{B}.$$

由定义及逆矩阵的唯一性易知，$(\boldsymbol{A}^{-1})^{-1}=\boldsymbol{A}$.

(2) 由 $\boldsymbol{AA}^{-1}=\boldsymbol{A}^{-1}\boldsymbol{A}=\boldsymbol{E}$ 可得

$$(\boldsymbol{AA}^{-1})^{\mathrm{T}}=(\boldsymbol{A}^{-1}\boldsymbol{A})^{\mathrm{T}}=\boldsymbol{E}^{\mathrm{T}}=\boldsymbol{E},$$

于是

$$(\boldsymbol{A}^{-1})^{\mathrm{T}}\boldsymbol{A}^{\mathrm{T}}=\boldsymbol{A}^{\mathrm{T}}(\boldsymbol{A}^{-1})^{\mathrm{T}}=\boldsymbol{E}^{\mathrm{T}}=\boldsymbol{E}.$$

因此，矩阵 $\boldsymbol{A}^{\mathrm{T}}$ 也可逆且 $(\boldsymbol{A}^{\mathrm{T}})^{-1}=(\boldsymbol{A}^{-1})^{\mathrm{T}}$.

(3) 事实上，由 $\boldsymbol{AA}^{-1}=\boldsymbol{A}^{-1}\boldsymbol{A}=\boldsymbol{E}$ 和 $\boldsymbol{BB}^{-1}=\boldsymbol{B}^{-1}\boldsymbol{B}=\boldsymbol{E}$ 可知

$$(\boldsymbol{AB})(\boldsymbol{B}^{-1}\boldsymbol{A}^{-1})=\boldsymbol{A}(\boldsymbol{BB}^{-1})\boldsymbol{A}^{-1}=\boldsymbol{AEA}^{-1}=\boldsymbol{E},$$

$$(\boldsymbol{B}^{-1}\boldsymbol{A}^{-1})(\boldsymbol{AB})=\boldsymbol{B}^{-1}(\boldsymbol{A}^{-1}\boldsymbol{A})\boldsymbol{B}=\boldsymbol{B}^{-1}\boldsymbol{EB}=\boldsymbol{E}.$$

(4) 仿照 (3) 的证明可得.

下面讨论矩阵可逆的充分必要条件以及逆矩阵的存在性，为此先引入伴随矩阵的概念.

定义 12 设 $\boldsymbol{A}=(a_{ij})_{n\times n}$ 为 n 阶矩阵，$\boldsymbol{A}_{ij}$ 为 $|\boldsymbol{A}|$ 中元素 a_{ij} 的代数余子式，则称矩阵

$$\begin{pmatrix}A_{11} & A_{21} & \cdots & A_{n1}\\ A_{12} & A_{22} & \cdots & A_{n2}\\ \vdots & \vdots & & \vdots\\ A_{1n} & A_{2n} & \cdots & A_{nn}\end{pmatrix}$$

为 $\boldsymbol{A}$ 的伴随矩阵，记为 $\boldsymbol{A}^*$.

【例 2】 设 $\boldsymbol{A}=\begin{pmatrix}1 & 0 & 2\\ -1 & 1 & 3\\ 3 & 1 & 0\end{pmatrix}$，试求伴随矩阵 $\boldsymbol{A}^*$.

解：$\boldsymbol{A}_{11}=\begin{vmatrix}1 & 3\\ 1 & 0\end{vmatrix}=-3$，$\boldsymbol{A}_{12}=-\begin{vmatrix}-1 & 3\\ 3 & 0\end{vmatrix}=9$

$\boldsymbol{A}_{13}=\begin{vmatrix}-1 & 1\\ 3 & 1\end{vmatrix}=-4$，$\boldsymbol{A}_{21}=-\begin{vmatrix}0 & 2\\ 1 & 0\end{vmatrix}=2$

$$A_{22}=\begin{vmatrix}1&2\\3&0\end{vmatrix}=-6,\ A_{23}=-\begin{vmatrix}1&0\\3&1\end{vmatrix}=-1$$

$$A_{31}=\begin{vmatrix}0&2\\1&3\end{vmatrix}=-2,\ A_{32}=-\begin{vmatrix}1&2\\-1&3\end{vmatrix}=-5$$

$$A_{33}=\begin{vmatrix}1&0\\-1&1\end{vmatrix}=1$$

所以 $A^*=\begin{pmatrix}-3&2&-2\\9&-6&-5\\-4&-1&1\end{pmatrix}$.

定理 3 n 阶矩阵 A 可逆的充分必要条件为 $|A|\neq 0$. 如果 A 可逆，那么

$$A^{-1}=\frac{1}{|A|}A^*.$$

证明：必要性：

设 A 可逆，则存在 A^{-1}，使 $AA^{-1}=E$

两边取行列式，有 $|AA^{-1}|=|E|=1$

而 $|AA^{-1}|=|A||A^{-1}|$，从而得 $|A||A^{-1}|=1\neq 0$

所以 $|A|\neq 0$，即 A 非奇异.

充分性：

设 A 非奇异，则 $|A|\neq 0$，因此，等式成立. 有定义 11 知 A 可逆，且 $A^{-1}=\frac{1}{|A|}A^*$.

推论 1 若 A、B 为同阶方阵，且 $AB=E$，则 A、B 都可逆，且 $A^{-1}=B$，$B^{-1}=A$.

证明：因 $|AB|=|A||B|=|E|=1\neq 0$，所以 $|A|\neq 0$，$|B|\neq 0$，由定理 1，A、B 都可逆.

在等式 $AB=E$ 的两边左乘 A^{-1}，有 $A^{-1}(AB)=A^{-1}E$， 即得 $B=A^{-1}$，在 $AB=E$ 的两边右乘 B^{-1}，得 $A=B^{-1}$.

推论 2 n 阶矩阵 A 可逆的充分必要条件是 $r(A)=n$.

证明：A 可逆 $\Leftrightarrow |A|\neq 0 \Leftrightarrow A$ 的 n 阶子式 $\neq 0 \Leftrightarrow r(A)=n$.

推论 3 n 阶矩阵 A 可逆的充分必要条件是 A 的行（列）向量组线性无关.

证明：A 可逆 $r(A)=n \Leftrightarrow A$ 得行（列）向量组的秩等于 $n \Leftrightarrow A$ 的行（列）向量组线性无关.

【例 3】 设 $A=\begin{pmatrix}1&2\\3&5\end{pmatrix}$. 判断 A 是否可逆？若可逆，试求 A^{-1}.

解：$|A|=\begin{vmatrix}1&2\\3&5\end{vmatrix}=-1\neq 0$，$A$ 可逆．$A_{11}=5$，$A_{12}=-3$，$A_{21}=-2$，$A_{22}=1$.

所以 $A^{-1}=\frac{1}{|A|}A^*=\frac{1}{-1}\begin{pmatrix}5&-2\\-3&1\end{pmatrix}=\begin{pmatrix}-5&2\\3&-1\end{pmatrix}$.

【例 4】 在例 2 中的矩阵 A 是否可逆？若可逆，求 A^{-1}.

解：经计算可得 $|\boldsymbol{A}|=-11$，所以 $\boldsymbol{A}$ 可逆

$$\boldsymbol{A}^*=\begin{pmatrix}-3 & 2 & -2\\ 9 & -6 & -5\\ -4 & -1 & 1\end{pmatrix},$$

于是

$$\boldsymbol{A}^{-1}=\frac{1}{|\boldsymbol{A}|}\boldsymbol{A}^*=-\frac{1}{11}\begin{pmatrix}-3 & 2 & -2\\ 9 & -6 & -5\\ -4 & -1 & 1\end{pmatrix}=\begin{pmatrix}\frac{3}{11} & -\frac{2}{11} & \frac{2}{11}\\ -\frac{9}{11} & \frac{6}{11} & \frac{5}{11}\\ \frac{4}{11} & \frac{1}{11} & -\frac{1}{11}\end{pmatrix}.$$

【例 5】 设 $\boldsymbol{A}=\begin{pmatrix}1 & 2\\ 3 & 5\end{pmatrix}$，$\boldsymbol{B}=\begin{pmatrix}1 & 4\\ 2 & 5\\ 3 & 6\end{pmatrix}$，且 $\boldsymbol{XA}=\boldsymbol{B}$. 求 $\boldsymbol{X}$.

解：$|\boldsymbol{A}|=-1$，$\boldsymbol{A}$ 可逆且

$$\boldsymbol{A}^{-1}=\frac{1}{|\boldsymbol{A}|}\boldsymbol{A}^*=\begin{pmatrix}-5 & 2\\ 3 & -1\end{pmatrix}.$$

于是

$$\boldsymbol{X}=\boldsymbol{BA}^{-1}=\begin{pmatrix}1 & 4\\ 2 & 5\\ 3 & 6\end{pmatrix}\begin{pmatrix}-5 & 2\\ 3 & -1\end{pmatrix}=\begin{pmatrix}7 & -2\\ 5 & -1\\ 3 & 0\end{pmatrix}.$$

习题 8.4

1. 求下列矩阵的逆矩阵.

(1) $\begin{pmatrix}1 & 2\\ 2 & 5\end{pmatrix}$　　(2) $\begin{pmatrix}\cos\theta & -\sin\theta\\ \sin\theta & \cos\theta\end{pmatrix}$

(3) $\begin{pmatrix}1 & 2 & -1\\ 3 & 4 & -2\\ 5 & -4 & 1\end{pmatrix}$　　(4) $\begin{pmatrix}a_1 & & & 0\\ & a_2 & & \\ & & \ddots & \\ 0 & & & a_n\end{pmatrix}$ $(a_1a_2\cdots a_n\neq 0)$

2. 解下列矩阵方程.

(1) $\begin{pmatrix}2 & 5\\ 1 & 3\end{pmatrix}\boldsymbol{X}=\begin{pmatrix}4 & -6\\ 2 & 1\end{pmatrix}$　　(2) $\boldsymbol{X}\begin{pmatrix}2 & 1 & -1\\ 2 & 1 & 0\\ 1 & -1 & 1\end{pmatrix}=\begin{pmatrix}1 & -1 & 3\\ 4 & 3 & 2\end{pmatrix}$

(3) $\begin{pmatrix}1 & 4\\ -1 & 2\end{pmatrix}\boldsymbol{X}\begin{pmatrix}2 & 0\\ -1 & 1\end{pmatrix}=\begin{pmatrix}3 & 1\\ 0 & -1\end{pmatrix}$

(4) $\begin{pmatrix}0&1&0\\1&0&0\\0&0&1\end{pmatrix}\boldsymbol{X}\begin{pmatrix}1&0&0\\0&0&1\\0&1&0\end{pmatrix}=\begin{pmatrix}1&-4&3\\2&0&-1\\1&-2&0\end{pmatrix}$

第五节 矩阵的秩

一、矩阵的初等变换

定义 13 对矩阵的行（列）施行下列三种变换之一，称为对矩阵施行了一次初等行（列）变换：

(1) 交换矩阵的第 i，j 行（列），记作 $r_i \leftrightarrow r_j (c_i \leftrightarrow c_j)$；

(2) 用非零常数 k 去乘矩阵的第 i 行（列），记作 $kr_i (kc_i)$；

(3) 把矩阵的第 i 行（列）的 k 倍加到矩阵的第 j 行（列），记作 $r_j + kr_i (c_j + kc_i)$.

矩阵的初等行变换和初等列变换统称为矩阵的初等变换．

设 $\boldsymbol{A}$、$\boldsymbol{B}$ 为两个同型矩阵．本文以符号 $\boldsymbol{A}\to\boldsymbol{B}$ 表示矩阵 $\boldsymbol{A}$ 经过初等变换化为矩阵 $\boldsymbol{B}$.

定理 4 任何矩阵都可以经过初等行变换化为阶梯形矩阵．

下面通过一个具体例子来解释如何用初等行变换化矩阵为阶梯形矩阵．定理 4 的一般证明与解决该例所用的方法类似．

【例 1】 设矩阵

$$\boldsymbol{A}=\begin{pmatrix}0&0&0&2&-1\\0&1&2&1&3\\0&2&4&1&3\\0&-1&-1&1&2\end{pmatrix},$$

用初等行变换化矩阵 $\boldsymbol{A}$ 为阶梯形矩阵．

解：（逐列检查法）

(1) 先找出矩阵 $\boldsymbol{A}$ 中列号最小的非零列（本例为第 2 列），从此列中选一非零元，然后将非零元通过行变换换至第 1 行.

$$\boldsymbol{A}=\begin{pmatrix}0&0&0&2&-1\\0&1&2&1&3\\0&2&4&1&3\\0&-1&-1&1&2\end{pmatrix}\xrightarrow{r_1\leftrightarrow r_2}\begin{pmatrix}0&1&2&1&3\\0&0&0&2&-1\\0&2&4&1&3\\0&-1&-1&1&2\end{pmatrix}(\boldsymbol{A}_1)$$

(2) 利用调至第 1 行的此列非零元和初等行变换将其下方各行元素化为零．

$$\begin{pmatrix}0&1&2&1&3\\0&0&0&2&-1\\0&2&4&1&3\\0&-1&-1&1&2\end{pmatrix}(\boldsymbol{A}_1)\xrightarrow[r_4+r_1]{r_3+(-2)r_1}\begin{pmatrix}0&1&2&1&3\\0&0&0&2&-1\\0&0&0&-1&-3\\0&0&1&2&5\end{pmatrix}(\boldsymbol{A}_2)$$

(3) 再从 $\boldsymbol{A}_2$ 中第 2 行往下找列号最小的非零列，重复 (1)，(2) 即可．

$$\begin{pmatrix}0&1&2&1&3\\0&0&0&2&-1\\0&0&0&-1&-3\\0&0&1&2&5\end{pmatrix}(\boldsymbol{A}_2)\xrightarrow{r_2\leftrightarrow r_4}\begin{pmatrix}0&1&2&1&3\\0&0&1&2&5\\0&0&0&-1&-3\\0&0&0&2&-1\end{pmatrix}(\boldsymbol{A}_3)$$

$$\begin{pmatrix}0&1&2&1&3\\0&0&1&2&5\\0&0&0&-1&-3\\0&0&0&2&-1\end{pmatrix}(\boldsymbol{A}_3)\xrightarrow{r_4+2r_3}\begin{pmatrix}0&1&2&1&3\\0&0&1&2&5\\0&0&0&-1&-3\\0&0&0&0&-1\end{pmatrix}(\boldsymbol{A}_4)$$

$\boldsymbol{A}_4$ 已化为阶梯形矩阵．

二、矩阵的秩

定义 14 在矩阵 $\boldsymbol{A}_{s\times n}$ 中任取 k 行 t 列（k，$t\leqslant\min\{s,n\}$），位于这些行列相交处的元素按原来的顺序组成的 $k\times t$ 矩阵称为矩阵 $\boldsymbol{A}_{s\times n}$ 的子矩阵．矩阵 $\boldsymbol{A}_{s\times n}$ 的 k 阶子矩阵的行列式称为 $\boldsymbol{A}_{s\times n}$ 的 k 阶子式．

例如，在矩阵 $\boldsymbol{A}=\begin{pmatrix}1&1&3&1\\0&2&-1&4\\0&0&0&5\\0&0&0&0\end{pmatrix}$ 中，选第 1、3 行和第 3、4 列，它们交点上的元素所组成的 2 阶矩阵 $\begin{pmatrix}3&1\\0&5\end{pmatrix}$ 为 $\boldsymbol{A}$ 的一个 2 阶子矩阵，行列式 $\begin{vmatrix}3&1\\0&5\end{vmatrix}=15$ 就是 $\boldsymbol{A}$ 的一个 2 阶子式．

定义 15 设 $\boldsymbol{A}$ 为 $s\times n$ 阶矩阵，如果 $\boldsymbol{A}$ 中存在一个 r 阶子式不为零，而所有 $r+1$ 阶子式（如果有的话）全为零，那么称 r 为矩阵 $\boldsymbol{A}$ 的秩，记为 $r(\boldsymbol{A})$. 如果 $\boldsymbol{A}$ 为零矩阵，则称矩阵 $\boldsymbol{A}$ 的秩为零．

由定义可以看出以下性质：

(1) 任意 $s\times n$ 矩阵 $\boldsymbol{A}$，有 $0\leqslant r(\boldsymbol{A})\leqslant\min\{s,n\}$；

(2) 若 $\boldsymbol{A}_1$ 是 $s\times n$ 矩阵 $\boldsymbol{A}$ 的任一子矩阵，则 $r(\boldsymbol{A}_1)\leqslant r(\boldsymbol{A})$；

(3) 任意 $s\times n$ 阶矩阵 $\boldsymbol{A}$，有 $r(\boldsymbol{A})=r(\boldsymbol{A}^{\mathrm{T}})$；

(4) 任意 n 阶矩阵 $\boldsymbol{A}$ 可逆当且仅当 $r(\boldsymbol{A})=n$.

定义 16 设 $\boldsymbol{A}$ 为 $s\times n$ 阶矩阵，如果 $r(\boldsymbol{A})=s$，则称 $\boldsymbol{A}$ 为行满秩矩阵；如果 $r(\boldsymbol{A})=n$，则称 $\boldsymbol{A}$ 为列满秩矩阵．

【例 2】 求下列矩阵的秩

$$\boldsymbol{A}=\begin{pmatrix}1&2&0&3\\2&4&1&0\\3&6&0&9\end{pmatrix},\ \boldsymbol{B}=\begin{pmatrix}1&2&3&2\\0&4&4&0\\0&0&1&9\end{pmatrix}.$$

解：对于矩阵 $\boldsymbol{A}$，有 4 个 3 阶子式分别为

$$\begin{vmatrix}1&2&0\\2&4&1\\3&6&0\end{vmatrix}=0,\quad\begin{vmatrix}1&2&3\\2&4&0\\3&6&9\end{vmatrix}=0,\quad\begin{vmatrix}1&0&3\\2&1&0\\3&0&9\end{vmatrix}=0,\quad\begin{vmatrix}2&0&3\\4&1&0\\6&0&9\end{vmatrix}=0.$$

存在 2 阶子式 $\begin{vmatrix}1&0\\0&9\end{vmatrix}=9\neq0$. 由定义知，$r(\boldsymbol{A})=2$.

对于矩阵 $\boldsymbol{B}$，有 3 阶子式为 $\begin{vmatrix}1 & 2 & 3\\0 & 4 & 4\\0 & 0 & 1\end{vmatrix}=4\neq0$. 又 $\boldsymbol{B}$ 为 3×4 阶矩阵，由定义知，$r(\boldsymbol{B})=3$.

由此可见，对于阶梯形矩阵，其秩就等于它非零行数．然而，对于一般矩阵用定义求秩是不方便的．因此下面将把一般矩阵的求秩问题转化为阶梯形矩阵的求秩问题．

在前面的初等变换中提到一个矩阵总可以经过一系列的初等变换化为阶梯形矩阵，因此只要把经过一次初等变换得到的矩阵的秩与原矩阵秩之间的关系搞清楚，矩阵秩的计算就可以得到解决．

【例 3】 求矩阵

$$\boldsymbol{A}=\begin{pmatrix}2 & 1 & -1\\1 & -1 & 1\\4 & 5 & -5\end{pmatrix},\ \boldsymbol{B}=\begin{pmatrix}-1 & 5 & 3 & -2\\4 & 1 & -2 & 9\\0 & 3 & 4 & -5\\2 & 0 & -1 & 4\end{pmatrix}$$

的秩．

解：由于

$$\boldsymbol{A}=\begin{pmatrix}2 & 1 & -1\\1 & -1 & 1\\4 & 5 & -5\end{pmatrix}\to\begin{pmatrix}1 & -1 & 1\\2 & 1 & -1\\4 & 5 & -5\end{pmatrix}\to\begin{pmatrix}1 & -1 & 1\\0 & 3 & -3\\0 & 9 & -9\end{pmatrix}\to\begin{pmatrix}1 & -1 & 1\\0 & 1 & -1\\0 & 0 & 0\end{pmatrix};$$

$$\boldsymbol{B}=\begin{pmatrix}-1 & 5 & 3 & -2\\4 & 1 & -2 & 9\\0 & 3 & 4 & -5\\2 & 0 & -1 & 4\end{pmatrix}\to\begin{pmatrix}-1 & 5 & 3 & -2\\0 & 1 & 0 & 1\\0 & 3 & 4 & -5\\2 & 0 & -1 & 4\end{pmatrix}\to\begin{pmatrix}-1 & 5 & 3 & -2\\0 & 1 & 0 & 1\\0 & 3 & 4 & -5\\0 & 10 & 5 & 0\end{pmatrix}$$

$$\to\begin{pmatrix}-1 & 5 & 3 & -2\\0 & 1 & 0 & 1\\0 & 0 & 4 & -8\\0 & 0 & 5 & -10\end{pmatrix}\to\begin{pmatrix}-1 & 5 & 3 & -2\\0 & 1 & 0 & 1\\0 & 0 & 1 & -2\\0 & 0 & 0 & 0\end{pmatrix},$$

所以 $r(\boldsymbol{A})=2,r(\boldsymbol{B})=3$.

三、利用矩阵的初等变换解线性方程组

【例 4】 设齐次线性方程组

$$\begin{cases}3x_1+5x_2+6x_3-4x_4=0,\\x_1+2x_2+4x_3-3x_4=0,\\4x_1+5x_2-2x_3+3x_4=0,\\3x_1+8x_2+24x_3-19x_4=0.\end{cases}$$

求一个基础解系，并写出它的通解．

解：第一步　将方程组的系数矩阵化为阶梯形矩阵

$$\boldsymbol{A}=\begin{pmatrix}3&5&6&-4\\1&2&3&-3\\4&5&-2&3\\3&8&24&-19\end{pmatrix}\rightarrow\begin{pmatrix}1&2&4&-3\\0&1&6&-5\\0&0&0&0\\0&0&0&0\end{pmatrix}.$$

即得与原方程组同解的方程组

$$\begin{cases}x_1+2x_2+4x_3-3x_4=0\\x_2+6x_3-5x_4=0\end{cases}$$

方程组的一般解为

$$X=\begin{pmatrix}8x_3-7x_4\\-6x_3+5x_4\\x_3\\x_4\end{pmatrix}.$$

第二步　给自由未知量赋值.

令 $x_3=1$，$x_4=0$，得 $\boldsymbol{\eta}_1=(8,-6,1,0)^{\mathrm{T}}$；令 $x_3=0$，$x_4=1$ 得 $\boldsymbol{\eta}_2=(-7,5,0,1)^{\mathrm{T}}$，所以 $\boldsymbol{\eta}_1$、$\boldsymbol{\eta}_2$ 为方程组的一个基础解系．

最后，写出通解

$$\boldsymbol{X}=k_1\boldsymbol{\eta}_1+k_2\boldsymbol{\eta}_2=k_1\begin{pmatrix}8\\-6\\1\\0\end{pmatrix}+k_2\begin{pmatrix}-7\\5\\0\\1\end{pmatrix},$$

其中 k_1，k_2 为任意常数．

【例 5】　设非齐次线性方程组

$$\begin{cases}x_1-5x_2+2x_3-3x_4=11\\-3x_1+x_2-4x_3+2x_4=-5\\-x_1-9x_2-4x_4=17\\5x_1+3x_2+6x_3-x_4=-1\end{cases}$$

求它的通解．

解：第一步　将方程组的增广矩阵化为阶梯形矩阵

$$(\boldsymbol{A\beta})=\begin{pmatrix}1&-5&2&-4&11\\-3&1&-4&2&-5\\-1&-9&0&-4&17\\5&3&6&-1&-1\end{pmatrix}\rightarrow\begin{pmatrix}1&-5&2&-3&11\\0&-14&2&-7&28\\0&0&0&0&0\\0&0&0&0&0\end{pmatrix}.$$

于是得阶梯形方程组

$$\begin{cases}x_1-5x_2+2x_3-3x_4=11\\-14x_2+2x_3-7x_4=28\end{cases}$$

取 x_2、x_4 为自由未知量，则方程组的一般解为

$$\boldsymbol{X}=\begin{pmatrix}-17-9x_2-4x_4\\ x_2\\ 14+7x_2+\frac{7}{2}x_4\\ x_4\end{pmatrix}.$$

第二步　求方程组的一个特解 $\boldsymbol{\eta}_0$，只要在一般解中令 $x_2=x_4=0$，即得

$$\boldsymbol{\eta}_0=(-17,0,14,0)^{\mathrm{T}}.$$

第三步　求导出组的一个基础解系. 只要将上述一般解中的常数项改为零，即可得出导出组的一般解

$$X=\begin{pmatrix}-9x_2-4x_4\\ x_2\\ 7x_2+\frac{7}{2}x_4\\ x_4\end{pmatrix}.$$

取两组数 $x_2=1$，$x_4=0$；$x_2=0$，$x_4=1$，解得导出组的一个基础解系

$$\boldsymbol{\eta}_1=(-9,1,7,0)^T,\ \boldsymbol{\eta}_2=\left(-4,0,\frac{7}{2},1\right)^T.$$

最后，方程组的通解为

$$\boldsymbol{X}=\boldsymbol{\eta}_0+k_1\boldsymbol{\eta}_1+k_2\boldsymbol{\eta}_2=\begin{pmatrix}-17\\0\\14\\0\end{pmatrix}+k_1\begin{pmatrix}-9\\1\\7\\0\end{pmatrix}+k_2\begin{pmatrix}-4\\0\\\frac{7}{2}\\1\end{pmatrix},$$

式中，k_1，k_2 为任意常数.

习题 8.5

1. 求下列矩阵的秩.

(1) $\begin{pmatrix}3&1&0&2\\1&-1&2&-1\\1&3&-4&4\end{pmatrix}$　　(2) $\begin{pmatrix}3&2&-1&-3&-1\\2&-1&3&1&-3\\7&0&5&-1&-8\end{pmatrix}$

(3) $\begin{pmatrix}2&1&8&3&7\\2&-3&0&7&-5\\3&-2&5&8&0\\1&0&3&2&0\end{pmatrix}$

2. 求解下列齐次线性方程组.

(1) $\begin{cases}x_1+x_2+2x_3-x_4=0\\2x_1+x_2+x_3-x_4=0\\2x_1+2x_2+x_3+2x_4=0\end{cases}$ (2) $\begin{cases}2x_1+3x_2-x_3+5x_4=0\\3x_1+x_2+2x_3-7x_4=0\\4x_1+x_2-3x_3+6x_4=0\\x_1-2x_2+4x_3-7x_4=0\end{cases}$

3. 求解下列非齐次线性方程组.

(1) $\begin{cases}4x_1+2x_2-x_3=2\\3x_1-1x_2+2x_3=10\\11x_1+3x_2=8\end{cases}$ (2) $\begin{cases}2x+3y+z=4\\x-2y+4z=-5\\3x+8y-2z=13\\4x-y+9z=-6\end{cases}$

复习题八

一、填空题

1. 若 $\begin{vmatrix}1 & -3 & 1\\0 & 5 & x\\-1 & 2 & -2\end{vmatrix}=0$，则 $x=$________.

2. 若齐次线性方程组 $\begin{cases}\lambda x_1+x_2+x_3=0\\x_1+\lambda x_2+x_3=0\\x_1+x_2+x_3=0\end{cases}$ 只有零解，则 λ 应满足________.

3. 已知矩阵 $\boldsymbol{A}$，$\boldsymbol{B}$，$\boldsymbol{C}=(c_{ij})_{s\times n}$，满足 $\boldsymbol{AC}=\boldsymbol{CB}$，则 $\boldsymbol{A}$ 与 $\boldsymbol{B}$ 分别是________阶矩阵.

二、选择题

1. 设 $\boldsymbol{A}$ 为 n 阶矩阵，且 $|\boldsymbol{A}|=2$，则 $\left||\boldsymbol{A}|\boldsymbol{A}^T\right|=$ (　　).

A. 2^n　　B. 2^{n-1}　　C. 2^{n+1}　　D. 4

2. 设 $\boldsymbol{A}$、$\boldsymbol{B}$ 均为 n 阶方阵，下面结论正确的是 (　　).

A. 若 $\boldsymbol{A}$、$\boldsymbol{B}$ 均可逆，则 $\boldsymbol{A}+\boldsymbol{B}$ 可逆

B. 若 $\boldsymbol{A}$、$\boldsymbol{B}$ 均可逆，则 $\boldsymbol{A}$、$\boldsymbol{B}$ 可逆

C. 若 $\boldsymbol{A}+\boldsymbol{B}$ 可逆，则 $\boldsymbol{A}-\boldsymbol{B}$ 可逆

D. 若 $\boldsymbol{A}+\boldsymbol{B}$ 可逆，则 $\boldsymbol{A}$、$\boldsymbol{B}$ 均可逆

三、求解下列方程组

1. $\begin{cases}x_1+2x_2+x_3-x_4=0\\3x_1+6x_2-x_3-3x_4=0\\5x_1+10x_2+x_3-5x_4=0\end{cases}$ 2. $\begin{cases}3x_1+4x_2-5x_3+7x_4=0\\2x_1-3x_2+3x_3-2x_4=0\\4x_1+11x_2-13x_3+16x_4=0\\7x_1-2x_2+x_3+3x_4=0\end{cases}$

3. $\begin{cases}2x+y-z+w=1\\4x+2y-2z+w=2\\2x+y-z-w=1\end{cases}$ 4. $\begin{cases}2x+y-z+w=1\\3x-2y+z-3w=4\\x+4y-3z+5w=-2\end{cases}$

习题与复习题参考答案

习题 8.1

1.

(1) $\begin{vmatrix} 2 & 0 & 1 \\ 1 & -4 & -1 \\ -1 & 8 & 3 \end{vmatrix}$

$=2\times(-4)\times3+0\times(-1)\times(-1)+1\times1\times8-0\times1\times3-2\times(-1)\times8-1\times(-4)\times(-1)$

$=-24+8+16-4=-4.$

(2) $\begin{vmatrix} a & b & c \\ b & c & a \\ c & a & b \end{vmatrix}$

$=acb+bac+cba-bbb-aaa-ccc$

$=3abc-a^3-b^3-c^3.$

(3) $\begin{vmatrix} 1 & 1 & 1 \\ a & b & c \\ a^2 & b^2 & c^2 \end{vmatrix}$

$=bc^2+ca^2+ab^2-ac^2-ba^2-cb^2$

$=(a-b)(b-c)(c-a).$

(4) $\begin{vmatrix} x & y & x+y \\ y & x+y & x \\ x+y & x & y \end{vmatrix}$

$=x(x+y)y+yx(x+y)+(x+y)yx-y^3-(x+y)^3-x^3$

$=3xy(x+y)-y^3-3x^2y-x^3-y^3-x^3$

$=-2(x^3+y^3).$

2.

(1) 逆序数为 0　　(2) 逆序数为 4　　(3) 逆序数为 5　　(4) 逆序数为 3

3.

$(-1)^t a_{11}a_{23}a_{32}a_{44}=(-1)^1 a_{11}a_{23}a_{32}a_{44}=-a_{11}a_{23}a_{32}a_{44}$,

$(-1)^t a_{11}a_{23}a_{34}a_{42}=(-1)^2 a_{11}a_{23}a_{34}a_{42}=a_{11}a_{23}a_{34}a_{42}.$

习题 8.2

1.

(1) $\begin{vmatrix} 4 & 1 & 2 & 4 \\ 1 & 2 & 0 & 2 \\ 10 & 5 & 2 & 0 \\ 0 & 1 & 1 & 7 \end{vmatrix} \xlongequal[c_4-7c_3]{c_2-c_3} \begin{vmatrix} 4 & -1 & 2 & -10 \\ 1 & 2 & 0 & 2 \\ 10 & 3 & 2 & -14 \\ 0 & 0 & 1 & 0 \end{vmatrix} = \begin{vmatrix} 4 & -1 & -10 \\ 1 & 2 & 2 \\ 10 & 3 & -14 \end{vmatrix} \times(-1)^{4+3}$

$= \begin{vmatrix} 4 & -1 & 10 \\ 1 & 2 & -2 \\ 10 & 3 & 14 \end{vmatrix} \xlongequal[c_1+\frac{1}{2}c_3]{c_2+c_3} \begin{vmatrix} 9 & 9 & 10 \\ 0 & 0 & -2 \\ 17 & 17 & 14 \end{vmatrix}=0.$

(2) $\begin{vmatrix} 2 & 1 & 4 & 1 \\ 3 & -1 & 2 & 1 \\ 1 & 2 & 3 & 2 \\ 5 & 0 & 6 & 2 \end{vmatrix} \xlongequal{c_4-c_2} \begin{vmatrix} 2 & 1 & 4 & 0 \\ 3 & -1 & 2 & 2 \\ 1 & 2 & 3 & 0 \\ 5 & 0 & 6 & 2 \end{vmatrix} \xlongequal{r_4-r_2} \begin{vmatrix} 2 & 1 & 4 & 0 \\ 3 & -1 & 2 & 2 \\ 1 & 2 & 3 & 0 \\ 2 & 1 & 4 & 0 \end{vmatrix}$

$\xlongequal{r_4-r_1} \begin{vmatrix} 2 & 1 & 4 & 0 \\ 3 & -1 & 2 & 2 \\ 1 & 2 & 3 & 0 \\ 0 & 0 & 0 & 0 \end{vmatrix} = 0.$

(3) $\begin{vmatrix} -ab & ac & ae \\ bd & -cd & de \\ bf & cf & -ef \end{vmatrix} = adf \begin{vmatrix} -b & c & e \\ b & -c & e \\ b & c & -e \end{vmatrix}$

$= adfbce \begin{vmatrix} -1 & 1 & 1 \\ 1 & -1 & 1 \\ 1 & 1 & -1 \end{vmatrix} = 4abcdef.$

(4) $\begin{vmatrix} a & 1 & 0 & 0 \\ -1 & b & 1 & 0 \\ 0 & -1 & c & 1 \\ 0 & 0 & -1 & d \end{vmatrix} \xlongequal{r_1+ar_2} \begin{vmatrix} 0 & 1+ab & a & 0 \\ -1 & b & 1 & 0 \\ 0 & -1 & c & 1 \\ 0 & 0 & -1 & d \end{vmatrix}$

$= (-1)(-1)^{2+1} \begin{vmatrix} 1+ab & a & 0 \\ -1 & c & 1 \\ 0 & -1 & d \end{vmatrix} \xlongequal{c_3+dc_2} \begin{vmatrix} 1+ab & a & ad \\ -1 & c & 1+cd \\ 0 & -1 & 0 \end{vmatrix}$

$= (-1)(-1)^{3+2} \begin{vmatrix} 1+ab & ad \\ -1 & 1+cd \end{vmatrix} = abcd+ab+cd+ad+1.$

习题 8.3

1.

(1) $\begin{pmatrix} 4 & 3 & 1 \\ 1 & -2 & 3 \\ 5 & 7 & 0 \end{pmatrix} \begin{pmatrix} 7 \\ 2 \\ 1 \end{pmatrix} = \begin{pmatrix} 4\times 7+3\times 2+1\times 1 \\ 1\times 7+(-2)\times 2+3\times 1 \\ 5\times 7+7\times 2+0\times 1 \end{pmatrix} = \begin{pmatrix} 35 \\ 6 \\ 49 \end{pmatrix}.$

(2) $(1 \quad 2 \quad 3) \begin{pmatrix} 3 \\ 2 \\ 1 \end{pmatrix} = (1\times 3+2\times 2+3\times 1) = (10).$

(3) $\begin{pmatrix} 2 \\ 1 \\ 3 \end{pmatrix} (-1 \quad 2) = \begin{pmatrix} 2\times(-1) & 2\times 2 \\ 1\times(-1) & 1\times 2 \\ 3\times(-1) & 3\times 2 \end{pmatrix} = \begin{pmatrix} -2 & 4 \\ -1 & 2 \\ -3 & 6 \end{pmatrix}.$

(4) $\begin{pmatrix} 2 & 1 & 4 & 0 \\ 1 & -1 & 3 & 4 \end{pmatrix} \begin{pmatrix} 1 & 3 & 1 \\ 0 & -1 & 2 \\ 1 & -3 & 1 \\ 4 & 0 & -2 \end{pmatrix} = \begin{pmatrix} 6 & -7 & 8 \\ 20 & -5 & -6 \end{pmatrix}.$

2. $3\boldsymbol{AB}-2\boldsymbol{A} = 3\begin{pmatrix} 1 & 1 & 1 \\ 1 & 1 & -1 \\ 1 & -1 & 1 \end{pmatrix} \begin{pmatrix} 1 & 2 & 3 \\ -1 & -2 & 4 \\ 0 & 5 & 1 \end{pmatrix} - 2\begin{pmatrix} 1 & 1 & 1 \\ 1 & 1 & -1 \\ 1 & -1 & 1 \end{pmatrix}$

$$=3\begin{pmatrix}0 & 5 & 8\\0 & -5 & 6\\2 & 9 & 0\end{pmatrix}-2\begin{pmatrix}1 & 1 & 1\\1 & 1 & -1\\1 & -1 & 1\end{pmatrix}=\begin{pmatrix}-2 & 13 & 22\\-2 & -17 & 20\\4 & 29 & -2\end{pmatrix},$$

$$\boldsymbol{A}^T\boldsymbol{B}=\begin{pmatrix}1 & 1 & 1\\1 & 1 & -1\\1 & -1 & 1\end{pmatrix}\begin{pmatrix}1 & 2 & 3\\-1 & -2 & 4\\0 & 5 & 1\end{pmatrix}=\begin{pmatrix}0 & 5 & 8\\0 & -5 & 6\\2 & 9 & 0\end{pmatrix}.$$

习题 8.4

1.

(1) $\boldsymbol{A}=\begin{pmatrix}1 & 2\\2 & 5\end{pmatrix}$. $|\boldsymbol{A}|=1$，故 $\boldsymbol{A}^{-1}$存在．因为

$$\boldsymbol{A}^*=\begin{pmatrix}A_{11} & A_{21}\\A_{12} & A_{22}\end{pmatrix}=\begin{pmatrix}5 & -2\\-2 & 1\end{pmatrix},$$

故 $$\boldsymbol{A}^{-1}=\frac{1}{|\boldsymbol{A}|}\boldsymbol{A}^*=\begin{pmatrix}5 & -2\\-2 & 1\end{pmatrix}.$$

(2) $\boldsymbol{A}=\begin{pmatrix}\cos\theta & -\sin\theta\\\sin\theta & \cos\theta\end{pmatrix}$. $|\boldsymbol{A}|=1\neq0$，故 $\boldsymbol{A}^{-1}$存在．因为

$$\boldsymbol{A}^*=\begin{pmatrix}A_{11} & A_{21}\\A_{12} & A_{22}\end{pmatrix}=\begin{pmatrix}\cos\theta & \sin\theta\\-\sin\theta & \cos\theta\end{pmatrix},$$

所以 $$\boldsymbol{A}^{-1}=\frac{1}{|\boldsymbol{A}|}\boldsymbol{A}^*=\begin{pmatrix}\cos\theta & \sin\theta\\-\sin\theta & \cos\theta\end{pmatrix}.$$

(3) $\boldsymbol{A}=\begin{pmatrix}1 & 2 & -1\\3 & 4 & -2\\5 & -4 & 1\end{pmatrix}$. $|\boldsymbol{A}|=2\neq0$，故 $\boldsymbol{A}^{-1}$存在．因为

$$\boldsymbol{A}^*=\begin{pmatrix}A_{11} & A_{21} & A_{31}\\A_{12} & A_{22} & A_{32}\\A_{13} & A_{23} & A_{33}\end{pmatrix}=\begin{pmatrix}-4 & 2 & 0\\-13 & 6 & -1\\-32 & 14 & -2\end{pmatrix},$$

所以 $$\boldsymbol{A}^{-1}=\frac{1}{|\boldsymbol{A}|}\boldsymbol{A}^*=\begin{pmatrix}-2 & 1 & 0\\-\frac{13}{2} & 3 & -\frac{1}{2}\\-16 & 7 & -1\end{pmatrix}.$$

(4) $\boldsymbol{A}=\begin{pmatrix}a_1 & & & 0\\ & a_2 & & \\ & & \ddots & \\0 & & & a_n\end{pmatrix}$，由对角矩阵的性质知

$$\boldsymbol{A}^{-1}=\begin{pmatrix}\frac{1}{a_1} & & & 0\\ & \frac{1}{a_2} & & \\ & & \ddots & \\0 & & & \frac{1}{a_n}\end{pmatrix}.$$

第八章 线性代数初步

2.

(1) $\boldsymbol{X}=\begin{pmatrix}2&5\\1&3\end{pmatrix}^{-1}\begin{pmatrix}4&-6\\2&1\end{pmatrix}=\begin{pmatrix}3&-5\\-1&2\end{pmatrix}\begin{pmatrix}4&-6\\2&1\end{pmatrix}=\begin{pmatrix}2&-23\\0&8\end{pmatrix}$.

(2) $\boldsymbol{X}=\begin{pmatrix}1&-1&3\\4&3&2\end{pmatrix}\begin{pmatrix}2&1&-1\\2&1&0\\1&-1&1\end{pmatrix}^{-1}$

$=\frac{1}{3}\begin{pmatrix}1&-1&3\\4&3&2\end{pmatrix}\begin{pmatrix}1&0&1\\-2&3&-2\\-3&3&0\end{pmatrix}$

$=\begin{pmatrix}-2&2&1\\-\frac{8}{3}&5&-\frac{2}{3}\end{pmatrix}$.

(3) $\boldsymbol{X}=\begin{pmatrix}1&4\\-1&2\end{pmatrix}^{-1}\begin{pmatrix}3&1\\0&-1\end{pmatrix}\begin{pmatrix}2&0\\-1&1\end{pmatrix}^{-1}$

$=\frac{1}{12}\begin{pmatrix}2&-4\\1&1\end{pmatrix}\begin{pmatrix}3&1\\0&-1\end{pmatrix}\begin{pmatrix}1&0\\1&2\end{pmatrix}$

$=\frac{1}{12}\begin{pmatrix}6&6\\3&0\end{pmatrix}\begin{pmatrix}1&0\\1&2\end{pmatrix}=\begin{pmatrix}1&1\\\frac{1}{4}&0\end{pmatrix}$.

(4) $\boldsymbol{X}=\begin{pmatrix}0&1&0\\1&0&0\\0&0&1\end{pmatrix}^{-1}\begin{pmatrix}1&-4&3\\2&0&-1\\1&-2&0\end{pmatrix}\begin{pmatrix}1&0&0\\0&0&1\\0&1&0\end{pmatrix}^{-1}$

$=\begin{pmatrix}0&1&0\\1&0&0\\0&0&1\end{pmatrix}\begin{pmatrix}1&-4&3\\2&0&-1\\1&-2&0\end{pmatrix}\begin{pmatrix}1&0&0\\0&0&1\\0&1&0\end{pmatrix}=\begin{pmatrix}2&-1&0\\1&3&-4\\1&0&-2\end{pmatrix}$.

习题 8.5

1.

(1) 矩阵的秩为 2　　(2) 矩阵的秩为 2　　(3) 矩阵的秩为 3

2.

(1) 解：对系数矩阵 $\boldsymbol{A}$ 进行初等行变换，有

$$\boldsymbol{A}=\begin{pmatrix}1&1&2&-1\\2&1&1&-1\\2&2&1&2\end{pmatrix}\sim\begin{pmatrix}1&0&-1&0\\0&1&3&-1\\0&0&1&-4/3\end{pmatrix},$$

于是 $\begin{cases}x_1=\frac{4}{3}x_4\\x_2=-3x_4\\x_3=\frac{4}{3}x_4\\x_4=x_4\end{cases}$,

故方程组的解为

$$\begin{pmatrix} x_1 \\ x_2 \\ x_3 \\ x_4 \end{pmatrix}=k\begin{pmatrix} \frac{4}{3} \\ -3 \\ \frac{4}{3} \\ 1 \end{pmatrix}$$（k 为任意常数）.

（2）解：对系数矩阵 $\boldsymbol{A}$ 进行初等行变换，有

$$\boldsymbol{A}=\begin{pmatrix} 2 & 3 & -1 & 5 \\ 3 & 1 & 2 & -7 \\ 4 & 1 & -3 & 6 \\ 1 & -2 & 4 & -7 \end{pmatrix}\sim\begin{pmatrix} 1 & 0 & 0 & 0 \\ 0 & 1 & 0 & 0 \\ 0 & 0 & 1 & 0 \\ 0 & 0 & 0 & 1 \end{pmatrix},$$

于是 $\begin{cases} x_1=0 \\ x_2=0 \\ x_3=0 \\ x_4=0 \end{cases}$,

故方程组的解为

$$\begin{cases} x_1=0 \\ x_2=0 \\ x_3=0 \\ x_4=0 \end{cases}.$$

3.（1）解：对增广矩阵 $\boldsymbol{B}$ 进行初等行变换，有

$$\boldsymbol{B}=\begin{pmatrix} 4 & 2 & -1 & 2 \\ 3 & -1 & 2 & 10 \\ 11 & 3 & 0 & 8 \end{pmatrix}\sim\begin{pmatrix} 1 & 3 & -3 & -8 \\ 0 & -10 & 11 & 34 \\ 0 & 0 & 0 & -6 \end{pmatrix},$$

于是 $R(\boldsymbol{A})=2$，而 $R(\boldsymbol{B})=3$，故方程组无解.

（2）解：对增广矩阵 $\boldsymbol{B}$ 进行初等行变换，有

$$\boldsymbol{B}=\begin{pmatrix} 2 & 3 & 1 & 4 \\ 1 & -2 & 4 & -5 \\ 3 & 8 & -2 & 13 \\ 4 & -1 & 9 & -6 \end{pmatrix}\sim\begin{pmatrix} 1 & 0 & 2 & -1 \\ 0 & 1 & -1 & 2 \\ 0 & 0 & 0 & 0 \\ 0 & 0 & 0 & 0 \end{pmatrix},$$

于是 $\begin{cases} x=-2z-1 \\ y=z+2 \\ z=z \end{cases}$,

即 $\begin{pmatrix} x \\ y \\ z \end{pmatrix}=k\begin{pmatrix} -2 \\ 1 \\ 1 \end{pmatrix}+\begin{pmatrix} -1 \\ 2 \\ 0 \end{pmatrix}$（$k$ 为任意常数）.

复习题八

一、1. 5　2. $\lambda\neq1$　3. $s\times s$，$n\times n$

二、1. C　2. B

三、1. 解：对系数矩阵 $\boldsymbol{A}$ 进行初等行变换，有

$$A=\begin{pmatrix}3&4&-5&7\\2&-3&3&-2\\4&11&-13&16\\7&-2&1&3\end{pmatrix}\sim\begin{pmatrix}1&0&-\frac{3}{17}&\frac{13}{17}\\0&1&-\frac{19}{17}&\frac{20}{17}\\0&0&0&0\\0&0&0&0\end{pmatrix},$$

于是 $\begin{cases}x_1=\frac{3}{17}x_3-\frac{13}{17}x_4\\x_2=\frac{19}{17}x_3-\frac{20}{17}x_4,\\x_3=x_3\\x_4=x_4\end{cases}$

故方程组的解为

$$\begin{pmatrix}x_1\\x_2\\x_3\\x_4\end{pmatrix}=k_1\begin{pmatrix}\frac{3}{17}\\\frac{19}{17}\\1\\0\end{pmatrix}+k_2\begin{pmatrix}-\frac{13}{17}\\-\frac{20}{17}\\0\\1\end{pmatrix}$$（k_1，k_2为任意常数）.

2. 解：对系数矩阵 $\boldsymbol{A}$ 进行初等行变换，有

$$A=\begin{pmatrix}1&2&1&-1\\3&6&-1&-3\\5&10&1&-5\end{pmatrix}\sim\begin{pmatrix}1&2&0&-1\\0&0&1&0\\0&0&0&0\end{pmatrix},$$

于是 $\begin{cases}x_1=-2x_2+x_4\\x_2=x_2\\x_3=0\\x_4=x_4\end{cases}$，

故方程组的解为

$$\begin{pmatrix}x_1\\x_2\\x_3\\x_4\end{pmatrix}=k_1\begin{pmatrix}-2\\1\\0\\0\end{pmatrix}+k_2\begin{pmatrix}1\\0\\0\\1\end{pmatrix}$$（k_1，k_2 为任意常数）.

3. 解：对增广矩阵 $\boldsymbol{B}$ 进行初等行变换，有

$$B=\begin{pmatrix}2&1&-1&1&1\\4&2&-2&1&2\\2&1&-1&-1&1\end{pmatrix}\sim\begin{pmatrix}1&1/2&-1/2&0&1/2\\0&0&0&1&0\\0&0&0&0&0\end{pmatrix},$$

于是 $\begin{cases}x=-\frac{1}{2}y+\frac{1}{2}z+\frac{1}{2}\\y=y\\z=z\\w=0\end{cases}$，

即 $$\begin{pmatrix}x\\y\\z\\w\end{pmatrix}=k_1\begin{pmatrix}-\frac{1}{2}\\1\\0\\0\end{pmatrix}+k_2\begin{pmatrix}\frac{1}{2}\\0\\1\\0\end{pmatrix}+\begin{pmatrix}\frac{1}{2}\\0\\0\\0\end{pmatrix}$$ （k_1，k_2为任意常数）.

4. 解：对增广矩阵 $\boldsymbol{B}$ 进行初等行变换，有

$$\boldsymbol{B}=\begin{pmatrix}2&1&-1&1&1\\3&-2&1&-3&4\\1&4&-3&5&-2\end{pmatrix}\sim\begin{pmatrix}1&0&-1/7&-1/7&6/7\\0&1&-5/7&9/7&-5/7\\0&0&0&0&0\end{pmatrix},$$

于是 $$\begin{cases}x=\frac{1}{7}z+\frac{1}{7}w+\frac{6}{7}\\y=\frac{5}{7}z-\frac{9}{7}w-\frac{5}{7},\\z=z\\w=w\end{cases}$$

即 $$\begin{pmatrix}x\\y\\z\\w\end{pmatrix}=k_1\begin{pmatrix}\frac{1}{7}\\\frac{5}{7}\\1\\0\end{pmatrix}+k_2\begin{pmatrix}\frac{1}{7}\\-\frac{9}{7}\\0\\1\end{pmatrix}+\begin{pmatrix}\frac{6}{7}\\-\frac{5}{7}\\0\\0\end{pmatrix}$$ （k_1，k_2 为任意常数）.

参 考 文 献

[1] 李文林．数学史概论［M］．第2版．北京：高等教育出版社，2002.

[2] 肖学平．中国传统数学教学概论［M］．北京：科学出版社，2008.

[3] 张玉青，代伟．高等数学［M］．天津：南开大学出版社，2010.

[4] 华东师范大学数学系．高等数学习题与解答［M］．上海：华东师范大学出版社，2010.

[5] 同济大学数学系．高等数学［M］．第2版．北京：高等教育出版社，2013.

[6] 白雪银，李海燕．经济应用数学［M］．北京：化学工业出版社，2014.

[7] 同济大学数学系．线性代数［M］．第6版．北京：高等教育出版社，2014.

[8] 刘余猛．应用数学基础［M］．长春：东北师范大学出版社，2016.

[9] 王淑香，王玉红，李民芬．高等数学［M］．北京：化学工业出版社，2016.